新媒体内容创作与
运营实训教程

互联网新闻制作

李良荣　钟怡 ○ 编著

INTERNET

NEW MEDIA

复旦大学出版社

编者的话

互联网与新媒体的蓬勃发展,彻底改变了世界,也改变了传媒。无论业界或学界,传媒业都面临被重新定义和形塑的命运,因应一个时代大课题:生存还是毁灭?

本系列——新媒体内容创作与运营实训教程——就是对这一大课题的小回应。编辑出版这套教程,基于三个设想:

第一,总结并传播新媒体领域的新实践、新经验、新思想,反哺学界;

第二,致力于呈现知识与技能的实用性、操作性、针对性,提供干货;

第三,加强学界与业界、实践与学术的成果转化,增进协作。

为此,本系列进行了诸多探索和尝试:作者群体融合业界行家与学界专家,内容结合案例精解与操作技能,行文力求简洁通俗,体例追求学练合一。

作为创新与开放的新系列,难免有粗陋疏忽之处,敬请读者诸君指正。

前言

根据中国互联网络信息中心(CNNIC)2019年2月发布的第43次《中国互联网络发展状况统计报告》的数据,截至2018年12月,我国网民规模达8.29亿。依据多项调查显示,用户上网的第一目的是看新闻,而"两微一端"已成为网民获取新闻的主要平台。当今世界正经历百年未遇之巨变,巨变带来巨量新闻,让人目不暇接。

新闻是丰富多彩、瞬息万变的,但新闻表达的要求却应该是基本固定的,包括新闻表达的规范性要求:真实、全面、客观、公正,以及新闻表达的基本格式。传统的大众传媒如此,互联网新闻同样如此。从目前的实际情况来看,报纸、广播、电视新闻的制作已经定型,而互联网新闻的制作却五花八门。"两微一端"上几乎家家的新闻都是"独创"的,而且有很多是随心所欲的,没有统一的规范和要求。互联网时代倡导创新,但创新要遵循基本规范,不能随心所欲。

本书就是想给互联网新闻制定一个规范性操作原则和制作方法,是类似于传统媒体时代的《新闻写作教程》的教科书。

本书共七章,除第一章"互联网新闻的坚守与创新"外,第二至六章分别阐述了六种互联网新闻的体裁及制作方式,第七章总结了互联网的编辑实务。目前互联网上的新闻体裁远不止六种,我们选择其中六种,因为它们是互联网独有的,而且是常用的。与传统媒体相比,互联网新闻的历史毕竟还是短暂的,而且随着新技术的不断创造、推广,互联网新闻的表达方式也会不断创新。这都需要我们不断探索,不断总结、修正。

目 录

第一章 互联网新闻的坚守与创新 … 1
    第一节 互联网新闻的基本专业要求 … 1
    第二节 互联网新闻特征 … 3
    第三节 新媒体都有典型的报道模式 … 6

第二章 互联网消息 … 9
    第一节 互联网消息概述 … 9
    第二节 稿件来源 … 13
    第三节 互联网消息的标题 … 26
    第四节 互联网消息主体 … 34
    第五节 互联网消息的链接 … 51
    第六节 互联网消息的跟帖 … 61

第三章 数据新闻与可视化表达 … 71
    第一节 数据新闻概述 … 71
    第二节 数据新闻生产概述 … 81

第三节　数据新闻的选题策划　… 84
　　第四节　数据新闻的数据处理　… 88
　　第五节　数据新闻可视化及解读　… 104

第四章　短视频新闻　… 116
　　第一节　短视频新闻概述　… 116
　　第二节　短视频新闻生产概述　… 125
　　第三节　短视频新闻的选题策划　… 131
　　第四节　短视频新闻的拍摄、编辑与发布　… 137

第五章　网络直播新闻　… 153
　　第一节　网络直播新闻概述　… 153
　　第二节　网络直播新闻生产的原则　… 169
　　第三节　不同类型网络直播新闻的生产　… 176

第六章　VR新闻和AR新闻　… 189
　　第一节　沉浸新闻概述　… 190
　　第二节　VR新闻实务　… 196
　　第三节　VR新闻的生产　… 204
　　第四节　AR新闻概述　… 212
　　第五节　AR新闻实务　… 219

第七章　互联网新闻的编辑实务　… 228
　　第一节　互联网新闻编辑的角色　… 229
　　第二节　互联网新闻的编辑方针　… 242
　　第三节　互联网新闻编辑的基本流程　… 250
　　第四节　互联网新闻编辑的要素调配　… 260

第五节　国内互联网媒体新闻编辑案例　…274

参考文献　…283

后记　…302

第一章 互联网新闻的坚守与创新

互联网新闻是从传统媒体(报纸、广播、电视)新闻演变而来的,结合互联网的全新技术,出现了许多新的报道模式。但互联网新闻仍然是新闻,因此,互联网新闻必须遵循新闻的基本要求。

第一节 互联网新闻的基本专业要求

新闻的基本要求包括政治要求、法律要求、社会与文化要求以及专业要求。政治、法律、社会与文化要求因各国不同的政治制度、社会状况、文化传统而各异,但在专业层面上,各国新闻有基本一致的要求。

一、新闻的总体要求有三个面向

真实、真相、真理

公开、公平、公正

速度、广度、深度

真实、真相、真理是新闻报道在反映客观世界时逐步递进的要求。新闻必须真实,这无需多言,同时,新闻报道必须揭示任何重大事件的真相。这当然难。新闻界有共识:离我们最近的是事实,离我们最远的是真相。尽管难,但揭示真相却是新闻必须承担的责任。因为唯有揭示真相,才能查清事情的原因,确定事件的性质。真理则是世界万物变化、发展的规律。

公开、公平、公正是新闻报道对公众的基本态度。公开,即公众有权了解世界上所发生的、与公众利益相关以及公众感兴趣的任何新闻。故意隐瞒事实、歪曲事实真相都是对公众权利的践踏。从依法治国的要求看,"法无禁止即自由"的原则应该适用于新闻报道。从这一原则出发,信息公开是常态,禁止是例外。公平、平等地获取信息是公民应有的权利,信息公平是社会平等的前提。在当今社会,信息不公平,"信息特权"是社会最大的不平等。公正,即新闻报道的客观公正要求。

速度、广度、深度是新闻报道时空上的要求。以新闻的一般要求而言,新闻报道越快越好,与事件同时进展的"零时差""零距离"是最理想的。广度是指新闻报道面,凡与大众利益相关,引发公众兴趣的事情都应满足公众未知、欲知的愿望。深度则揭示重大事件在时间、空间上与方方面面的相互关系。

二、单篇新闻要求:真实、全面、客观、公正

"评论是自由的,事实是神圣的。"1921年,在美国《卫报》(The Guardian)成立一百周年之际,时任该报总编辑的 C. R. 斯科特(C. R. Scott)写下了这句名言:"从根本上讲,这要求我们讲求诚实,行事正派,英勇无畏,心怀公平,这是一种对公众和社会的责任感。"[①]这些话,对当代新闻报道仍是至理名言。单篇新闻报道要求真实、全面、客观、公正,就是为了捍卫事实的神圣。真实、公正前面已有所讨论,这里单说客观性。客观性要求是新闻专业

---

① 转引自[英]西蒙·罗杰斯等:《数据新闻大趋势》,岳群译,中国人民大学出版社2015年版,第2页。

理念的核心。新闻从业者都知道,新闻报道要完全客观是做不到的,但客观性是新闻从业者努力的方向和目标,要求他们竭力逼近这一目标。

三、叙事要求：开门见山，直截了当

新闻报道就是向公众提供信息,让公众知道发生了什么,继而明白为什么会发生,所以不必曲曲折折、弯弯绕绕,只要开门见山、一目了然。在叙事上,一般都是先果后因、先事后人、先近后远、先事后理、先显象后抽象、先个别后一般。

四、语言要求：准确、简洁、明快

"准确、准确、再准确"是新闻报道语言上最基本的要求,构成新闻的基本要旨,如时间、地点、事情、人物等都必须以准确的语言表达清楚,容不得含含糊糊。同时,新闻语言要简洁明快,让读者一看就懂,一目了然。

上述这些要求,尤其是总体要求,体现了新闻从业者的理想与价值追求,即对事实的敬畏、对社会的担当、对公众的责任,坚持新闻工作守正持中的立场,坚守社会平等公正,维护公民知情权、表达权、监督权和参与权。

第二节　互联网新闻特征

互联网具有与生俱来的数字化、交互性和超时空的基本特征[①]。这些基本特征颠覆了传统媒体新闻生产、传播和反馈的模式,呈现出一系列全新的特点。

一、新闻生产：从单元走向泛社会化

传统媒体是点对面的大众传播,所谓"点",就是一家新闻机构,以记者

---

① 参见李良荣主编:《网络与新媒体概论》,高等教育出版社2014年版,第16—19页。

编辑即一群专业化的精英团队为核心群体来生产、传播新闻。记者编辑队伍无论多庞大，相对于受众毕竟是极少数，他们不可能遍布世界任何角落去寻找新闻。所以，新闻迟报、漏报是大概率的事情。而且报纸、电台、电视台的版面、时间有限，人人都想上报纸、电台、电视台是不可能的事。而互联网技术却赋予公众自由表达的权利，如果没有人为干扰的话，任何人可以在任何时间、任何地点向任何人发布任何信息。这就是人们所说的"互联网是人人有麦克风的时代"。这样一来，新闻生产就从单一的极少数精英专业化生产变成泛社会化生产。从繁华都市到穷乡僻壤，从人们日常生活到重大突发性事件都在互联网上一一呈现。现在，全球重大突发性事件的最早报道者几乎都是亲历现场的网民，"记者还在路上，新闻已传遍全球"。

二、供给对象：大众化、小众化、个性化定制

前面说过，传统媒体是点对面的大众传播，而互联网具有交互性特点，不但可以实现点对面的传播，而且可以实现点对点、面对面的传播。正是基于这一技术优势，互联网新闻不但可以是大众化传播，也可以是小众化传播。同时，用户可以个性化定制，主动选择自己所需要的新闻，定制界面风格。

三、表达方式：以视频为主的全媒体

新媒体具有数字化特征，从而打破了报纸、广播、电视等各媒介之间的壁垒，媒介融合得以在互联网上实现，即文字、图片、视频、音频能融合在一起，从而使传播得以立体化、全景化呈现。而近些年来，视频化成为互联网新闻的一大趋势，因为视频更能体现互联网新闻特征，更受用户的青睐。

四、产品呈现：从固态走向液化

传统媒体呈现给受众的新闻都是一次性定型的产品，即固化的、不可更改的。传统媒体也有追踪式报道，但追踪式报道的每一个阶段的新闻也是

固化的,而互联网上有很多新闻却是液化的①。所谓液化,就是随时变动的:新闻发布者在目击现场追踪事态进展而随时发布、随时补充、随时修正,实现了新闻发生与发布的零时差。

五、发布时空:零时差、零距离

零时差、零距离是信息传播的最佳状态。互联网新闻可以达到这一理想状态。网络直播基本实现了这一美好愿景,而互联网新闻中的 VR(virtual reality,虚拟现实)和 AR(augmented reality,增强现实)技术可以全方位再现新闻现场,让用户身临其境。

六、相互关系:互动的、兼容的

互联网一大特点是节点与节点之间是平等的,信息传播不再有传者与受者之间的严格界限,传播方式由单向传播演绎为双向甚至多向交流。所以用户可以对信息传播作出即时反馈,或评点,或质疑,或补充,或更正。互联网新闻生产往往是传者与受者、专业生产者与业余生产者合力完成的。

七、接收方式:碎片化

卡斯特(Manuel Castells)在《网络社会的崛起》一书中指出互联网是"没有时间的时间"②。在传统媒体时代,人们工作、生活的作息时间是相对固定的,比如 8 点上班,4 点下班。而对于互联网新闻而言,发布新闻和接收新闻都是随时随地地发生的,尤其在手机可以无线上网以后,通过手机收阅新闻无时无刻不在进行中,吃饭、乘车、走路……人们都能收阅新闻,从而使接收

---

① 陆晔、周睿鸣:《"液态"的新闻业:新传播形态与新闻专业主义再思考——以澎湃新闻"东方之星"长江沉船事故报道为个案》,《新闻与传播研究》2016 年第 7 期。
② [美]曼纽尔·卡斯特:《网络社会的崛起》,夏铸九等译,社会科学文献出版社 2003 年版,第 525 页。

互联网新闻制作

互联网新闻的时间碎片化了。碎片化阅读带来新闻内容浅表化的趋向和表达方式视频化的趋向。

第三节　新媒体都有典型的报道模式

我们现在把互联网称作新媒体,这是相对于报纸、广播和电视为代表的传统媒体而言。其实,就报纸、广播、电视三种媒体而言,它们都各有自己的"新媒体"时代。报纸相对于以前的书本、杂志是新媒体;电台相对于报纸是新媒体;电视台相对于报纸、电台是新媒体。不同媒体各有自己的物理特性,任何一种"新"媒体新闻都是从"旧"媒体上沿革而来的。比如报纸上的文体,中国早期报纸上的消息、通讯模仿的是中国古典文学中的笔记文、《左传》《史记》,而评论则模仿策论。早期电视新闻则直接把电台播音员、纪录片移植到电视台,到后来才逐步探索出一套适合新媒体特点的新闻报道模式。而每一种媒体新闻的成熟都以报道模式的定型为标志。

一、报纸:倒金字塔结构的客观性报道、解释性新闻

报纸上有许多报道体裁,但真正为报纸所独创且适应报纸特点的就是客观性报道和解释性新闻这两种体裁。

典型的倒金字塔结构是按照事情的轻重缓急或读者感兴趣的程度来陈述一个事件。一般都是按先主后次、先重后轻、先急后缓的次序。这种结构最早在 19 世纪 60 年代美国内战时产生。随军记者采访后用刚刚发明的电报发稿,由于担心电报中断,记者不再把故事按先后顺序发稿,而是把最重要的事实放在新闻头部,一旦电报中断,新闻也可以在报纸上刊出①。由于这种结构非常适合读者阅读,便于编辑,很快在全球报纸上流行,成为消息(短讯)的典型写作结构。

---

① [美]威廉·梅茨:《新闻写作与报道》,新华出版社 1983 年版,第 61—62 页。

客观性报道是把客观性的目标转化为一套可操作的程序,即以不偏不倚的公正态度来报道新闻,竭力把事实与意见分开。由此,在报道时有如下要求:第一,构成该新闻事件的基本要件必须齐全,不得缺失;第二,尽可能用中性词汇;第三,任何事实都必须明确来源;第四,引语必须完整,不得断章取义,歪曲原意;第五,平衡原则,即不同观点、见解得到平等表达,不能有重有轻,偏袒一面。倒金字塔结构的客观性报道历经150多年,至今还在媒体尤其是报纸上采用。

报纸上的另一种典型体裁是解释性新闻,被喻为20世纪新闻界的最大创新。解释性新闻就是解读新闻的原因和意义,核心是以大量背景材料来揭示该事件在时间与空间上方方面面的关系。在时间层面上,解释性新闻以昨日来透视今日、预测明日;在空间层面上,注重宏观背景下的微观表达,微观层面上的宏观影响,如此等等。解释性新闻在20世纪30年代兴起,在电视日渐壮大的20世纪六七十年代开始兴旺。时至今日,在全球报业中,尤其是在西方报纸中,解释性新闻占绝大多数版面。

二、电台:短平快新闻、现场播报

电台当然也有多种报道体裁,但由电台创造并适应电台特性的体裁就是短平快新闻和现场播报。

电台在刚开始的数年内,新闻报道就是由播音员读稿,新闻稿与报纸新闻并无二致,或者说电台的新闻就是报纸的新闻,只不过电台的播音员将它读出来。到后来人们才明白,电台播报由于声音稍纵即逝的特点并不适合长篇大论,只需要说明发生了什么就够了,而且电台语言比报纸语言更浅显。这就形成了电台新闻短平快的基本特点,我们也常用"一句话"新闻来形容它。

而现场播报则充分显示了电台的优势,真正实现了"零时差",即与新闻时间同步播报,如果再配上各种音响,就能把现场表达得绘声绘色。

三、电视台：主持人节目、现场直播

早期的电视台新闻节目就是播报员读新闻,就像电台一样,只不过电视台播报员在屏幕前,不但有声音,还有画面。另外就是把电影纪录片放在电视上播放。到后来电视台才比电台有更多的报道体裁,但真正由电视台创造并体现电视台优势的报道体裁就是主持人节目和现场直播。

新闻的主持人节目是由电视画面配以主持人播报,而更重要的是由主持人穿针引线,把各种现场画面带入电视屏幕,并由主持人加以报道和解读,电视新闻由此变得生动活泼。

现场直播包括各种体育比赛、文艺演出、庆典以及一些现场突发性事件。这更能体现电视台的优势,不但实现零时差,还让受众有了零距离的感受。

四、互联网新闻：短消息、短视频、数据新闻和可视化表达、网络直播新闻、AR新闻/VR新闻

早期的互联网新闻,目前的网民基本都经历过,那就是把传统媒体的新闻平移到网络上。所谓报网互动,就是把报纸上的新闻复制到网络上;台网互动,就是把电台、电视台新闻移到网络上,成为网络上的音频、视频节目。经过近三十年的逐步探索,渐渐形成了短消息、短视频等五种报道体裁。一方面,这五种体裁还在不断完善;另一方面,随着技术进步,还会出现更适合网络表达的新闻体裁。

第二章 互联网消息

消息是互联网新闻最基础的表现形式。互联网消息与传统媒体的消息不同,其一般包含五个构成要件:稿件来源、正文、背景、链接、网民评论。这五个要件显示了互联网消息的独特之处,更体现了互联网消息的优势。

第一节 互联网消息概述

一、互联网消息的特征

互联网消息是在互联网平台上以简要的语言文字迅速传播新近发生的事实的新闻体裁,其地位相当于报纸中的消息,是互联网新闻最基础的表现形式。互联网消息的主体内容以文字为主,有的还配有图片或视频。与传统的报纸消息相比,互联网消息具有以下三个特征。

(一)互联网消息随时发布、不断变动

互联网消息比传统报纸消息的发布速度更快、时效要求更高。互联网技术的发展极大地提升了对新闻时效性的要求。传统媒体时代,由于报纸、杂志、电视通常都有固定的出版周期或播出时间,公众习惯了"定时"接收信息。而随着新媒体尤其是手机媒体的兴起,网络传播的"实时""全时"替代

了"定时"刊播①。在互联网时代,用户随时都需要获取信息。如果说报纸新闻是"定时新闻",那互联网新闻则是"随时新闻""全时新闻"。互联网消息作为互联网新闻最基础的表现形式,更需要保证迅速发布、随时发布;对于本地新闻、重大新闻,更是要争取第一时间发布。

互联网消息是不断变动、不断补充的。传统报纸消息的生产是"一次成型",一经发布便无法改动。一些学者提出互联网时代新闻业呈现出"液态"的特征,表现在新闻内容上是指新闻的文本"没有被最终文本所装载,而是不断被再生的新闻内容"②。互联网消息在发布后,可以随时修改、补充。而随着新闻事件的发展,关于该事件的更多消息持续发布,不断延伸着新闻事件的各个方面,互联网消息在变动中逐渐趋于完整、丰满。

(二) 互联网消息比传统消息拥有更强的互动性

一方面,在消息结构上,互联网消息具有传统报纸不具备的一系列互动性功能:新闻链接使用户可以主动寻求需要的信息,网民评论则使用户与媒体实现了实时交流,分享、转发等功能使用户可以进行新闻的二次传播。互联网消息打破了"传者—受者"的单向传播结构,用户与新闻媒体之间形成了一个"多节点、共生的即时信息传递之网"③。

另一方面,在消息内容上,互联网消息中用户的行为可以反过来影响消息的内容。互联网消息的阅读量、点赞量、评论内容等信息可以反映消息的受欢迎程度和读者的好恶倾向,网民评论的内容可以为新闻记者的下一步调查方向提供线索,这些互动性的内容和数据反馈到新闻记者手里,会对后续报道的走向和侧重产生影响。

(三) 超链接使互联网消息彼此相互关联

对于报纸来说,每篇消息基本上是相对独立的,由于版面和截稿时间的

---

① 陈力丹、曹小杰:《即刻的新闻期待:网络时代的新话题》,《新闻实践》2010 年第 8 期。
② 陆晔、周睿鸣:《"液态"的新闻业:新传播形态与新闻专业主义再思考——以澎湃新闻"东方之星"长江沉船事故报道为个案》,《新闻与传播研究》2016 年第 7 期。
③ 同上。

限制,记者需要用较短的篇幅呈现较多的内容,编辑要在众多稿件中选取最具新闻价值的内容展现给读者,并且需要用有限的稿件数量向读者告知更多的新闻事件。因此,在一份报纸中,除了重大事件外,很少会有多条消息报道同一事件。此外,消息与消息之间由不同的版面分隔开,相对处于独立的位置。

而互联网消息则截然不同。一方面,互联网的信息容量几乎是无限的。对于互联网消息来说,可以不考虑版面和时间限制而发布大量的消息,对同一事件可以发布多条不同角度、不同进度的消息,在消息内容上形成勾连;另一方面,互联网上超文本链接的广泛应用,使人们可以在两个不同的内容之间任意地建立联系,用户可以通过点击链接在不同的内容之间进行跳转,不同形式的新闻内容通过超文本链接互相联系在一起,使互联网消息在结构上成为非独立的个体。对于互联网新闻记者来说,不一定要在一条消息中呈现大量的信息,而需要在不同消息之间建立合理的联系,让读者能够通过超文本链接来不断探索新闻内容。

二、互联网消息的发展历程

最初的互联网消息基本是报纸消息的平移。20 世纪 90 年代,随着互联网技术开始在中国兴起,一些新闻媒体开始涉足互联网,开办专门的新闻网站,在网络上刊载新闻。1997 年 1 月 1 日,《人民日报》网络版上线,同年 11 月 7 日,新华社开办新闻网站"新华通讯社网站",两大中央媒体的上网为传统媒体建设网络版发挥了巨大的主导示范作用[①],开启了互联网消息发展的最初阶段。这一时期的互联网消息,大多是将刊登在报纸上的消息简单复制到自己的官网上。

到了 21 世纪,互联网消息快速发展,数量迅速超过报纸。大量传统媒体广泛开展互联网新闻业务,同时商业网站开始成为网络新闻的重要载体。

---

① 彭兰:《网络传播概论》(第二版),中国人民大学出版社 2009 年版,第 272 页。

2000年12月27日,北京市政府新闻办公室通过网上办公平台发布了新浪、搜狐获得"网上从事登载新闻业务的资格"的信息[①],开创了商业门户网站刊载新闻的先河。无论是传统媒体为了追求更好的传播效果,还是商业媒体为了追逐利润,这一时期的新闻媒体都开始认识到互联网作为新闻传播载体的优越性,加大了对互联网平台的重视程度。这一时期,互联网消息在规模上远远超过报纸消息,但大多数仍然延续传统报纸消息的写作方法,一些媒体在内容形式上开始突破报纸消息的固定格式,在消息写作中采用图文并茂的内容形式和更加生动活泼的语言风格。

2004年,互联网进入Web2.0时代,互联网消息开始呈现出与报纸消息不同的特征。在Web1.0时代,互联网主要以html网页的模式呈现;2004年之后的Web2.0时代,更加强调开放、共享、去中心化。基于Web2.0技术的媒介形态包括博客(Blog)、简易信息聚合(RSS)、百科全书(encyclopedia)、社交网络(SNS)、即时信息(IM)等。Web2.0的兴起意味着网民成为网络新闻生产中更活跃、更重要的要素,社会化媒体的传播模式也给传统的门户网站模式带来冲击[②]。在这一趋势下,我国的新闻网站开始探索消息报道的新模式,在消息报道中也出现了一些具有互联网特色的功能,例如网民评论、音频/视频等多媒体、专题报道以及新闻的相关链接等。

随着移动互联网和社交媒体在中国的兴起,互联网消息蓬勃发展,走向成熟。2009年,人人网(原名校内网)、开心网、QQ等SNS平台非常活跃,新浪微博首次上线。2010年,苹果公司推出的iPhone4手机在国内引起热潮,此后,智能手机逐渐走向普及。2011年,腾讯公司推出社交软件"微信",移动互联网和社交媒体逐渐走向普及。2012年,主打个性化推送的移动新闻客户端"今日头条"上线。新闻报道的发布开始转向微博、微信、新闻客户端

---

① 陈华:《互联网站从事登载新闻业务的十年历程回顾与信息服务法治管理路径》,《北京社会科学》2011年第2期。
② 彭兰:《Web2.0时代网络新闻奖之走向——第二十一届中国新闻奖揭晓之际的思考》,《新闻战线》2011年第11期。

等新媒体平台,新闻报道从大众传播走向分众传播,个性化推送和智能分发成为新闻生产的新模式。为了拉近与读者的距离,满足读者个性化的需求,互联网消息的语言风格更加活泼,许多媒体为了吸引读者点击链接阅读消息,在标题中运用趣味性、互动性的元素,甚至滋生了一些题文不符的"标题党"。2015年之后,随着直播、短视频、VR/AR等新技术与新闻传播的广泛结合,新闻的表现形态变得更加多样,媒体能够以更加全方位的姿态向用户呈现新闻事实。而互联网消息则通过超文本链接与这些新闻形态相互连接、相互补充,共同构成了互联网新闻多形态协同的模式。

第二节 稿件来源

一、稿件来源的基本要求

互联网消息写作的第一原则是要保证稿件来源的公开透明。保证稿件来源的公开透明,第一是为了保证真实性和客观性,使新闻事实有据可依、有证可查,如果出现不实信息,可以追根溯源,及时修正;第二是为了保护版权,提升原创者创作的积极性,更好地向读者提供高质量的内容。

在具体操作过程中需要明确信源和稿件来源的区别。信源又称消息来源,即消息内容的来源,重点强调来源的真实程度;稿件来源,或称报道来源,则指新闻稿件的出处,强调消息内容的获得方式。一篇消息中的信源是指消息中各个信息点的具体来源,而稿件来源则是全篇消息的内容来源。互联网消息在转载或部分转载其他媒体的稿件时,不仅要交代新闻的信源,而且要清楚地写明稿件来源。

为了保证稿件来源的公开透明,具体做法有以下两种。

(一)交代具体的信源和稿件来源

《中国新闻工作者职业道德准则》(2009年版)规定:"要把真实作为新闻的生命,坚持深入调查研究,报道要做到真实、准确、全面、客观……认真核实新闻信息来源,确保新闻要素和情节准确。"美国"职业新闻记者协会(SPJ)"①的《职业新闻记者协会道德规范》②规定："只要有可能,就要交代消息来源。公众有权获得尽可能多的关于来源可靠性的信息。在承诺保证信息来源匿名之前,永远要质问一下信息来源的动机。"在互联网消息写作中,要具体、清晰地交代各个层级的新闻来源,一是要注明每一条信息的具体信源,除非出于对特殊群体的隐私保护,尽量少地使用模糊信源、匿名信源,减少"相关人士""内部人士""有关部门"这样模棱两可的词语的出现;二是要写清稿件来源,包括网站记者原创、转载其他媒体的报道、网站或社交媒体上发布的内容、网民评论、综合来源等。

(二) 充分甄别、核实稿件来源

交代稿件来源是保证新闻真实性的最低要求,但仅仅交代稿件来源是不够的,还需要保证消息来源的可信度,通常可以根据稿件来源的性质判断其权威性、可靠性。通常来讲,专业机构比非专业机构和个人更加可信;清晰信源比模糊或匿名信源更加可信;视频信源比音频、图片信源更加可信;来源不明确、纯文字的新闻爆料需要谨慎核实之后使用。

一些来源是可以直接采用的。根据《中国新闻职业规范蓝本》第十五节第十七条的说明,权威消息来源包括:

(1) 司法机构、仲裁机构、行政机关、公证机关在具有法律效力的法律文书中确认的事实。

(2) 具有合法地位的政党、国家机构在公文、正式出版物、蓝皮书、白皮书等具有法律效力文件中确认的事实,或其负责人在新闻发布会、记者招待会及其他正式而公开的场合,以该政党、国家机构的名义发表的讲话。

(3) 为配合特定机关履行职责的需要而发表的信息,如通缉令等。③

---

① 美国职业新闻记者协会(SPJ),全称 Society Professional Journalists。
② 美国职业新闻记者协会《职业新闻记者协会道德规范》,全称 SPJ Code of Ethics。
③ 陈力丹:《中国新闻职业规范蓝本》,人民日报出版社 2012 年版,第 191 页。

新闻工作者和新闻单位有权直接采用上述新闻来源发布新闻而免于侵权责任的追究。

"核实应该成为记者的第二种天性。"[①]新闻核实缺失会影响新闻真实性、误导读者理解、损害媒体公信力，造成严重的负面影响。客观上，目前互联网消息存在新闻核实不足的现象，原因有三个方面：第一，互联网上丰富的信息为新闻记者提供了更多的稿件来源，但信息量大、信息来源杂，真假难辨，加大了新闻核实的难度；第二，互联网消息高度追求时效性，因此，一些记者为了追求时效性而牺牲了新闻核实，不认真核实甚至直接放弃新闻核实；第三，互联网媒体的准入门槛降低，自媒体时代从业者的专业素养参差不齐，一些从业者缺乏新闻核实的能力，甚至在一些极端情况下因商业利益的驱使而导致"知假传假""知谣传谣"的现象。

一般来说，新闻核实最可靠的方法是记者亲自到达现场，然而对互联网消息来说，要在做到这一点的同时保证时效性经常会存在困难。在无法亲临现场的情况下，互联网消息的核实应该注意以下几点：第一，尽量使用可靠新闻来源的信息，或者用可靠新闻来源的信息来加以佐证；第二，尽可能寻找更多的证据，全面、平衡地呈现新闻来源，及时补充片面的、不完整的信息；第三，避免"合理想象"，引导和鼓励用户共同参与核实。

二、稿件来源的多样化

在互联网诞生以前，新闻传播的传播主体较为单一，以大众媒介为绝对主体，因此，大众媒介的稿件来源也主要以记者亲自采写和媒体间的互相转载为主。而互联网消息的稿件来源则更加多样，包括网站记者原创内容、转载其他媒体的报道、网络信息、网民评论、综合来源等。

（一）网站记者原创内容

网站记者原创内容包括两种类型：记者亲自采写或分析已有内容。记

---

① [美]M. 门彻：《新闻报道与写作》，清华大学出版社2012年版，第46页。

者亲自采写新闻信息需要取得新闻信息采编发布许可,通常也被称为新闻采编权。根据国家网信办 2017 年 6 月 1 日起施行的《互联网新闻信息服务管理规定》(以下简称《规定》),记者在采编以下内容时必须取得新闻信息采编发布许可:"包括有关政治、经济、军事、外交等社会公共事务的报道、评论,以及有关社会突发事件的报道、评论。"《规定》第六条中要求:"申请互联网新闻信息采编发布服务许可的,应当是新闻单位(含其控股的单位)或新闻宣传部门主管的单位。"根据《规定》,门户网站和商业媒体通常不具备新闻采编权。在这样的情况下,门户网站和商业媒体的记者一般通过分析已有内容来进行创作。解释性新闻是原创的重要方向。例如,《人民日报》海外版旗下的新媒体品牌侠客岛,其内容主要是对时政要闻的解读;中央政法委旗下的新媒体品牌"中央政法委长安剑"则主要对政法类新闻展开解读和评论。

(二) 转载其他媒体的报道

互联网消息的一个重要稿件来源就是转载其他媒体的报道。根据稿件来源必须公开透明的要求,转载其他媒体的报道时需要注明具体的稿件来源,不得肆意篡改、嫁接、虚构新闻信息[①],而且要充分核实稿件来源。

未经核实地转载任何其他媒体的新闻内容,如果出现新闻失实,转载的媒体也要承担相应的责任。根据《中国新闻职业规范蓝本》规定,以下信息来源可能不被主张为权威消息来源,只能作为引述而不作为事实进行叙述的消息来源:

(1) 新华社、人民日报社等具有较大社会影响力的传媒所发布的信息。

(2) 公安机关、检察机关、纪检监察部门提供的案件记录、情况说明等非正式材料。

(3) 内部文件不宜直接采用,若要采用,最好有该文件所在机构正式授

[①] 国家互联网信息办公室:《互联网新闻信息服务管理规定》,中华人民共和国中央人民政府网站,2017 年 5 月 2 日,www.gov.cn/gongbao/content/2017/content_5232377.htm,最后浏览日期:2020 年 6 月 2 日。

权,并在报道中交代信息来源。①

随着移动互联网的普及,官方媒体纷纷开通了微信、微博、新闻客户端等新媒体平台,在转载官方媒体在新媒体平台发布的内容时,也应遵循上述原则。

(三) 网络信息

除了转载其他媒体在报纸、网站、社交媒体上的报道内容以外,记者还可以主动搜集其他网络信息来作为补充。比如政府企业公开信息、个人微博内容、微信聊天截图等都可以成为消息内容的来源,但网络信息的真实性往往得不到保障,随意使用网络信息可能会使媒体陷入虚假新闻的沼泽。因此,在互联网消息的生产过程中,使用网络信息更加需要核实,并且注意是否涉及隐私和版权问题。

(四) 网民评论

互联网消息需要充分利用网民评论的功能,调动和引导网民的参与。网民是互联网消息的重要稿件来源,是充实完善互联网消息的重要条件。例如,2018年10月《长江日报》刊发的消息《华中科技大学18人本科转专科》发出后,受到网友热议。同时,《人民日报》也在微博上对这一事件发表评论。《长江日报》记者在后续跟进的过程中对这些社交媒体和新闻客户端平台的评论内容进行整合、梳理,专门推出一篇消息《学分不达标本科转专科 华中科大动真格获点赞》,其正文如下:

学分不达标被亮红黄牌,华中科技大学18名学生本科转专科。10月12日,全国多家主流媒体转载《长江日报》的这一报道,百度检索显示相关网页有30多万条。

《人民日报》、新华社、央视新闻、《中国青年报》、人民网、中国新闻网等多家中央主要媒体的客户端、微博、微信等新媒体平台转发该报道,点击量

---

① 陈力丹:《中国新闻职业规范蓝本》,人民日报出版社2012年版,第192页。

都在"10万+"。

《人民日报》微博针对此事还发表题为《别在最好的年华里混日子》的"人民微评"：学分不达标，后果很严重，给混大学的学生敲响警钟。大学不是贪图享乐的地方，年华易逝，莫待花落才惜青春。

华中科技大学出台《普通本科生转专科管理办法(试行)》绝非停留在纸上。一次18名学生本科转专科，该校从严管理动真格赢得全国网友点赞。还有网友建议，其他高校也应该效仿，真正做到严进严出。

今年6月，华中科大第四次党代会提出，到2035年建成世界一流大学。对于校方此举，不少学生表示，就是应该动真格，这样才无愧于"学在华工"的美誉。（记者杨佳峰）

网友留言摘录如下：

《人民日报》网友："中国大学就是应该增加淘汰机制。大学职能是培养人才，不是收养网瘾少年。"

新华社网友："支持，大学就应该宽进严出。"

央视新闻网友："这办法好，没有压力就没有动力，没有动力怎么完成学业？完不成学业怎么能够给国家的复兴贡献一份力量？"

《中国青年报》网友："早该如此，应该更严点。"

人民网网友："作为大学生的我觉得以后应该全国推广。"

今日头条网友："赞一个华中科大，教育就应该这样一丝不苟，其他高校应该效仿，做到严进严出，真正的大学就应该这样。"

《长江日报》网友："作为一名毕业了几年的社会人现在回过头来看，个人觉得这种做法挺好的，支持！"

对于互联网消息来说，将网民评论、社交媒体信息等内容作为创新性的稿件来源，有效丰富了新闻事件的信息量，展现新闻事件的多个侧面，同时可以与读者形成互动,增强读者的参与感、代入感,形成记者—网民协同互动的消息报道模式。

(五) 综合来源

综合来源指的是综合采用以上列举的各种稿件来源。例如,2017年6月23日《成都商报》旗下新媒体"红星新闻"的消息《杭州纵火案保姆常开主人80万豪车 女主人与老公聊天记录曝光粉碎小三说》,部分内容如下:

6月22日(昨日)清晨5时07分,浙江省杭州市上城区鲲鹏路蓝色钱江小区一住宅突发大火,最终造成4人死亡。除保姆逃生外,女主人与3个孩

图2-1 火灾现场(图片来源:《钱江晚报》)

图2-2 事发小区内摆放着死者生前的照片进行祭奠:死者是一位母亲和她的三个孩子(图片来源:红星新闻)

子(两个男孩,一个女孩)均抢救无效死亡。

根据警方的通报,保姆莫某晶(女,34岁,广东东莞人)存在重大作案嫌疑,已被公安机关控制。据媒体报道,经过审查,莫某晶初步交代了其于当日清晨5时许使用打火机点燃客厅内物品实施放火的犯罪事实。目前,具体细节及动机正在进一步调查中。

……

根据网上查询,该小区目前的二手房均价高达6.7万/平方米以上,此次涉火的房屋建筑面积共计360.1平方米,总价超过两千万元。

图2-3 事发住宅小区楼道内拉起了警戒线(图片来源:红星新闻)

图2-4 事发住宅小区目前在网上的二手房均价(图片来源:网络截图)

据《钱江晚报》官方微博6月22日报道,记者赶到了浙医二院,有一位穿花衬衣的阿姨一直在门口哭,嘴巴里不停说,应该抱一个孩子出来的,应该抱一个孩子出来的。她自称是三个孩子的奶奶,她说三个孩子分别是11岁的哥哥,9岁的妹妹和6岁的弟弟。

……

今天(6月23日),红星新闻来到事发地杭州的蓝色钱江小区,距离火灾发生已经过去一天时间,小区门口摆满了花圈,不时还有拿着菊花到小区参加吊唁的人。另外,有不少市民聚集在小区门口议论,说:"这个保姆太残忍了。"

……

这是一篇典型的综合来源的消息。记者通过实地采访、网络搜索等多种手段,引用了警方通报、纸媒报道、微博信息等多方内容,且均注明了具体的来源,向读者呈现了事件的来龙去脉。

互联网消息的信源和稿件来源都很重要,现在仍要坚持过去对新闻来源的核实和审慎。我们之所以强调稿件来源,是因为在互联网时代,在记者采访和转载之余,稿件来源更加多元化。互联网消息无论是原创还是转载,都要坚持对信源的核实,而对一些无法核实的信源,例如一些网民评论,也必须标明来源。

互联网时代形成了全新的信息获取方式。很多情况下,记者获取信息的方式不仅是直接采访,而且要通过网络对海量的信息进行整理和归纳,在"碎片化"的网络世界中为读者呈现"去碎片化"的内容。尤其是对一些不具有新闻采编权的网络媒体,更需要通过敏锐的嗅觉寻找可以挖掘的新闻点,通过全面的搜集、核实和筛选,整合分散的信息,最终为读者呈现准确、完整的新闻内容。

三、保护原创稿件版权

互联网消息必须充分尊重版权,避免未经授权的网络新闻转载行为。

我国《著作权法》第三十三条规定:"作品刊登后,除著作权人声明不得转载、摘编的外,其他报刊可以转载或者作为文摘、资料刊登,但应当按照规定向著作权人支付报酬。"而第二十二条又规定,"为报道时事新闻,在报纸、期刊、广播电台、电视台等媒体中不可避免地再现或者引用已经发表的作品","可以不经著作权人许可,不向其支付报酬,但应当指明作者姓名、作品名称,并且不得侵犯著作权人依照本法享有的其他权利"①。因此,为保护信息来源的著作权,媒体在进行新闻报道时必须注明作者姓名和作品名称,有时还应支付其报酬。

但现实中,尤其是在互联网上,很多媒体在报道中不注明消息来源,不支付应该支付的报酬,未经授权就转载甚至篡改作品内容。目前新媒体与传统媒体的版权纠纷主要有:一是新媒体未经授权抢先使用传统媒体的新闻作品;二是由于传统媒体对新闻作品版权归属不清,新媒体在未取得明确授权的情况下擅自使用;三是法律过时,很多新闻作品属于"孤儿作品"②,这些作品在版权保护期内,但是无法获得授权(目前我国在立法中尚未对"孤儿作品"进行规制);四是法律缺陷,很多新媒体在使用、传播2001年著作权法修改之前的传统媒体资源③,利用此前国内没有信息网络传播权的规定,获得合法但不合理的收益④。

为了进一步规范网络转载版权秩序,2015年4月17日,国家版权局发布了《关于规范网络转载版权秩序的通知》(以下简称《通知》),互联网消息在转载和引用稿件来源时应该严格遵守《通知》规定,相关规定如下:

---

① 全国人民代表大会常务委员会:《中华人民共和国著作权法(2010修正)》,2010年2月26日。
② 指享有版权但很难甚至不能找到其版权主体的作品。
③ 2001年修正后的《著作权法》引入了"信息网络传播权"这一法律术语,然而对2001年《著作权法》修改前的存量新闻作品的版权归属都没有约定。因此,部分网络新媒体使用2001年之前的传统媒体资源而未经授权的行为比比皆是。
④ 殷陆君、张洪波、阚敬侠、李莹、曹燕:《新舆论格局背景下新闻界的版权保护》,《中国记者》2016年第4期。

一、互联网媒体转载他人作品，应当遵守著作权法律法规的相关规定，必须经过著作权人许可并支付报酬，并应当指明作者姓名、作品名称及作品来源。法律、法规另有规定的除外。

互联网媒体依照前款规定转载他人作品，不得侵犯著作权人依法享有的其他权益。

二、报刊单位之间相互转载已经刊登的作品，适用《著作权法》第三十三条第二款的规定，即作品刊登后，除著作权人声明不得转载、摘编的外，其他报刊可以转载或者作为文摘、资料刊登，但应当按照规定向著作权人支付报酬。

报刊单位与互联网媒体、互联网媒体之间相互转载已经发表的作品，不适用前款规定，应当经过著作权人许可并支付报酬。

三、互联网媒体转载他人作品，不得对作品内容进行实质性修改；对标题和内容做文字性修改和删节的，不得歪曲篡改标题和作品的原意。

四、《著作权法》第五条所称时事新闻，是指通过报纸、期刊、广播电台、电视台等媒体报道的单纯事实消息，该单纯事实消息不受著作权法保护。凡包含了著作权人独创性劳动的消息、通讯、特写、报道等作品均不属于单纯事实消息，互联网媒体进行转载时，必须经过著作权人许可并支付报酬。

……

互联网消息在获取稿件来源时不仅要遵守法律法规，还要遵守新闻伦理。一些网络媒体利用法律法规的漏洞，通过技术手段打擦边球、钻空子、走捷径，进行不正当竞争，伤害其他媒体和个人的利益。

一个典型的现象是"洗稿"行为，把其他媒体刊登的新闻稍作改动，挪用他人的核心观点，利用更改顺序、同义替换、剪贴拼凑等手段让两篇稿子看似不同，不仅不注明来源、不支付报酬，还将自己的内容标榜为"原创"。这种变相"抄袭"的行为严重侵犯了新闻来源权益，降低了新闻内容质量，破坏了新闻行业生态，会造成恶劣的社会影响，需要特别警惕。

例如，2019年1月11日，微信公众号"呦呦鹿鸣"发表的报道《甘柴劣火》揭露了甘肃武威市的腐败现象，官员利用职权抓捕三名记者。该报道发布后在网络上引起广泛热议，阅读量迅速超过10万。报道发表后，财新网记者王和岩指出该报道存在"洗稿"行为，正文多处内容来自财新网的付费内容，未经授权且未指明出处。关于该文的"洗稿"行为随后在媒体圈引起广泛讨论。2019年1月15日，微信公众号"山寨发布会"对《甘柴劣火》与被"洗稿"原文的前五小节进行了详细对比①，其中部分相似段落见表2-1。

表2-1 《甘柴劣火》与被"洗稿"原文的部分对比
（内容来源：微信公众号"山寨发布会"）

《甘柴劣火》原文	被"洗稿"的原文
2016年1月7日15时40分许，甘肃武威市浙江大厦进行消防演练，不料，点火后处置不当，弄假成真，演习变成火灾。 20分钟后，驻武威的《兰州晨报》新闻调查部记者张永生，从火灾现场1.1公里之外家里出发。 …… 次日夜晚，家属接到通知：到刑警队来，把车开走。1月9日下午，警方通知：张永生涉嫌嫖娼，行政拘留5天。	1月7日15时40分许，武威市浙江大厦附近进行消防演练，点火后因处置不当而引发火灾。这一消息很快在武威市民的朋友圈传开。16时许，张永生开车离开家门。 张永生家到发生火灾的浙江大厦约一公里，距离警方声称的嫖娼地点西津洗浴广场1.1公里，浙江大厦与洗浴中心分别在张永生家的东南与西南②。 《兰州晨报》张姓记者家属告诉财新记者，张记者是7日晚间开始联系不上，8号警方通知张记者因涉嫌违法被行政拘留五天③。

---

① 微信公众号"山寨发布会"：《拆〈甘柴劣火〉读十余篇财新，一种洗稿鉴别机制初试》，2019年1月15日，https://mp.weixin.qq.com/s/d7yQrXG62V8YKfHtg5XMnw，最后浏览日期：2019年4月14日。
② 周淇隽：《武威张永生被认定六年间敲诈5 000元，嫖娼不成立》，财新网，2016年2月6日，http://china.caixin.com/2016-02-06/100908107.html，最后浏览日期：2019年3月2日。
③ 周淇隽：《甘肃武威警方以涉嫌敲诈勒索提请批捕三名记者》，财新网，2016年1月19日，http://china.caixin.com/2016-01-19/100901163.html，最后浏览日期：2019年3月2日。

续　表

《甘柴劣火》原文	被"洗稿"的原文
首先是报社领导惊诧莫名:张永生在采访途中失联了。次日夜晚,家属接到通知:到刑警队来,把车开走。1月9日下午,警方通知:张永生涉嫌嫖娼,行政拘留5天。 　　事情的发展越发蹊跷:《兰州晚报》和《西部商报》驻武威的两名记者,也失联了。	1月7日和8日,《兰州晨报》《兰州晚报》和《西部商报》驻武威的三名记者先后失联。 　　《兰州晨报》张姓记者家属告诉财新记者,张记者是7日晚间开始联系不上,8号警方通知张记者因涉嫌违法被行政拘留五天①。
武威仍然是有省级媒体驻地记者的,比如生于1952年的"马三爷"。 　　"马三爷"是江湖称呼,大名马顺龙,《甘肃日报》武威记者站站长。马顺龙1984年到任,一直干,干成了《甘肃日报》史上驻站最长的驻站记者,干成了一个"传奇"。	马顺龙,《甘肃日报》武威记者站站长,不仅在武威当地大名鼎鼎,还创下了两项《甘肃日报》纪录:第一,史上驻站最长的驻站记者,自1984年以来,甚至2012年到龄退休之后,他拒绝与日报派来的记者做交接,在这个岗位上一干就是33年;第二,《甘肃日报》最富有的记者——资产近亿。后一项纪录在全国或许也排得上号。 　　…… 　　在很多《甘肃日报》记者的眼里,其貌不扬的马顺龙是《甘肃日报》的"一个传奇"②。

　　据微信公众号"山寨发布会"统计,《甘柴劣火》一文中,前五小节有三个小节出自财新报道的内容,比例超过了2/3,第三节更是达到了100%;第五小节直接出自财新的内容,也超过了1/3。然而,前五小节的35个信息块中,注明出自财新或王和岩的仅有3处。其他涉及稿件来源的媒体包括《兰州晨报》、凉州网、《中国青年报》、《新京报》、搜狐网、腾讯探针、侠客岛等③。

---

① 周淇隽:《甘肃武威警方以涉嫌敲诈勒索提请批捕三名记者》,财新网,2016年1月19日,http://china.caixin.com/2016-01-19/100901163.html,最后浏览日期:2019年3月2日。
② 王和岩:《一个省报记者站站长的亿元传奇︱要案回顾》,财新网,2017年10月27日,http://china.caixin.com/2017-10-27/101162247.html,最后浏览日期:2019年3月2日。
③ 微信公众号"山寨发布会":《拆〈甘柴劣火〉读十余篇财新,一种洗稿鉴别机制初试》,2019年1月15日,https://mp.weixin.qq.com/s/d7yQrXG62V8YKfHtg5XMnw,最后浏览日期:2019年3月2日。

"甘柴劣火"事件可以说是一种更"高级"的"洗稿"行为,其涉及的不仅是简单的调整顺序、同义替换,更有对整体段落的改写,并添加了许多合理想象,而且在开头注明"本文所有信息,均来自国内官方认可、可信赖的信源,敬请诸君知悉",在报道的部分段落注明出处,以一种看似"尊重版权"的方式发表"原创"文章,实际上掩盖了大量文字并非原创的事实,是一种需要杜绝的"洗稿"行为。

第三节 互联网消息的标题

一、标题的重要性

互联网海量的信息使人们阅读新闻的方式和习惯发生了巨大的改变,碎片化、快餐式的阅读成为一种普遍的现象。在网络上,读者会接触、浏览大量的新闻标题,但只会点击小部分感兴趣的内容。如果读者对标题不感兴趣,很可能就不会去阅读新闻正文。《中国青年报》对全国31个省(区、市)11 394人进行的一项调查显示,20.1%的人平时看新闻时只看标题不看正文,66.3%的人会在看完标题后快速浏览正文,只有11.2%的人会详细阅读正文[①]。互联网消息的标题不仅决定了一篇报道能否被点击阅读,而且还决定了读者对这篇报道的第一印象。

因此,互联网时代,决定用户是否会阅读一篇消息的决定性要素就是标题,标题质量的高低直接关系到网络消息的传播效果。网络消息的标题通常链接到正文,标题质量的高低直接关系到网络消息的传播效果。在网络上,海量的新闻以标题列表的形式呈现,用户主要通过点击新闻标题来链接到正文。标题是否能在第一时间抓住用户的兴趣点,吸引他们点击链接阅读消息内容,是消息能否形成传播影响力的前提和基础,也是判断一篇消息

[①] 向楠、洪欣宜:《万人民调:六成受访者曾受耸人听闻式新闻误导》,《中国青年报》2012年5月29日,第7版。

成功与否的重要因素。

二、标题制作的基本要求

（一）宁实勿虚，抓住要点

互联网消息的主要功能是提供事实，因此互联网消息的标题首先是要以简洁的语言交代清楚新闻事实，这是互联网消息标题制作的最基本前提。在网络上，用户没有充足的时间精力去逐条深入阅读每条消息，这就要求互联网消息的标题要尽可能简明扼要，摆事实、抓要点、不夸大、不掺假，使用户通过阅读标题就可以了解新闻中最具有价值的内容。

在尊重客观事实的基础上，在标题中直接突出内容的亮点和公众的兴奋点是制作出成功的互联网消息标题的重要保障。在标题中选择一个侧重点集中展示，常常能够有效提升报道的传播效果。例如，在许多会议报道和活动报道的标题中常常出现"胜利闭幕""圆满落幕""隆重举办""顺利举行"等词语，尽管符合事实，但只使用这类老话、套话往往无法激发读者的阅读兴趣。例如，2019年2月24日，在对北京大兴国际机场飞行校验工作的报道中，《中国民航报》作为中国民用航空局下属的纸媒使用了官方口径，报道标题为《北京大兴国际机场飞行校验工作圆满落幕》。而《北京日报》客户端在转载该报道时则将其标题调整为《提前19天，大兴国际机场飞行校验今天圆满落幕，这就是中国速度！》，既交代了新闻事件的核心内容，又突出了"提前19天"这一亮点，在互联网传播中比"大兴国际机场飞行校验圆满落幕"这样的传统标题更能吸引用户的兴趣。同一条新闻在标题中突出不同的侧重点，会吸引不同用户的兴趣。

在一些情况下，适当使用修辞手法或艺术加工可以使用户眼前一亮，提升新闻标题的吸引力和可读性。例如，中新网2018年2月20日的报道《让罕见病不再是"孤儿" 患者"一粒药"的期待如何解》，标题运用拟人的手法引起读者对罕见病治疗问题的关注；环球网2018年7月28日的报道《美国正在准备轰炸伊朗核设施？ 美防长公开否认》，标题则使用设问的方式提起读者兴趣，同时也交代了新闻的主要内容。

总体来说，互联网消息的标题要以实为主，宁实勿虚，如果要在标题中使用修辞手法或进行艺术加工，应该满足以下原则：尊重新闻事实；吸引用户兴趣；符合客观性原则。

（二）长短有度，不宜过长

在不同平台发布的互联网消息对标题长度的要求有所不同。但无论何种平台的互联网消息都采用单一式结构，不使用引题或副题。

传统报纸的消息标题包括单一式结构和复合式结构。其中，复合式结构的标题包含多个部分，如引题、主题、副题等，标题的不同部分承担不同的功能。报纸常见的复合式标题结构有引题＋主题、主题＋副题，以及引题＋主题＋副题等形式。在报纸上，不同性质的标题会分行展示，主题与引题、副题共同承担提示全文的功能①。而且，传统报纸的新闻标题往往和正文处于同一版面，正文紧跟标题，因此新闻标题可以不必一次性全面展示新闻内容。

网络新闻与报纸新闻的展示方式完全不同。一方面，新闻以标题列表的形式呈现，因此受页面显示的限制，基本都是单行题，极少使用多行题。如果需要使用副题，则需将两部分标题放在一行，中间一般以空格或逗号隔开，即使是使用主题＋副题的结构，也需要控制字数，不宜过长。另一方面，标题与正文相互分开，用户需要点击标题以链接到正文，因此常常要通过标题向读者传达更多内容，这就要求互联网消息的标题在规定的字数内准确地概括新闻事件的内容，并引起用户的兴趣。

例如，2018 年 9 月 25 日，习近平总书记在黑龙江考察北大荒建设时说："中国人要把饭碗端在自己手里，而且要装自己的粮食。"媒体在报道该事件时多在标题中直接引用总书记的话，如《习近平：中国人要把饭碗端在自己手里　而且要装自己的粮食》，共 25 个字。而《黑龙江日报》则将标题精简

---

① 吕华：《网络新闻标题与报纸新闻标题比较》，《新闻研究导刊》2018 年第 9 期。

为《把"中国饭碗"牢牢端在自己手上》,《人民日报》中央厨房旗下的麻辣财经工作室的解读标题则为《从 8 亿人吃不饱,到 14 亿人"吃不完"》,这两家媒体在正确领会总书记的意思的同时,还能够用 15 字以内的简洁语言进行概括、提炼,帮助读者迅速领会新闻内容。

(三)正确使用标点符号

传统的报纸消息标题一般要求不能使用标点符号,但互联网消息的标题则会经常使用各种标点符号。正确、适当使用标点符号能够帮助消息标题更好地提示新闻内容,引起读者兴趣。

逗号、空格、冒号、破折号一般用于具有多个层次或重点的新闻内容。一般新闻网站、新闻客户端、微博、微信等平台都普遍使用。逗号和空格通常用来连接主题和副题,两者是并列或递进的关系。冒号和破折号的主要作用是对报道中核心人物和组织机构的主要特征进行介绍。使用这类标点符号要注意前后两部分的逻辑关系,同时控制标题长度。

问号、感叹号则用来表达情感。这类标点符号更多见于微博、微信等社交平台,新闻网站和新闻客户端也多有出现,如《人民日报》的微信公众号经常使用感叹号来提示消息的重要性或唤起读者的情感。比如"重磅!""来了!""定了!"等通知类消息,以及"泪目!""揪心!""看哭!"等引人共情的内容。此外,一些重要事件或热点事件的标题也会用到感叹号。问号一般用于设问、反问等,用来引起读者兴趣或激发人们思考,例如《在万米高空看十九大开幕会是种怎样的体验?》《如何防范化解重大风险?习近平这么部署!》。表达情感和价值取向的标点符号需要根据事件的性质、媒体和平台的性质来考虑是否使用,如果是符合客观事实、服务于宣扬正确价值观和正能量的事件,可以适当、适度使用,切勿乱用、滥用。

省略号用来提示标题未能展示更多的信息。这种情况常见于微信公众号,一些网络媒体习惯频繁在标题中使用省略号,以此来应对新闻平台的字数限制,或故意在新闻标题中语焉不详,诱导读者点击。例如《长江日报》微信公众号的报道《哭!刚传来消息,武汉的雨还要下半个月!不过好消息是……》《武汉这个公园火了,网友纷纷来"打卡"!真相是……》等。使用省略号或是一种图省事的行为,违背了标题长短适当的原则;或是带有诱导性的行为,用户如果不点击链接就无法获知新闻的完整信息,如果处理不当,很容易引起读者误会或引发歧义。这两种情况都不符合互联网消息标题宁实勿虚,长短有度的原则,因此,一般不提倡在互联网消息中使用省略号。

（四）标题表达要富有表现力

对传统的报纸消息而言,其标题要讲究艺术性,对语法和修辞的使用都非常严谨。而互联网消息的标题则要具有更强的表现力,不一定要追求过高的艺术性。增强标题表现力,除了可以适当使用感叹号、问号等表达情感的标点符号,其他的常用手法还有使用通俗化的语言风格增强与用户的接近性,突出细节和个人视角以增强用户的参与感。例如,在2017年的十九大报道中,《人民日报》客户端在传统报道的严肃文风上进行创新,在标题中通过使用"敲黑板""划重点""给力"等通俗的网络用语,完成了从传统媒体到互联网媒体的话语风格转变,拉近了官方媒体与广大读者的距离[①]。在选择标题的侧重点时,《人民日报》客户端多次采用个人化的视角,突出报道中的细节,把宏大的报道主题具体化、形象化,增加读者的现场感和参与感,使读者更愿意点击内容进行阅读。例如,2017年10月28日的报道《"我们渴望了解十九大发出的信息"》,以第一人称的视角引用捷克学生的话,引起读者的共鸣;《如何学习领会十九大报告？31省区市书记划了这些重点》则与读者展开对话,以接地气的方式为普通读者解读十九大精神,取得了良好的传播效果。

三、避免"标题党"

互联网消息通常以文字标题为主要呈现方式,用户首先会关注新闻的

---

① 牛慧清、董佳莹:《融媒时代十九大报道的创新路径及启示——以人民日报新闻客户端为例》,《新闻战线》2017年第20期。

标题,其次才是新闻的内容。而为了通过仅有十几个字的文字标题在第一时间牢牢抓住用户的注意力,一些媒体选择迎合人们猎奇、八卦等低级心理需求,制作出了博人眼球、夸张失实的标题,我们称这种现象为"标题党"。

"标题党"产生的原因主要有两个方面。

第一,网络媒体在转载传统媒体报道时不能修改新闻内容,一些媒体转而通过修改新闻标题的形式吸引读者。根据国务院新闻办公室和信息产业部联合下发的《互联网站从事登载新闻业务管理暂行规定》:"非新闻单位依法建立的综合性互联网站(以下简称综合性非新闻单位网站),具备本规定第九条所列条件的,经批准可以从事登载中央新闻单位、中央国家机关各部门新闻单位以及省、自治区、直辖市直属新闻单位发布的新闻的业务,但不得登载自行采写的新闻和其他来源的新闻。非新闻单位依法建立的其他互联网站,不得从事登载新闻业务。"在实践中,网络媒体在转载传统媒体的新闻稿时不能改变新闻内容,但可以根据自身需要改变新闻标题,这就促使一些商业媒体通过修改标题甚至制作不实标题的方式来增加新闻的点击量。

第二,激烈的市场竞争下,一些媒体试图"走捷径"来快速获得流量。互联网上的信息过剩使媒体市场竞争日趋激烈。随着互联网的发展,信息生产呈爆炸式增长,人们从信息匮乏的时代迅速来到了信息爆炸的时代。互联网上"人人都是记者",各类自媒体层出不穷,官方媒体也纷纷推出新媒体产品。与此同时,媒体的生产和消费两端的供需平衡被打破,信息出现了严重的供大于求的情况。由于一些新闻网站与新闻工作者盲目追求点击率与传播效果,因此出现了网络新闻题文不符、夸张词汇滥用等现象。

互联网消息写作要警惕和避免"标题党"的情况发生。在实践中,"标题党"可以具体表现为以下五种形式。

(一)无中生有,捕风捉影

2016年6月2日,搜狐网转载《法制晚报》报道《西城区北京第二实验小学白云路分校多名学生同天流鼻血请假》,报道原文的主要内容是多名小学生流鼻血,但搜狐网转载时将其标题修改为《北京西城多名小学生同天流鼻血 白细胞计数不正常》,而关于白细胞计数的内容在新闻原文中全无体现,标题的后半句完全是凭空捏造,无中生有,违背了新闻的真实性原则,对读者产生了严重误导,这一案例随后受到北京网信办的通报批评。

（二）断章取义,以偏概全

2012年5月29日,《环球时报》发表了一篇标题为《反腐败是中国社会发展的攻坚战》的报道[1],报道明确指出,"反腐败确应成为中国政治体制改革所要解决的头号问题","必须对腐败分子进行严厉查处,决不姑息"。然而,"中国显然正处于腐败的高发期,彻底根治腐败的条件目前不具备","腐败在任何国家都无法'根治',关键要控制到民众允许的程度"。

而腾讯新闻转载该新闻的时候,则将标题改为《环球时报社评：要允许中国适度腐败 民众应理解》,随后新浪网等网络媒体纷纷转载了腾讯新闻的版本。腾讯新闻修改后的标题完全曲解了原文的意思,使读者产生了巨大的误解,在网络上造成了严重的负面影响,遭到学界、业界的强烈指责。腾讯网随后向《环球时报》公开发文道歉[2]。

（三）逻辑混淆,牵强附会

2014年4月26日,央视《焦点访谈》播出的一期关于"标题党"的节目提到,《大河报》2014年3月27日一则标题为《颅骨取下一年多,谁能帮她装上？》的报道在网络转载时被改成了《病人因欠5万元手术费,颅骨被摘下,一年多无人给装上》。原稿的本意是说漯河患者虽经医护人员多方照顾,却因家庭变故依然困难,呼吁社会予以救助；而标题一改,就变成了冷血医院不讲医德,没有人性。很多网友来不及看文章内容,只看标题就义

---

[1] 《环球时报》：《反腐败是中国社会发展的攻坚战》,环球网,2012年5月29日,https://opinion.huanqiu.com/article/9CaKrnJvBeE,最后浏览日期：2019年3月12日。
[2] 《检察日报》：《对腐败"零容忍"底线不容动摇 "适度腐败论"系误解》,正义网,2012年6月5日,http://www.jcrb.com/zlpd/yejiexw/201206/t20120605_876735.html,最后浏览日期：2019年3月12日。

愤填膺,恶评如潮,本来做好事的医院却无辜背负了骂名①。这种扭曲原文逻辑、故意制造矛盾的行为严重违背了新闻真实性原则,侵犯了用户权益,损害了媒体公信力,破坏了舆论生态,加剧了医患矛盾,带来了严重的社会危害。

(四)过分夸张,耸人听闻

有时,一些新闻报道本身不具有特别的"爆点",而"标题党"为了吸引流量,会使用具有刺激性或煽动性的词句,过分夸大,故弄玄虚,以引起读者的猎奇心理,诱导其点击新闻内容。常见的有"惊吓体""跪求体""哭晕体""竟然体"等,标题中经常出现"惊呆了""出大事了""太震撼了""轰动全国"等词语,使用绝对化、极端化的语言,意图起到震撼人心的效果。不是说报道标题中绝对不能使用带有情感色彩的词汇,但要在不影响新闻事实本身的前提下适度使用,切勿过分夸张甚至失实。

(五)低俗暗示,打擦边球

一些媒体为了迎合部分用户的低级趣味,在标题中使用粗俗的词汇,给读者以低俗的暗示,对网络环境造成负面影响。除了直接使用低俗的词汇外,还有一些媒体以打擦边球的方式诱导读者,例如,海外网在转载《人民日报》的报道《对移交司法的"老虎"中纪委的"评语"有何变化》时,将标题更改为《〈人民日报〉驳"贪官都有情人":半数涉通奸》,将原文中"贪官""情人""通奸"等词汇作为标题突出并加以强化,引导新闻往低俗化的方向发展,忽略了新闻事实中更重要的部分。

为了加强对"标题党"的治理,2017 年 1 月,国家网信办印发了《互联网新闻信息标题规范管理规定(暂行)》(以下简称《规定》),明确要求新闻媒体要坚持真实性、客观性原则,按照题文一致、客观准确、重点突出的基本规范,编辑制作新闻信息稿件的标题。要通过标题内容传达正确的立场、观

---

① 张华军:《标题焦虑中的传统媒体应对策略——兼谈标题党乱象及原因》,《新闻爱好者》2014 年第 12 期。

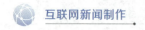

点、态度,确保导向正确,恪守新闻伦理,严禁恶意篡改标题炒作或蓄意制造舆论"热点"①。制作互联网消息标题在保证吸引力的同时,必须确保标题与文章主旨契合,并遵守新闻伦理,避免"标题党"的情况发生。

第四节 互联网消息主体

互联网消息的正文一般没有版面限制,但时效性原则要求其体量必须短小、精炼。在互联网大大加速了新闻时效性和新闻生产的同时,海量信息也在一定程度上促使用户产生了碎片化的阅读习惯。为了适应这种阅读习惯,互联网消息必须用最简洁的语言说明最完整的事实。从具体操作上来说,正文的基本要求是开门见山,直奔主题,直截了当地说清楚事件的来龙去脉、前因后果,把报道事件的情况以最直接的方式呈现在读者面前。这是一篇互联网消息最基本的任务。

一、消息的基本叙事规则

(一)先果后因,由近及远

有的媒体在写作消息时的顺序经常是先交代事件背景或事件发生的条件,说明事件发生的原因,最后说明结果或得出结论。而消息不是议论文写作,不一定要遵循"先因后果"的模式,更不需要洋洋洒洒几千字来论证某一论点,而应该单刀直入,首先交代事件的结果,其次才说明起因。对于互联网的读者来说,"先果后因"的写作方式能帮助他们迅速把握事件内容,激发阅读兴趣。例如,在2018年关于日本北海道几次发生地震的报道中,新华社、环球网和中国新闻网的报道如下:

---

① 网信办:《国家网信办深入整治"标题党"问题》,中国网信网,2017年1月13日,http://www.cac.gov.cn/2017-01/13/c_1120302910.htm,最后浏览日期:2019年3月14日。

新华社全文：

新华社　东京9月7日电（记者王可佳　姜俏梅）日本首相安倍晋三7日说，6日发生的北海道地震目前已造成16人死亡、26人失踪。

安倍当天上午在日本政府应对地震的会议上说，失踪者主要集中在重灾区厚真町。政府已派出2.2万名救援人员彻夜救援，今后还将继续加强救援力量全力救援。

当地时间6日凌晨3时08分（北京时间2时08分），北海道发生6.7级强震，多地发生建筑物倒塌和山体滑坡，并出现大范围停水停电及交通瘫痪。北海道部分地区食品及物资短缺，固定电话、移动通信等网络不畅，有超过6000人6日晚在避难所过夜。

7日，距震中不远的新千岁机场部分航线重启，仍有大量原定航班被取消。北海道新干线列车将于7日下午重新运营，地铁、其他铁路班次及路面巴士等仍大范围停驶。

地震发生后北海道至今余震不断。日本气象厅说，未来一周内当地仍可能发生较强地震，预计未来一到两天当地可能出现雷雨天气。气象厅提醒人们注意安全，并警惕降雨带来的山体滑坡等风险。

另据中国驻札幌总领事馆消息，总领馆已在位于札幌市中央区的札幌华侨会馆开设地震应急临时救助中心，为地震中受灾的中国公民提供临时避难、休息及应急饮食等帮助。（完）

环球网全文：

当地时间2月21日晚9点22分左右，日本北海道厚真町发生了震度6弱（日本标准）的地震。日本气象厅观测，此次地震震中在胆振地区中东部，震源深度约30公里，推测地震规模为里氏5.7级。此次地震虽然没有引发海啸，且北海道当地核电站未出现异常，但造成多人不同程度受伤，震源地附近还发生了雪崩。

据日本共同社2月22日报道，北海道21日晚发生地震，苫小牧市消防总部22日表示，市内有一名80多岁女性、40多岁女性和30多岁男性摔倒受轻伤。札幌市也有一名70多岁男性受伤。地震共造成4人受伤。在位于震中地区的厚真町,受自来水管破裂的影响,超过100户一度停水。北海道政府称,发现厚真町幌里地区发生了雪崩,所幸没有人员受害,也没有建筑物被卷入。

北海道铁路公司(JR北海道)表示,由于震后的线路安全确认等工作,决定22日停运包括特快列车在内的共58趟列车。21晚停在两站之间的多辆列车在22日凌晨移动至车站,结束了乘客被困在车内的状况。据札幌市介绍,震后因检查而停运的市营地铁22日早晨全线恢复了运营。

据北海道和厚真町透露,町内的水管漏水,为找出破损处,22日丰泽地区111户一度停水。此后推进抢修,截至次日早晨8点为74户停水。町政府向居民分发了应急食品和饮用水。领到应急食品的居民中谷英子(71岁)神色不安地说:"感谢他们迅速应对。昨晚想起了上次地震,瑟瑟发抖。"

町职员调查雪崩发生情况后发现,不仅是幌里地区,在幌内地区也发现了可能是雪崩的状况,但房屋和道路未受影响。

日本气象厅表示,此次地震的震源距离2018年9月地震震源以北约10公里。2018年9月以来已发生震度1以上的地震300次以上,2018年10月曾观测到震度5弱的地震等,以周边南北约30公里区域为中心的地震活动仍在持续。日本气象厅起初推测此次地震规模为里氏5.7级,现修正为5.8级。

此外,据北海道电力公司透露,北海道泊村的泊核电站未出现异常。JR北海道称,北海道新干线受地震影响一度停运。

中国新闻网全文:

当地时间9月9日凌晨,日本北海道地震救援的"黄金72小时"结束,救援人员持续进行搜救。据日媒报道,地震死亡人数增至35人,仍有5人失踪。

日本首相安倍晋三称,9日会到北海道灾区探望灾民,并感谢在电力公司连日努力下,当地电力供应已大致恢复,停电住户数目由300万大幅减至

2万户。内阁官房长官菅义伟则呼吁北海道的居民和商户,从明日起节省10％耗电量,避免电力供应无法应付需求,再度引发大规模停电。

目前,北海道仍有近3.1万户未有食水供应,近1.6万人需在庇护中心暂住。

同样是关于地震的报道,在这三则消息中,第一篇新华社的报道采用了"先果后因"的叙事方式,在第一段先交代灾难发生的结果是"造成16人死亡、26人失踪",第二段说明目前的救援工作情况和未来几天的动向,之后再叙述事件发生的起因是"某时某地发了什么事件"。

而后两篇报道均采用"先因后果"的叙事方式,环球网的报道属于传统的新闻写作方式,先交代地震的时间、地点、人物、事件,即事件的起因,然后说明受灾情况,即事件的结果。此外,环球网的这篇报道作为互联网消息来说篇幅略长,重点不明显,容易给读者造成阅读疲劳。

中国新闻网的消息虽然篇幅较短,但同样也是采用"先因后果"的模式,第一段先说明救援的黄金时间结束,救援人员正在持续搜救,其次才说明地震的死亡人数。第二段讲政府的救灾部署,最后一段才讲到目前的受灾情况。

对于灾难报道来说,作为事件结果的死亡人数和受灾情况往往是读者最想了解的信息,因此将这些内容放在消息的开头,使读者第一眼就能看到最想看的内容非常重要。"先果后因"的叙事模式能够简明、清晰地交代事件最重要的信息,同时能够更好地引起读者兴趣。而如果把握不好"先因后果"的叙事模式,在事件的起因部分交代过多,则很可能造成报道内容拖沓、主题不清的情况,影响消息的可读性和传播力。

(二)从小到大,从实到虚

先写个人,再写社会;先写生动的细节,再写宏观的面貌。消息写作中一个常见的误区是宏大叙事过多,不接地气,读者没兴趣看;抽象概括过多,缺乏生动性、鲜活性,读者没有感觉。对于短小精悍的互联网消息来说,要使新闻具有吸引力,应该做到从小到大,首先用生动的细节来增强文章的可读性,吸引读者兴趣,其次才是对事件的概括性叙述,或是宏观的、理论的内容。

例如,2018年3月17日新华社的报道《中国国家主席首次进行宪法宣誓》全文如下:

新华社北京3月17日电"我宣誓:忠于中华人民共和国宪法维护宪法权威,履行法定职责"刚刚当选的国家主席习近平17日在北京庄严宣誓。

这是中国国家主席首次在就职时进行宪法宣誓。

当日早些时候,习近平在十三届全国人大次会议上当选中华人民共和国主席中华人民共和国中央军事委员会主席。

去年10月,他在中共十九届一中全会上当选为中共中央委员会总书记。

十九届一中全会还决定习近平为中央军事委员会主席。

10时49分,宣誓仪式开始。人民大会堂内,国徽高悬,全体肃立。主席台上,仪仗兵护送《中华人民共和国宪法》入场。

全场代表齐声高唱中华人民共和国国歌后,64岁的习近平身着深色西装,走向宣誓台,左手抚按宪法右手举拳,庄严宣誓:

"……(我宣誓)忠于祖国、忠于人民,恪尽职守、廉洁奉公,接受人民监督,为建设富强民主文明和谐美丽的社会主义现代化强国努力奋斗!"

宣誓结束后,习近平在现场热烈的掌声中向全场鞠躬致意,返回座位。

仪式举行仅仅六天前,中国最高国家权力机关通过宪法修正案,把宪法宣誓制度写入宪法。

此次的宪法修正案还确立了习近平新时代中国特色社会主义思想在国家政治和社会生活中的指导地位。

根据最高立法机关于2015年7月通过的关于实行宪法宣誓制度的决定,该制度于2016年1月起施行,明确要求各级国家机关工作人员在就职时公开进行宪法宣誓。

中华人民共和国的第一部宪法诞生于1954年。现行宪法是1982年公布施行的,全国人大于1988年、1993年、1999年、2004年和2018年对其个别条款和部分内容作出修正。

3月10日,习近平在参加人大代表团审议时强调,要坚持法治、反对人治,对宪法法律始终保持敬畏之心,带头在宪法法律范围内活动。

中国国际电视台和网络对17日的宣誓仪式进行了现场直播。

"新当选的国家主席进行宪法宣誓,起到了模范带头作用,表明在法律面前人人平等,没有例外,彰显了中国领导人依法治国,以实现中国现代化的决心。"全国人大代表、广东省律师协会会长肖胜方说。

这篇消息中的第一句直接引用习近平总书记的宣誓词,引起读者兴趣。在前七行中,报道使用了先果后因、由近及远的叙事方式,用了不到200字就说明了新闻事件的核心内容和相关背景。随后,报道通过一系列具体的细节描写,渲染了总书记宣誓时庄严肃穆的氛围,给读者以强烈的现场感。在报道的后半段,内容则有所拔高,交代了此次宣誓的历史意义和相关法律知识背景。整篇报道从微观到宏观、从具象到抽象,既抓人眼球,又引人深思。该报道获得第二十八届中国人大新闻奖一等奖。

(三)以少胜多,以小见大

互联网消息写作的另一个误区是什么都想写,什么都写一点,什么都写不好。在一篇消息中过多地堆砌背景,罗列数据,使内容过多,最终导致篇幅冗长、主题不清、中心模糊。一篇好的互联网消息能够做到以小见大,以少胜多。一篇消息应只讲一件事,对一件事来说,要懂得取舍,只写最重要的信息。一篇消息只把一件事情甚至一个片段、一个场景讲清楚就可以,选择最重要、最精彩、最能帮助读者了解新闻事实的内容,用最少的事例说明最多的问题。对于一个新闻事件来说,从一个点切入做到以小见大非常重要。选择适当的切口,不仅能够更好地表现事件的本质,而且能够带来更强的传播力。例如,2005年3月"两会"期间,在温家宝总理记者招待会后,新

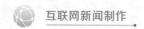

华网推出了网络互动专题报道《网民感动总理 总理感动网民》,其中一篇全文如下:

温总理记者招待会网民最想问的问题

中国最有影响力的新闻网站新华网在总理记者会召开前,推出了专题论坛——"温总理记者招待会,你想问什么?"网民们一时间提出了数百个问题,至今已有35 000多人次上网点击。

总理深情回应:他们对国事的关心,深深感动了我

2005年3月14日,人民大会堂三楼中央大厅,温家宝总理在记者招待会上一段精彩而朴实的开场白牵动了全国网民的心。温总理说:"其实关心两会的是全中国人民。昨天我浏览了一下新华网,他们知道我今天开记者招待会,竟然给我提出了几百个问题。我觉得他们对国事的关心,深深感动了我。他们许多建议和意见是值得我和我们政府认真考虑的。"

总理关注网民,让我心头一热

总理的话,使新华网论坛网友群情激昂、反应热烈:"总理记者会前看新华网发展论坛上我们提出的问题了!"不到五分钟的时间这条帖子就有了上千次点击和上百条回复,再次成为发展论坛上的新焦点。网友们纷纷感言:"总理高度重视网络,重视网民的意见,这给了网民莫大的鼓舞,体现了本届中央政府亲民和务实的风格,谢谢总理的关注,更感谢总理的尊重!"

(新华网 2005年3月14日)

这篇消息从长达8 000字的记者招待会实录中选择了一个极小的切口,以温家宝总理的一句话切入展开报道,同时与网民展开互动,只通过几条典型的网民评论就反映出总理讲话的网络反响,起到以少胜多、以小见大的效果。2006年7月18日,新华网凭借这一网络专题获得全国优秀新闻作品年度最高奖——第十六届中国新闻奖一等奖(网络专题),这是中国新闻奖首次将网络新闻作品纳入评选。中国新闻奖的评语称:"新华网在2005年全国'两会'报道中独家首创运用的网络互动专题报道新形式,这次成功的尝试,成为此后互联网新闻报道的典型范本,也成为互联网新闻报道史上的一个标志性事件,是成功运用网络互动功能的经典之作。"

二、消息写作的语言风格

互联网消息主体的语言要求准确、简洁、生动。

(一)准确

互联网消息追求时效性的同时,必须要讲求文字的准确性。互联网消息的准确性首先是要保证对文字和语法的正确使用。互联网消息写作中常见的文字和语法错误有三个。第一,常识错误。互联网上自媒体的发展使媒体行业门槛降低,从业人员良莠不齐,一些记者会在内容上暴露自己知识储备的不足,错误地使用文字或词语,很容易误导读者。第二,语法错误。互联网消息在保证精炼、剔除冗余的同时,也要防止因内容过于简单而产生语法错误,避免因关键主语、谓语、宾语的缺失而影响读者理解。第三,操作错误。互联网消息写作在电脑上进行,时常会因为创作者的误操作而出现错别字等情况,某些情况下媒体因追求发稿速度或审核不够仔细,这些错别字最终就会呈现在电脑或手机页面上,造成负面影响。

除了文字和语法错误,互联网消息写作的准确性还要注意遣词造句的具体化和精细化。互联网上信息爆炸,真假难辨,机构媒体有责任为读者梳理线索、厘清脉络,在语言风格上更要与其他网络文章区别开来,词句表达必须具体、精准,避免含糊不清、引起歧义、信息缺失等情况发生。一些媒体为了创新文风而在报道中使用口语和网络流行语,但有时会因为对词语内涵理解的偏差或未能把握好语境而造成使用错误,反而会造成歧义或多义的情况,影响读者理解报道。一些网民和网络媒体随意地对已有的字、词、短语和成语进行再创造,破坏了整个汉语的严谨性和结构性[1]。有许多网民

---

[1] 韩丽国:《当今媒体语言失范现象成因分析》,《新闻战线》2016年第16期。

自己"发明"了"成语",例如"人艰不拆"①"十动然拒"②"不明觉厉"③"喜大普奔"④,还有一些流行的拼音或英文表达,如"dbq"⑤"大IP"⑥"diss"⑦。这些词语有的不符合汉语的正常结构,有的只有小部分人能够理解,如果随意在互联网消息中使用它们,会造成部分读者的理解困难,同时会对中文的语法语用造成不良影响。一般来说,在消息的标题、开头或结尾适当使用恰当的网络流行语,可以增强报道的吸引力和亲和力,但一般不提倡在正文部分大量使用网络流行语和英文缩写,如果一定要使用,必须在消息背景中注明词意,以便读者理解,并且要注意尺度和规范。

(二) 简洁

互联网消息都很精炼,一事一报。互联网消息可以在不同的网络平台上呈现,都有短小精悍、简明扼要的特点,一般以不超过 500 字为宜,只要能把事情说清楚,可以是几十字甚至是一句话。尽管互联网消息没有版面限制,但互联网的信息传播特点要求互联网消息的篇幅必须简短。网络上新闻数量多、传播速度快,呈现出"碎片化"的特点。与之对应,篇幅短小、语言精练的互联网消息可以让读者一目了然,在短时间内获取大量信息,最契合互联网的特点。

2017 年 2 月 17 日,中共中央政治局委员、中央书记处书记、中宣部部长刘奇葆在 2017 年新闻战线"新春走基层"活动座谈会上指出,新闻报道要形成"长话短说、官话民说、粗话雅说、空话不说"的报道风格⑧。互联网消息的

---

① "人艰不拆"是"人生已经如此艰难,有些事情就不要拆穿"的缩略形式。
② "十动然拒"是"十分感动,然后拒绝了他(她)"的缩略形式。
③ "不明觉厉"是"虽然不明白你在说什么,但觉得很厉害的样子"的缩略形式。
④ "喜大普奔"是"喜闻乐见、大快人心、普天同庆、奔走相告"的缩略形式。
⑤ "dbq"是"对不起"的拼音缩写。
⑥ "IP"在这里指 intellectual property,本意是知识产权,网络将其引申,把每个文艺作品都称为一个 IP。
⑦ "diss"是 disrespect(不尊重)或 disparage(轻视)的缩写,常用于说唱音乐圈,人们将互相贬低和批判作为一种嘻哈文化。
⑧ 刘奇葆:《改文风永远在路上》,《光明日报》2017 年 3 月 3 日,第 3 版。

主要任务是在最短的时间内尽可能完整、准确地向读者提供事实。例如2017年人民网对十九大的报道《九个字带您感知十九大报告的民生温度》，正文如下：

党的十九大，是党和国家政治生活中的一件大事。十九大报告全文三万多字，民生是其中重要组成部分。人民网·中国共产党新闻网从环境、农业、文化、教育、就业、社保、住房、扶贫、医疗等这九个民生领域提炼了九个字，带网友们一起领略十九大报告中描绘的幸福民生。

"美"

十九大报告原文：像对待生命一样对待生态环境，统筹山水林田湖草系统治理，实行最严格的生态环境保护制度，形成绿色发展方式和生活方式，坚定走生产发展、生活富裕、生态良好的文明发展道路，建设美丽中国，为人民创造良好生产生活环境，为全球生态安全作出贡献。

"兴"

十九大报告原文：实施乡村振兴战略。农业农村农民问题是关系国计民生的根本性问题，必须始终把解决好"三农"问题作为全党工作重中之重。

"华"

十九大报告原文：要坚持中国特色社会主义文化发展道路，激发全民族文化创新创造活力，建设社会主义文化强国。要坚持为人民服务、为社会主义服务，坚持百花齐放、百家争鸣，坚持创造性转化、创新性发展，不断铸就中华文化新辉煌。

"强"

十九大报告原文：建设教育强国是中华民族伟大复兴的基础工程，必须把教育事业放在优先位置，加快教育现代化，办好人民满意的教育。

"创"

十九大报告原文：要坚持就业优先战略和积极就业政策，实现更高质量和更充分就业。大规模开展职业技能培训，注重解决结构性就业矛盾，鼓励创业带动就业。

"全"

十九大报告原文：全面建成覆盖全民、城乡统筹、权责清晰、保障适度、可持续的多层次社会保障体系。全面实施全民参保计划。完善城镇职工基本养老保险和城乡居民基本养老保险制度，尽快实现养老保险全国统筹。

"住"

十九大报告原文：坚持房子是用来住的、不是用来炒的定位，加快建立多主体供给、多渠道保障、租购并举的住房制度，让全体人民住有所居。

"富"

十九大报告原文：坚持精准扶贫、精准脱贫，坚持中央统筹省负总责市县抓落实的工作机制，强化党政一把手负总责的责任制，坚持大扶贫格局，注重扶贫同扶志、扶智相结合，深入实施东西部扶贫协作，重点攻克深度贫困地区脱贫任务，确保到二〇二〇年我国现行标准下农村贫困人口实现脱贫，贫困县全部摘帽，解决区域性整体贫困，做到脱真贫、真脱贫。

"康"

十九大报告原文：完善国民健康政策，为人民群众提供全方位全周期健康服务。深化医药卫生体制改革，全面建立中国特色基本医疗卫生制度、医疗保障制度和优质高效的医疗卫生服务体系，健全现代医院管理制度。加强基层医疗卫生服务体系和全科医生队伍建设。全面取消以药养医，健全药品供应保障制度。

这篇消息用寥寥九个字就概括出十九大报告中关于民生方面的重要内容，从三万字的报告中摘取一千字老百姓最关心的民生问题，简单明了、通俗易懂。

（三）生动

互联网消息要求写作者能够适应网络语言环境，创新语言风格，丰富语言表达，避免枯燥、生硬的文风，少用套话、空话。在不影响报道严谨性和严肃性的情况下,适当地使用通俗性、互动性的词句可以使报道更加接地气、有新意,让读者更容易接受和理解。但是,生动并不代表随意、粗俗甚至是低俗。尤其是在重大事件的消息写作中,要注意严肃与通俗之间的平衡,避免文风过于娱乐化,语言过于粗鄙化。2018年"两会"期间,全国各大媒体除了一些传统的会务报道之外,还推出了一系列创新文风的作品,例如《经济日报》的《厉害了,中国经济!》,该报道聚焦"两会"发布的《政府工作报告》中的中国经济情况,报道部分内容如下:

两会期间,大家都很关注经济话题。

中国经济怎么样?

两会传来消息,中国提供着最高的对世界经济增长的贡献率,中国建成了世界上最大的社会保障网、高速铁路网,中国科技创新在诸多领域实现并跑、领跑……

作为世界最大发展中国家和第二大经济体,中国不断创造着人类发展史上惊天动地的奇迹。让人不得不惊叹,厉害了,中国经济!

2017年中国交出了一份很提气的经济年报!

发改委主任何立峰在两会记者会上介绍说,2017年我们国内生产总值达到了82.7万亿元。按照2017年12月31日的汇率计算,超过12.2万亿美元,稳居世界第二大经济体。

"借用现在热播的纪录电影名字来形容中国经济,就是'厉害了,我的国'。"何立峰说,我们对2018年GDP实现6.5%左右的预期目标是充满信心的。

不仅是这些,政府工作报告中的数字,更是支撑着这样一份自信和底气。

五年来,脱贫攻坚取得决定性进展,贫困人口减少6 800多万,易地扶贫搬迁830万人,贫困发生率由10.2%下降到3.1%。国内生产总值从54万亿元增加到82.7万亿元,年均增长7.1%,占世界经济比重从11.4%提高到15%左右,对世界经济增长贡献率超过30%。

全社会研发投入年均增长11%,规模跃居世界第二位

居民收入年均增长7.4%、超过经济增速,形成世界上人口最多的中等收入群体。

社会养老保险覆盖9亿多人,基本医疗保险覆盖13.5亿人,织就了世界上最大的社会保障网。

此外,高铁网络、电子商务、移动支付、共享经济等引领世界潮流,我国建成全球最大的移动宽带网,我国拥有世界上规模最大的人力资源……

5年时间,许多长期想解决而没有解决的难题迎刃而解,许多过去想办而没有办成的大事付诸实践,凯歌行进的中国犹如穿梭于大地的"复兴号"高铁,奔行不息驶出现代化的加速度。

这篇消息的行文风格不是只摆出一组冷冰冰的数据,也不是纯粹的宏大叙事、唱赞歌,而是运用口语化、生活化的词句将数据以老百姓易于理解的形式表现出来,同时调动了读者的情感,起到了良好的宣传效果。

三、互联网消息写作的新模式

传统媒体新闻最常见的写作框架是"倒金字塔"模型(图2-5)。"倒金字塔"从顶部到底部,其内容的新闻价值从高到低排序:顶部是新闻报道中最关键的信息,通常包括的要素是"5w+1h",即人物(who)、事件(what)、时间(when)、地点(where)、原因(why)、方法(how);"倒金字塔"的中部是关于新闻事件的更多详细信息;底部则是事件发生的背景、相关资料等内容。

(一)"倾倒的金字塔"模型

随着互联网的发展,新闻写作也出现了全新的框架。在互联网新闻中,记者可以在文字信息或其他多媒体(图片、音频、视频)之间建立超链接,新闻内容不仅可以以单篇稿件的形式呈现,不同的组件之间也能形成一个有机体,这带来了更复杂的新闻生产和写作方式,同时也给读者带来了全新

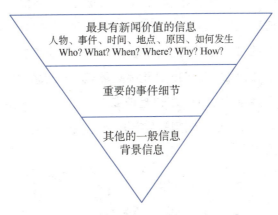

图 2-5　新闻写作的"倒金字塔"模型①

的、即时的阅读体验。

在传统"倒金字塔"结构的新闻中,新闻价值的高低由记者来判断,新闻价值越高的内容会被放在越显眼的位置。在互联网由超链接组成的新闻系统中,新闻价值是由读者而非记者来决定的。读者可以自由点击自己认为有价值的链接,阅读自己想了解的内容。葡萄牙学者若昂·卡那维拉斯(João Canavilhas)的研究发现,在互联网消息写作中,"倒金字塔"模式虽然仍适用于一些突发新闻,但是由于它依照的是传统印刷媒体的阅读习惯,在涉及一些更精细的新闻内容时被证明效率较低。如果记者安排信息的顺序和标准与读者的判断不一致,那么该报道则会面临读者流失的风险②。

读者在互联网新闻中获得了更多自由选择的空间,他们可以自由定义自己的阅读路径,并通过点击新闻的相关链接和特定新闻主题在不同的新闻内容间互相跳转。因此,读者的这种行为表明,网络新闻写作必须要转变沿袭自传统媒体时代的生产范式。若昂·卡那维拉斯提出了一种"倾倒的

---

① 原图参见:https://en.wikipedia.org/wiki/Inverted_pyramid_(journalism)。
② João Canavilhas,"Web Journalism:From the Inverted Pyramid to the Tumbled Pyramid," *Labcom*,2007,http://www.bocc.ubi.pt/pag/canavilhas-joao-inverted-pyramid.pdf,最后浏览日期:2019 年 3 月 14 日。

金字塔"(tumbled pyramid)模型(图2-6)。该模型与"倒金字塔"的相同点是,读者可以在任意层次放弃阅读,但不会错过新闻的关键内容;与"倒金字塔"不同的是,"倾倒的金字塔"的各个层次不在一篇报道中展示,而是分开显示,但以超链接的形式相互勾连。记者无需在一篇消息中呈现过多内容,而是可以将其拆分为不同的层次,以超链接的形式将它们联系在一起,提供给需要的读者。具体来说,"倾倒的金字塔"包含四个层次。

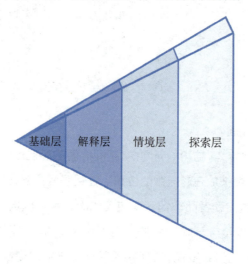

图2-6　新闻写作"倾倒的金字塔"模型①

第一,基础层(base unit)。这部分需要交代新闻事件的四个关键要素:何事(what)、何时(when)、何人(who)、何处(where)。这一层次的消息可能是突发事件,而该突发事件之后的发展以及读者对这一事件的好奇程度决定了这一新闻是否会继续发展至后续的层次。

第二,解释层(explanation level)。这部分的新闻需要进一步说明事件的两个要素:为什么(why)和如何(how),并且要补充事件的要点。

第三,情境层(contextualisation level)。这部分的内容要将新闻事件的情

---

① 图片参见 João Canavilhas, "Web Journalism: From the Inverted Pyramid to the Tumbled Pyramid," *Biblioteca On-line de Ciências da Comunicação*, 2007。

境具象化地呈现在读者面前,因此,除了文本之外还可以提供音频、视频、动画等多媒体形式,这部分内容将进一步回答之前的"5W+1H",提供更丰富的信息。

第四,探索层(exploration level)。这一部分内容提供给信息需求度最高的读者,通常可以将新闻与相关的外部网站和数据库进行链接。

(二)"钻石"模型

美国学者保罗·布拉德肖(Paul Bradshaw)同样提出了互联网时代"倒金字塔"模式的替代方案,即新闻的"钻石"模型①(图2-7)。互联网新闻报道既需要追求速度,同时也要追求深度,为了在这两者间达到平衡,就要改变传统的新闻生产流程,保罗·布拉德肖提出互联网时代的新闻永远是"未完成的",新闻记者为了追求速度,要第一时间发出新闻快讯,然后不断地"迭

图2-7 新闻写作"钻石模型"②

---

① Paul Bradshaw,"The Inverted Pyramid of Data Journalism,"2011-7-7,http://online journalism blog. com/2011/07/07/the-inverted-pyramid-of-data-journalism/,最后浏览日期:2019年3月14日。
② 同上。

代",丰富、完善新闻事件的各个面向,从而不断使其成为更有深度的报道。这一"迭代"过程被称为新闻的"钻石"模型,具体来说包括以下七个步骤①。

第一,快讯(alert)——只要记者或编辑意识到一件事情正在发生,就可以通过手机、无线网络等方式发出快讯。那些订阅文章或电子邮件更新的 Twitter SNS 用户很快就能得到消息。率先报道一条重大新闻或独家消息无疑会增强记者在新闻界的名声。而对一些不那么重大的新闻来说,记者可以在报道中增加一些个性化的内容,以吸引更多读者来订阅网站新闻或节目。

第二,草稿(draft)——对报纸或电视节目来说,新闻的草稿显得过于粗糙,却是完美的博客文章。发出快讯之后,记者可以贴出一篇包括新闻当事人、发生地和细节的草稿,一旦有新鲜的事实还可随时补充进文章。草稿可以让受到快讯吸引的读者继续留在网站上,而且随着文章在博客中的传播可以吸引更多的读者,并提升网站在搜索引擎上的排名。理想的情况下,这种做法还能获得其他人补充或修正的细节,甚至提供新的线索完善记者的报道。

第三,文章/打包(article/package)——在这个阶段,草稿已经成了一个生产价值更高的新闻产品,可以在网上发布,也可以刊载到报纸上,在电视节目里播放,或者采用所有这些媒介形态。报道的发布时机则由报刊、广播或电视的生产流程来决定。

第四,分析/反思(analysis/reflection)——在快速报道之后,记者应该进行分析,以增加新闻报道的深度。这可能意味着记者可以从网上的知情者、受到影响的相关者那里收集到一些即时反应,获取途径包括自己的博客和论坛。例如,博客就非常适合公众讨论和辩论。

第五,背景(context)——互联网的巨大空间可以容纳更多、更即时和更

---

① 白红义、张志安:《平衡速度与深度的"钻石模型"——移动互联网时代的新闻生产策略》,《新闻实践》2010 年第 6 期。

广泛的背景材料:这件事已经发生过多少次了?我在哪里可以浏览以前的报道?我在哪里可以找到更多关于这个人或组织的信息?在哪里可以得到支持或帮助?要解决这些问题,依靠的是互联网的超文本结构,它能够提供必要资源的入口,把可用的文件、组织和解释的链接集中起来供人浏览。

第六,互动(interactivity)——互动要求投资和准备,能够以其他媒体无法采用的方式进行并通知用户,还可以提供一个促使用户长期重复访问的"长尾"资源:一个 Flash 互动可能需要数天产生,但可提供超文本、视频、音频、动画与数据库等引人注目的组合;一个论坛可以为人们提供一个收集和发布经验和信息的地方;一个 Wiki 可以更加有效地承担同样的功能;聊天室可以让用户直接访问新闻人物、记者和专家。

第七,定制(customisation)——用户根据自己的需要定制信息。最基本的方式包括订阅特定报道的电子邮件、文字或 RSS 更新,更高级的定制服务则可以采取数据库驱动的新闻,允许用户补充和反馈信息进去①。

第五节　互联网消息的链接

新闻报道中的背景材料主要是为了补充、反衬、烘托新闻事实和新闻主题,丰富新闻内容,提升新闻的可读性。在传统的消息写作中,背景常以多种方式穿插在消息的主体中。而互联网消息随时发布、不断变动的特性使链接成为网络消息写作中处理背景材料的最重要的手段。

互联网消息中的链接一般是指以超链接形式提供的与消息主体相关的细节、新闻背景或评论。消息主体通常涵盖报道的关键内容,链接则可以为受众提供不同路径,补充报道的其他必要信息。

---

① 白红义、张志安:《平衡速度与深度的"钻石模型"——移动互联网时代的新闻生产策略》,《新闻实践》2010 年第 6 期。

互联网新闻制作

一、链接的作用

互联网消息中链接的作用具体来说有以下三点。

（一）消除阅读障碍，降低阅读门槛

链接的作用之一是对消息主体进行注释，特别是当正文中出现非常识性的人物、事物、地名，或者专业术语、新词刚刚出现，多数人还比较陌生时，链接可以对这些表述进行知识背景介绍，减少读者的阅读障碍。

（二）呈现新闻事实关联

人们常诟病互联网时代的阅读是碎片化阅读，信息快速迭代，而消息中的链接可以将单个新闻事实置于更复杂的关系网中，纵向上从历史、发展、趋势等维度对新闻事件的来龙去脉进行展开，横向上建立新闻与社会环境中其他变量间的关系，帮助读者从整体上、从相互关系中理解新闻内容。

澎湃新闻客户端 2019 年 2 月 19 日发布的题为《央行官员：很快将进行首次央行票据互换操作》的快讯，正文如下：

国务院新闻办公室 2 月 19 日上午举行国务院政策例行吹风会，介绍支持商业银行通过永续债补充资本金疏通货币政策传导机制有关情况，中国人民银行货币政策司司长孙国峰表示，很快将进行首次的 CBS(央行票据互换)操作。

孙国峰表示，从央行央票互换工具操作本身来看，第一是进行 CBS 操作，央行要按照市场化的标准收取费用，并不是说免费提供这项服务。市场化费用的具体标准也是参考了银行间市场无担保融资和有担保融资之间的利差确定的，所以最终会实现市场的均衡，需求不会无限扩大。第二是人民银行宣布创设 CBS 的同时，也宣布主体评级不低于 AA 级的银行永续债纳入人民银行的中期借贷便利、定向中期借贷便利（TMLF）、常备借贷便利（SLF）和再贷款的合格担保品范围，这本身就提高了永续债的流动性。银行拿了永续债可以通过参与央行的这些操作得到流动性的支持，不一定需要把永续债换成央票之后再去获得流动性的支持。第三是银行间市场成员之间可能也会更多地使用永续债作为合格的抵押品进行相互之间的融资，不

一定要将永续债都换成央票。

“从这几个方面来看，结合市场的需求，央行操作也有一定的市场化的费用的设定，央行进行票据互换工具的操作数量也不可能是想象的那么大。很快将进行首次的CBS（央行票据互换）操作，大家也可以看一下操作的情况，到时候会更清楚。”孙国峰表示。

这篇短讯聚焦中央银行的一个金融改革项目的具体进展情况，其中涉及不少金融专业名词，如最核心的“央行票据互换（CBS）”，但正文并未作深入介绍。什么是央行票据互换？这一政策提出的时间、背景是怎样的？央票操作又将会产生哪些影响？这些问题在财经媒体那里就可以形成一篇对政策的深度解读。但就短平快的消息来说，为避免全文冗长，就可以充分发挥链接的作用。在消息底部“相关推荐”栏目中，编辑设置了4篇链接（图2－8）。仔细读来，第一篇报道《央行票据互换何时落地？是不是QE？央行、银保监会如是说》完整还原了政策吹风会的内容，央行副行长对为什么推出CBS支持银行发行永续债，CBS的预期规模，CBS与市场传言的量化宽松（QE）区别等市场关心的问题作出了回应。第二篇报道《奔跑在工具创新路上的中国央行：单降准就玩出了多种新花样》详细介绍了2018年以来央行推行的多种创新金融工具，包括上述短讯中出现的央行票据互换工具（CBS），定向中期借贷便利（TMLF），以及民营企业债券融资支持工具，也对原文中出现的金融术语进行了

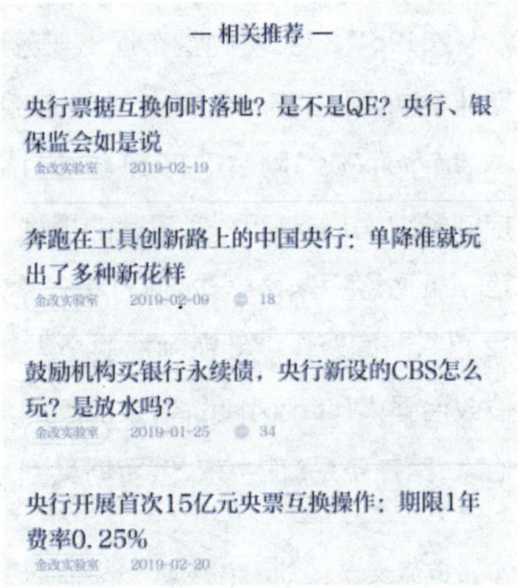
— 相关推荐 —

央行票据互换何时落地？是不是QE？央行、银保监会如是说
金改实验室　2019-02-19

奔跑在工具创新路上的中国央行：单降准就玩出了多种新花样
金改实验室　2019-02-09　18

鼓励机构买银行永续债，央行新设的CBS怎么玩？是放水吗？
金改实验室　2019-01-25　34

央行开展首次15亿元央票互换操作：期限1年费率0.25%
金改实验室　2019-02-20

图2－8　澎湃新闻客户端对新闻《央行官员：很快将进行首次央行票据互换操作》的推荐设置

解释。第三篇和第四篇报道发表于2019年1月央行发出创设CBS的公告后,内容聚焦CBS这一新政策。将正文和四篇链接报道完整读下来,普通读者便会加深对推出CBS来龙去脉的了解,并将它置于央行加快金融工具创新,保持流动性充裕,缓解小微、民营企业融资难的理解框架中来。

但是,这则消息的不足之处也很明显:500字篇幅的短讯正文中出现了CBS、TMLF、SLF等多个金融专有名词,但消息主体中并没有进行任何解释说明,不熟悉该领域的读者读下来可能是一头雾水,不知所云,也不一定会仔细阅读正文下的每篇链接。而澎湃新闻本身亦非财经类专业媒体,考虑到其受众的情况,还是有必要进行注释和说明。编辑可以通过设置文中链接的形式补充对上述关键名词的简单解释,作为供读者选读的部分,便于读者更好地理解新闻。

(三)表达报道倾向

新闻事实的背景呈现是有选择性的,因而链接可以巧妙地表达作者或媒体的报道倾向。同一个新闻事件,不同的新闻背景呈现,将导向不同的新闻解读框架。

2019年2月,美国宣布退出与苏联缔结的《中程导弹条约》(INF),俄罗斯随后亦回应称,将停止履行该条约。美国媒体《华盛顿邮报》(The Washington Post)网站于2019年2月1日发表《美国退出与俄罗斯的核武器控制条约,引发对新军备竞赛的担忧》一文,并在文末链接了两条其他新闻:第一条是《克里姆林宫如何打造一个受欢迎的品牌:普京》[1](2018年7月12日),新闻聚焦俄罗斯领袖的个人魅力,将普京描述为冷战后世界的第一位政治强人(strongman),普京品牌的成功吸引了全世界的反建制和反美政治家;第二条是《在中东,俄罗斯又回来了》[2](2018年12月5日),新闻强调

---

[1] 报道原文参见 https://www.washingtonpost.com/graphics/2018/World/putin-brand/?utm_term=.59deae4899a9。

[2] 报道原文参见 https://www.washingtonpost.com/world/in-the-middle-east-russia-is-back/2018/12/04/e899df30-aaf1-11e8-9a7d-cd30504ff902_story.html?utm_term=.08e3c5ce7085。

了在普京的领导下,俄罗斯正在挑战"冷战"后三十年间美国在中东地区的主导地位。

再来看俄罗斯媒体。《今日俄罗斯》(Russia Today,简称 RT)官方网站在同天发布《蓬佩奥:美国在 180 内退出中程导弹条约》①,同时也在文末设置了两条链接:第一条是《专家:美国试图通过退出中导条约维护霸权,但只会将自身置于险境》②(2019 年 2 月 1 日),该文援引专家的话,指出美国退出 INF 很可能只会让世界重回"冷战"时期,若美国在废除条约后向欧洲部署核能导弹,那么它就会把东道国置于俄罗斯的枪口之下,而更有可能将自己及盟友置于风险之中;第二条是《俄外交部副部长:即使美国退出,俄罗斯仍致力于保持 INF 条约》③(2019 年 1 月 25 日),该文援引俄罗斯官员的话,指出无论华盛顿的行动如何,最初由美国和苏联签署的《中程导弹条约》都值得保留,俄罗斯将努力保留这份文件。

对同一事件的报道,《华盛顿邮报》的链接意欲将读者的关注点引向一个重新崛起,并威胁和挑战现有世界秩序的国家及其领袖,并以此暗示美国退出《中程导弹条约》维护自身国家安全的必要性;俄罗斯媒体则更重视渲染美国此举可能对全球(包括美国盟友)带来的消极影响,并强调俄罗斯一直以来维护国际合约的积极态度,抨击美国一意孤行的行为。在不同链接文章的引导下,读者对事件的理解便可能走向不同甚至相反的方向。

链接有时还有重要的政治意义。《今日俄罗斯》网站 2019 年 2 月 19 日刊登了题为《印度将自身利益置于华盛顿之上的 4 个表现》的报道⑤。文章指出,印度坚持进口委内瑞拉石油,采购俄罗斯军备,进口伊朗石油和弃用美元交易,这些行为体现了其将本国利益置于首要位置而不惜与美国对抗的强硬态度。在进口委内瑞拉石油的问题上,该文引用了美国国家安全顾问博尔

---

① 报道原文参见 https://www.rt.com/news/450329-usa-inf-treaty-russia-arms/。
② 报道原文参见 https://www.rt.com/news/450285-us-leave-inf-hegemony-trouble/。
③ 报道原文参见 https://www.rt.com/news/449747-russia-keep-inf-us-withdrawal/。
④ 原图参见 https://www.rt.com/news/451820-india-defies-us-interests/。

图 2-9　美国国家顾问博尔顿发布的 Twitter 截图[1]（图片来源：RT 网站）

顿（John Robert Bolton）发布的一条 Twitter（图2-9），并解读道："上周，美国国家安全顾问博尔顿曾在 Twitter 上向仍在从马杜罗政府购买原油的国家发出威胁，他虽未明确提到某个国家，但颇具深意的是，这条推文包含了一篇有关委内瑞拉石油部长访印的文章链接。"同时该报道还附上一条链接报道——《美国制裁助印度成为委内瑞拉石油第一买家》（图2-10）。美国官员虽没有直接点名印度，但其 Twitter 链接隐晦地指出了印度和委内瑞拉间持续的石油贸易，这一层面被俄罗斯媒体敏锐地捕捉到并进行政治解读，链接的重要性由此可见。

图 2-10　《印度将自身利益置于华盛顿之上的 4 个表现》报道的文内链接设置[2]（图片来源：RT 网站）

---

[1] 报道原文参见 https://www.guancha.cn/internation/2019_02_20_490774_1.shtml。
[2] 原图参见 https://www.rt.com/news/451820-india-defies-us-interests/。

（四）增强用户黏性

在网络消息中设置链接,特别是相关新闻的链接,一方面拓展了用户浏览新闻的选择权,同时也增加了用户在本媒体不同页面间跳转的可能性,有利于增加读者在该平台的驻足时间,增强用户黏性。

二、链接的呈现方式

在当前的网络消息写作中,链接的使用已经十分普遍。根据链接的作用,其呈现方式大致可以分为以下两类。

（一）注释性链接

注释性链接是对消息主体中出现的关键词或专业术语等进行知识性介绍。如果介绍简明扼要,则无需跳转至其他页面,若背景材料复杂,则要链接至独立的页面。

在《华盛顿邮报》推出的报道《特朗普酒店如何改变了华盛顿的影响力文化》中,将鼠标置于文中人物的姓名上即可弹出人物简要名片,重点介绍其与特朗普酒店产业的关系和党派特征[1]（图 2-11）。

《纽约时报》(*The New York Times*)在融媒体经典报道《雪崩》中,将正文中出现的人物头像及简要的背景信息在报道页面的右栏单独列出,方便读者迅速了解,详细的背景材料则通过文中链接跳转到新页面呈现[2]（图 2-12）。

国内财经媒体《财新网》针对领域内的重要人物和企业建立了数据库,在新闻报道中,用户点击人物和企业名称即可自动跳转至相关的介绍页面（图 2-13）。

---

[1] 原文参见 https：//www. washingtonpost. com/graphics/2017/politics/trump-hotel-business/? tid = a_inl_auto&utm_term = . d1516cc7696e。

[2] 原文参见 http：//www. nytimes. com/projects/2012/snow-fall/index. html #/? part = tunnel-creek。

The Post spent part of every day in May in the hotel's bars, restaurants and lobby. What reporters saw ranged from events hosted by foreign groups with policy priorities to Republican glitterati — Rudolph W. Giuliani posing for selfies at the bar the night Trump fired FBI Director James B. Comey; White House aide Omarosa Manigault conferring with the former producer of "The Apprentice"; former Trump campaign adviser Corey Lewandowski plopping into a black leather chair marked "Reserved"; then-press secretar through his phone on a plush blue sofa in the lobby.

Sean Spicer
Former White House press secretary. Spicer stepped aside from running the White House press briefing the day he was at the hotel, May 5, for Navy Reserve duty.

The parade included out-of-town tourists gawking in hawking $2,500-per-bottle champagne; a light artist protest message on the gray stone facade that read "Pay Trump Bribes Here."

Trump, as titular leader of the Republican Party, has showcased the hotel as a destination of choice for GOP loyalists.

In July, about 300 Republican donors, paying $35,000 apiece, gathered at the

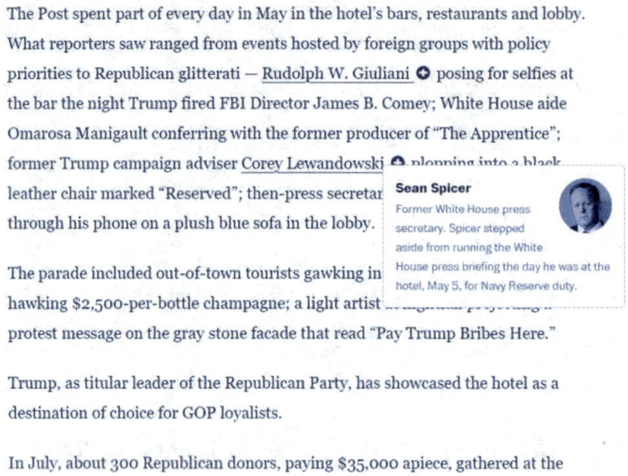

图 2-11 《特朗普酒店如何改变了华盛顿的影响力文化》一文内的注释性链接

Tunnel Creek was where he took special guests. And it is where he wanted to take the tangled assortment of high-caliber skiers and industry insiders who, as if carried by the latest storm, had blown into Stevens Pass that weekend.

Many of them happened into the Foggy Goggle on Saturday night.

Among them were professional skiers like Saugstad, 33, a former champion of the Freeride World Tour. There were reporters and editors from Powder magazine and ESPN. There were executives from ski equipment and apparel companies. There were Stevens Pass regulars, some with broad reputations in the niche world of skiing, glad to spend time with the assortment of guests.

"It was a very, very deep, heavy, powerful, strong group of pro skiers and ski industry people," said Keith Carlsen, a photographer and former editor of Powder.

Rudolph was the connecting thread. Some visitors, like Saugstad, were at Stevens Pass for a promotional event aimed at expert female skiers, sponsored by Salomon, the ski equipment maker. Rudolph skied with the group all day Saturday. He organized and hosted a catered dinner for the women later that night in Leavenworth, a serious outdoors town dressed as a Bavarian village, 35 miles downhill to the east.

Powder had come to spotlight Stevens Pass for a feature article on night skiing. When the magazine's editor, John Stifter, arrived by train to Leavenworth two days earlier, he found Rudolph's car waiting for him. Inside were keys to the car, keys to a slope-side cabin and two Pabst Blue Ribbons in the cup holders.

At the bar, Rudolph mentioned an idea to a few people: Tunnel Creek on Sunday. Invitations traveled in whispers and text messages, through a knot of friendships and slight acquaintances.

Meet at the fire pit, on the stone deck at Granite Peaks Lodge, at 11. Rudolph thought his Sunday morning staff meeting would end by then.

As darkness enveloped Stevens Pass on Saturday night, stadium-style lights flooded the slopes in white light, and snowflakes fell in cotton-ball clumps.

Elyse Saugstad
33, Professional freeskier
VIEW SLIDESHOW

Keith Carlsen
38, Photographer and former editor of Powder

John Stifter
29, Editor of Powder magazine

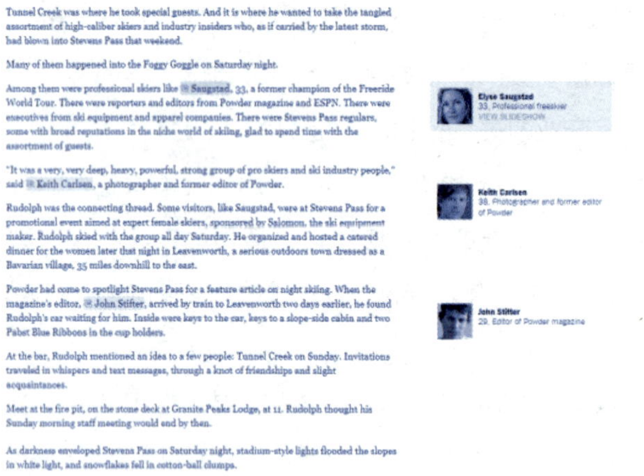

图 2-12 《雪崩》报道中的注释性链接

（二）相关新闻链接

网络新闻与传统新闻的一个明显不同，是它可以通过关键词进行相关新闻链接。相关新闻链接可以穿插在正文中，美国的《华盛顿邮报》、我国的《财新网》经常使用这一方式，如《财新网》2019 年 4 月 22 日的报道《海南

图 2‑13 《财新网》为领域内的重要人物和企业建立了数据库

六地暴发非洲猪瘟 专家称能繁母猪存栏同比降21%》(图 2‑14)。其优点是可以就消息中的重要内容及时提供更加丰富的背景报道,但这也需要编辑花费更多时间进行内容匹配。

相比之下,媒体更常见的做法是在正文末尾设置"相关推荐""相关文章""猜你喜欢"等栏目,在栏目下链接 3~5 篇相关新闻。其表达方式和文体都不再局限为消息,而是包括音视频、数据新闻、评论等多种多样的形式。例如,《澎湃新闻》2019 年 4 月 24 日的报道《斯里兰卡再发生爆炸:系警方进行的排弹引爆》,该报道是典型的"一事一报"的简讯。正文末尾的"相关推荐"栏目设置了四条链接(表 2‑2)。

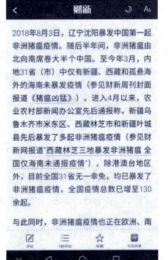

图 2‑14 《财新网》将相关新闻链接穿插在正文中

互联网新闻制作

据天空电视台24日报道,斯里兰卡首都科伦坡一电影院附近今日再次发生爆炸。斯里兰卡国防部副部长维杰瓦德纳(Ruwan Wijewardene)随后证实,该爆炸系警方在萨沃伊酒店附近的一辆摩托车上进行的控制引爆。

美国电视新闻网早些时候报道称,斯里兰卡警方表示,斯里兰卡复活节连环爆炸案死亡人数上升至359人。

表2-2 《斯里兰卡再发生爆炸:系警方进行的排弹引爆》一文的"相关推荐"报道列表

标题	报道体裁
斯里兰卡国防部:本地极端组织头目已在自杀袭击中身亡	简讯(转载自海外网)
直击|斯里兰卡第九起爆炸!事发时警方正在尝试拆弹	图片报道
斯里兰卡警方确定一袭击者身份,制造香格里拉酒店自杀式爆炸	简讯(记者采访)
斯里兰卡再爆炸:警方引爆可疑摩托车	视频新闻

三、链接的制作原则

(一)链接的设置不应打扰、中断新闻主体叙述

链接是为新闻事实和报道主体服务的,在消息写作中处于从属地位,是消息中读者可以选择是否阅读的部分。因此,链接的设置应保证报道主体的完整性和流畅性不受影响。在具体的实践中,常常出现的问题有二:一是文中应该加以解释的陌生概念或专有名词没有注解,或者直接将背景介绍融合在正文中,导致正文冗长拖沓;二是文末缺少相关新闻的推荐,使消息成为孤零零的碎片新闻。从提升用户体验的角度来看,注释性的链接内容应靠近其所服务的特殊概念,如上述《纽约时报》和《华盛顿邮报》的案例,尽量减少页面跳转。相关新闻的链接因往往链接至其他报道,也应尽量置于消息末尾,以避免读者阅读过程中的中断、跳转。

（二）体现与原文的"相关性"是设置链接的基本要求

新闻链接不是多多益善，一些网络媒体的常规手法是对主体报道设定关键词，由机器自动抓取相关新闻。这种方法虽然便捷，但有时会出现匹配度差、精准度低、报道倾向不当等问题。因此应更多地使用"机器＋人工选择"模式，发挥新闻编辑的把关作用。

（三）新闻链接设置要灵活

不同媒体的定位、新闻类别等会对新闻的背景材料有不同的需求。例如，在财经类媒体上的一些专业的知识性名词通常无需解释，但在大众媒体上则要解释说明；又如，重大时政新闻和突发事件，链接往往要围绕新闻事件展开，而对一些民生新闻则可以适当注意题材的丰富性，调和读者的口味。

第六节 互联网消息的跟帖

网络新闻跟帖是指网民在阅读网络新闻后，利用网站提供的技术平台，跟随网络新闻发表的意见和看法，是网络评论的一种形式。

网络新闻跟帖与传统新闻评论有明显的区别。首先，大多数传统新闻评论可以脱离新闻报道而独立成文。而网络新闻跟帖则不然，它与新闻报道本身紧密相连，不能脱离新闻本身而独立存在。互联网消息的意义也是在报道与跟帖的互动中形成的，如果没有跟帖，互联网消息与大众媒介报纸的刊载无异。其次，与一般新闻评论要求逻辑严谨、语言严肃不同，网络新闻跟帖更多是网民的即兴评论，有话则长，无话则短，自由灵活，随意多样。比如有的跟帖只有表情符号，点到为止，有的只摆观点而不论证，有的索性采用简单的隐喻、反讽等修辞手段来表达观点或表明态度。最后，传统的新闻评论与新闻报道类似，是对观点的单向传播，互动性差，而网络新闻跟帖具有更强的即时性和互动性，新闻一出，网友就可以立刻评论。与此同时，网民不仅可以对新闻发表自己的看法和意见，还可以针对其他网民的评论

互联网新闻制作

发表看法,在跟帖区进行实时互动。

国内新闻跟帖最早兴起于商业门户网站时代。2000年,新浪网率先开设新闻跟帖功能。随后,其他网站也很快跟进。不同的网站叫法各异,腾讯叫"我要评论",搜狐叫"我来说两句",网易叫"跟帖评论",当前主流新闻媒体的网站或客户端也多开设新闻跟帖功能。以新闻跟帖见长的媒体目前首推网易新闻。网易新闻客户端从一开始就提倡"无跟帖,不新闻"的互动模式,宣扬有态度的新闻。客户端开辟"跟帖"专栏,包括"跟帖策划""精彩跟帖"和"今日排行"三个栏目。其中,"跟帖策划"部分会精选一些热点事件或话题,吸引网友发表自己的看法;"精彩跟帖"部分会选择有特色的跟帖,并用虚拟的金币鼓励用户积极参与,其中会有一些"神回帖",看后让人拍案叫绝。跟帖中,网友相互之间也会进行互动。网易跟帖一个有名的现象是"盖楼",即一些经典的帖子被反复引用,网友直接在别人的帖子上增加自己的观点,形成"盖楼式"的独特舆论表达景观。这种"盖楼"的过程本质上就是各种观点之间相互交流和辩论的过程。

一、新闻跟帖的作用

(一) 新闻跟帖是网民的情绪表

网民评论形成了多元的意见表达,呈现出对新闻的多角度理解,是公民自由表达权的体现。情绪表达是人最重要的需求之一。许多新闻跟帖是网友阅读新闻后的即兴评论,看上去形式简单、内容单一,不乏谩骂、围观,缺乏深度、内涵,其核心功能就是作为网民情感表达的渠道。网络新闻跟帖给了网民读完新闻后倾吐心声的自由平台,满足了网民内心强烈的表达欲望。

例如,2013年,我国辽宁号航母首次舰载机起降训练成功后,央视新闻播发了一条5分11秒的消息,再现了从战机准备工作到最终滑跃升空的过程。但新闻播发之后,引起网民广泛关注的不是舰载机起降训练本身,也不是其背后的军事政治意义,而是画面中两名起飞助手的动作:高举右手,俯身向右挥出。这是起降训练中的普通组成环节之一。然而"航母 style"迅速成为最热的微博话题,大量网民争相模仿,把注意力集中于如何创造性地做出放飞手势。和频繁出现的网络流行语、表情包一样,原本的新闻意义被压缩成了一个符号。

(二) 新闻跟帖能够反映网络舆情,为政府决策提供依据

当广大网民对某一社会问题或公共事务逐渐形成基本一致的认识和看法时,就会形成网络舆论。而这种由网络新闻跟帖所生发的网络舆论发展到一定态势,则会形成较强的社会舆论影响力,有时甚至会影响政府决策。

2017年3月23日,《南方周末》首次报道了山东聊城一起因暴力催债引发的血案——"辱母杀人案"(也称"于欢案"),一时间各大媒体纷纷转载,上亿网民跟帖评论,知名学者、法学专家、媒体"大V"纷纷表态,主流媒体持续发声,将这起案件推向舆论的风口浪尖。其中网易新闻App在转载《南方周末》的报道时标题改为《母亲欠债遭11人凌辱,儿子目睹后刺死1人被判无期》。截至2017年3月30日,该新闻跟帖互动量高达239万,成为此次舆情热潮的第一推手[①]。各大门户网站的评论以及微博、微信、新闻客户端的留言数量已经上亿。一起司法个案发酵成为公共议题,公众了解于欢的经历后,联系自身并进行换位思考,当判决结果与公众伦理情感相背离时,愤怒情绪就会滋生蔓延,导致人们对一审判决的强烈质疑。

强大的舆论压力引发了以最高人民检察院为代表的司法机关的发声。山东省高级人民法院二次庭审创新性地采用官方微博全程直播的方式,在7亿网民的集体关注下,通过133条图文并茂的微博和庭审视频,历时15个小时,将于欢对案情的陈述、苏银霞受虐受辱细节的陈述、警方执法记录仪的内容、讨债人对案情的陈述等备受人们关注的事实公之于众,相关话题的阅读量累计近1.3亿。新华社、中央电视台、中国新闻网、《新京报》等媒体关注并报道了此次庭审。二审宣判时,山东高院依然采取全程微博直

---

① 陈静宇:《从"于欢案"看网络舆情传播路径与政府策略》,《哈尔滨学院学报》2018年第10期。

播,有针对性地后续释疑,使舆论由对一审判决的质疑转为对二审改判的积极赞誉。2017年6月23日二审宣判当日,新浪、搜狐、凤凰网、网易、腾讯五大商业门户网站累计有46万余人参与,2万余条评论,多数人赞赏二审判决①。

在公共事件中,网民越来越成为积极的传播主体,正如光明网评论所写的那样:"公众正在不自觉中形成了一个规模巨大的陪审团。……几乎每一个带有深刻社会意义的案件,都要在这个虚拟的舆论场里进行讨论、研判甚至复议。"②在这个过程中,政府要提高驾驭舆情的能力,了解网民的心理需求和行为倾向,建立快速回应机制,善用主流媒体,直面公众。

(三) 新闻跟帖能够提供新闻线索,补充新闻事实

互联网新闻是一个不断变动的过程,当新闻引起了网友的关注,新闻跟帖本身就参与到新闻内容生产的过程中。这其中,跟帖互动既可以提供多角度的新闻线索,也可以对新闻事实不断进行修正、补充和完善,使新闻报道的过程动态化且更加真实。

2009年7月,有人在沈阳秀湖捕获了一条大青鱼。辽沈地区媒体进行了常规报道:"这条青鱼是目前沈阳秀湖34年以来出水最重、最长的鱼,77公斤,1.82米,年龄估计已有33岁,堪称沈阳秀湖之宝。"在报道行文上以一种新鲜、猎奇的口吻和角度进行描绘:"这'青鱼王'和5名中年人在湖中鏖战了1个多小时,才筋疲力尽被打捞上岸。"沈阳网给予刊载。几小时后,沈阳网围绕该新闻的跟帖区火爆异常,来自全国各地的网民的跟帖纷纷涌来,有对已死的"青鱼王"的痛惜,有对加强环境保护的呼吁,有对人类与自然如何共生的深刻思考。比如:

---

① 陈静宇:《从"于欢案"看网络舆情传播路径与政府策略》,《哈尔滨学院学报》2018年第10期。
② 光明网评论员:《试看于欢案以何种方式被写入历史》,光明网,2017年5月27日,http://guancha.gmw.cn/2017-05/27/content_24620890.htm,最后浏览日期:2019年3月6日。

广东网友：青鱼能长成这么大，多么不易，捕食是不是太可惜了？

浙江网友：鱼长这么大不容易，都成精了，你敢吃？

大连网友：在一个湖里能长着这么大的鱼，真是为鱼庆幸。

对传统媒体而言，没有这个畅达、快速的反馈通道也就无法看到受众如此直接的表态。新闻跟帖还给了沈阳网记者进行追踪采访的灵感。随后记者历时半个月，先后三次再访秀湖，采访管理人员、渔业专家，又三次采访市里的渔业管理部门和市政府有关部门，先后写出八篇追踪系列报道，有回答网民迫切追问的报道——《"青鱼王"要制成骨骼和全形俩标本》；有描绘沈阳秀湖环境资源丰富的报道——《秀湖还会出现"青鱼王"》；有对几代秀湖人纪录鱼儿历史的报道——《秀湖藏有与其同龄鱼标本》；有揭晓青鱼们巨大贡献的报道——《青鱼是保护秀湖大坝功臣》；有汇集网民跟帖和博客的提议报道——《网友建议捕到大鱼要放生》；有呼吁保护鱼类的综述式报道——《请给鱼儿一把保护伞》。记者每发表一个追踪报道都会继续收集相关的跟帖，针对跟帖中提出的新问题再进行后续的策划和采访，真正实现了网民与媒体的互动和相互支撑[1]。这样一条常规的社会软新闻在网友和当地媒体的共同努力下，变成了一组有深度的本地"独家新闻"。

再来看一则案例。2016 年 4 月 4 日上午 8 点 37 分，绍兴 E 网上出现了一个帖子，题目是《八旬老人山里挖笋失踪，出动飞虎队搜救》，说的是在春笋冒头的季节里，绍兴市柯桥区平水镇小舜江村有一位 85 岁的老人因上山挖笋失踪。这位老人姓宋，虽然已 85 岁高龄，但身体还不错。老人是 4 月 2 日中午 11 点吃过午饭后上山挖笋的，但直到当天下午 4 点多还没有回来，家人十分担心。得知该情况后，平水镇政府、小舜江村委会当即组织 40 多人上山搜救，但到第三天凌晨还是没有找到老人。4 月 4 日一早，平水镇又请来杭州飞虎救援队增援，救援人员冒着大雨进入竹林里搜救。截至原帖

---

[1] 马丽娟：《与跟帖共舞成就地方新闻网独家报道》，《记者摇篮》2010 年第 11 期。

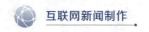

发稿时尚无老人的任何消息。这条帖子发表后不久就出现了许多跟帖,有发表看法和意见的,但更多的是不断修正原帖内容的跟帖,比如:

11楼:人已经找到,人也没什么大事。

12楼:楼主更正一下,飞虎救援队是绍兴的救援队,不是杭州的,老人86岁,人刚已找到,救护车跟进中。我是队员,以上情况真实,请更正,谢谢。

2016年4月4日15点11分,网上又有跟帖出现,说九龙救援队已成功找到失踪的宋爷爷,并附上了多张现场照片。图片解说是"今天早上队员跟村民们一起,扫雷式地搜山,于10点钟左右在王化登岸吞救出前天上山挖笋迷路的80多岁宋爷爷,生命体征良好,并及时送上急救车"。至此,由于一条接一条跟帖对原帖信息的不断补充和完善,"八旬老人山里挖笋失踪三天后获救"的新闻就呈现在了网民眼前。2016年4月4日的《绍兴晚报》根据原帖和跟帖的内容综合编发了《平水小舜江村上山挖笋走失三天老人终于获救》的完整报道①。

(四)新闻跟帖可能产生"反转新闻"

网民针对消息事实的评论不仅可以补充该新闻的素材或细节,还可以纠正该新闻的谬误或虚假陈述,产生"反转新闻",并引发舆情波动。"反转新闻"凸显了互联网信息传播的新常态,在众声喧哗的网络舆论场,特定信息被迅速围观、多维审视的可能性也大大增加。例如2016年的"反转新闻"之一,"北大才女回乡送快递"事件,网民很快针对媒体报道发布北京大学2000年录取学生名单,证实其中报道中的主人公并不存在,从而引发舆情反转。这样的新闻"反转剧"每年都在上演,在媒体、公众等不断质疑、追问、核查事实的过程中逼近事件真相。

---

① 孙愈中:《对"无跟帖不新闻"现象的学理审视——兼论传统媒体新闻报道的反馈与修正》,《新闻窗》2017年第1期。

案例:"上海姑娘逃离江西农村"事件①

2016年春节期间,"上海姑娘逃离江西农村"这则虚假新闻引发了社会的广泛关注和热烈讨论。在这则虚假新闻的传播过程中,新闻机构的网站、官方微博、微信以及新闻客户端等多媒体的传播和社会化媒体的互动,使得该新闻在最大范围内得到了扩散,社会化媒体用户中则充当了打假的"主力军"。

2月6日19时28分,发帖人"想说又说不出口"在上海家庭生活消费平台篱笆网上发布一篇名为《有点想分手了……》的帖子。作者称自己是上海女孩,春节前去男朋友家乡江西过年,被第一顿饭吓得逃离江西。次日上海本地论坛"KDS宽带社"将该帖转至微博,事件开始迅速发酵。

2月7日16时51分,《华西都市报》官方微博转载,在默认事实真实性的前提下,以"#随男友回村过年分手# 这事儿,你怎么看"为话题掀起讨论,为该事件成为新闻事件提供了契机。随后,@新浪江西、@东方今报、@重庆商报等诸多主流媒体微博转载、报道、评论,并使之登上腾讯、凤凰、《人民日报》等各大国内新闻媒体。"和菜头"等众多微博大V也立场鲜明地表态,持续引发众多网友的反思和讨论。据人民网舆情监测室监测,以"上海女"作为检索词大致统计,自2月6日至14日,这一周的时间里该话题一直保持着较高的热度,相关新闻有9000多条,论坛、博客文章6000余条,微信文章5000余篇。微博方面,以@成都商报发起的#见到第一顿饭后想分手# 为核心话题展开的网络讨论,截至2月14日,阅读量已有1.1亿人次,话题讨论量近10万条。

直到2月11日,有网友开始对网帖内容、图像的真伪性提出质疑。上海网友"金牌钟点工"在梳理发帖人"想说又说不出口"发布的照片后分析称

---

① 姚亚楠:《社会化媒体时代虚假新闻的新特征与应对策略——以"上海姑娘逃离江西农村"事件为例》,《新闻爱好者》2016年第8期。

其图片可能是通过其他途径盗来的图。微信公众号"前街一号"曾联系"KDS宽带社",向其询问原帖地址并称想和楼主聊几句,"KDS宽带社"除了回复"想干什么"外,再未回复。此外,"晒出的年夜饭饭菜不是典型的江西人年夜饭吃的东西","在外企工作的HR竟然不知道打12306能订火车票","发帖账号或为'马甲'"等质疑最初均来自社会化媒体用户对此事件的讨论和延伸。

12日,专业的媒体机构澎湃新闻列举了事件疑点并披露了"当事人"拒绝采访的消息,界面新闻也在前者的基础上进行了追踪报道,证实其为"假新闻"。21日,江西网络部门调查回应称,"上海姑娘逃离江西农村"事件为虚假内容。发帖者"想说又说不出口"并非上海人,而是江苏省的一名女网民,因春节前夕与丈夫吵架,不愿去丈夫老家过年而独自留守家中,于是发帖宣泄情绪,内容是虚构的。而之后在网上自称"江西男友"回应的网民"风的世界伊不懂"和发帖者素不相识。

二、新闻跟帖的管理

(一)我国对新闻跟帖的管理办法

我国在新闻跟帖管理上的突出特点是主体责任制,即明确要求信息生产、发布、传播的新闻平台肩负起信息监管的主体责任。新闻平台一般会采取的限制方式主要有通道关闭(即禁止评论)、信息屏蔽、删帖等。一般来说,商业媒体因为在新闻采编上受限较多,更加依赖新闻跟帖吸引用户和流量,从而在具体的管理操作中比体制内的党报、党刊要宽松些。

2017年10月1日起,《互联网跟帖评论服务管理规定》正式施行,为跟帖管理提供了制度依据。管理规定中要求,跟帖管理要按照"后台实名、前台自愿"原则,跟帖评论服务提供者必须对注册用户进行真实身份信息认证;新闻跟帖服务须建立先审后发制度;跟帖评论服务提供者要建立健全跟帖评论审核管理、实时巡查、应急处置等信息安全管理制度,及时发现和处置违法信息,并向有关主管部门报告。跟帖后台实名制可以一定程度上遏制新闻跟帖评论区的地域攻击、人身谩骂等不文明现象,先审后发、健全跟帖核查的规定更加明确了新闻平台的主体责任。

（二）新闻跟帖管理应宽严相济

对于管理主体来说,新闻跟帖的管理应该要把控好尺度,注意宽严相济。所谓严,是指对违反我国法律,诽谤他人、造谣生事的跟帖要坚决删除;所谓宽,指的是要认识到网络新闻跟帖符合公众意见表达的客观要求,网络为民意提供了更加便捷的表达平台,若评论没有违反法律,就应该尊重网民自由表达的基本权利。而且仔细分析后发现,引发舆论场震荡的反转新闻常常具有很强的话题性。那些与日常生活密切相关、关涉群众普遍利益、反映社会转型难题的话题,如住房、医疗、人身财产安全、教育、城乡差距等,更容易引发社会关注和广泛讨论。在这些事件中,网民评论中情绪化的态度和观点往往会充当社会积怨的排气阀,反映了多元利益格局下的不同社会心态。对于这类评论要适度容忍,不能全部关闭或删除。

在新闻跟帖的管理中应加强日常舆论引导力度,让正面的、积极的声音占据主导地位,及时平衡舆论显得十分重要。目前主流媒体大多提供了用户评论和用户反馈的通道,搭建了用户讨论的平台,但当前的互动多局限于"用户评论"、用户间的互动,消息发布者与用户间的互动整体上还比较欠缺。新闻媒体通过后台回复与用户展开互动,实际上是加强用户黏性的有效手段。媒体不要害怕把留言公示出来,真诚、坦诚、自信、开放的互动是值得鼓励的。2017年6月15日,"慧眼"卫星成功发射,新华社微信公众号迅速推送《刚上天这颗卫星,对中国意义非凡!》一稿,引发网友的积极响应和广泛讨论。有网友提出疑问,如"探测面积超过5 000平方厘米? 好像也不是特别厉害"等。其中一些相对专业、冷僻的问题超出后台编辑的能力范围,同时,联系专家解答也需要一定时间。编辑就先回复网友"仙女这就飞上天去找慧眼同志请教一番……中午吃多了飞得有点慢,等我",其潜台词是:提问已收到,我们会去为你求解,但请耐心等候。随后编辑团队迅速联系稿件作者和采访对象(科研团队),首先确认是否可以公开解答,然后请他们提供简洁易懂的答案,再将其余的提问一并置顶,让更多的人看到。这样一来,公众号不仅顺势发挥了"一人解答,万人科普"的作用,更潜移默化地打造出新华社公众号"博文广识""知识分享"的标签①。

---

① 陈子夏:《"粉丝"1 000万的背后——打造微信舆论阵地的新新"新华体"》,《中国记者》2017年第8期。

第三章 数据新闻与可视化表达

数据新闻产生于大数据时代的新闻实践,是一种新的新闻报道类型。与传统新闻相比,数据新闻无论是生产理念还是实践方式都有所不同,在选题策划、数据处理、数据呈现、数据解读等方面也都有一套新的标准和要求。

第一节 数据新闻概述

数据新闻与计算机辅助报道、精确报道等在技术、社会科学方法的使用以及呈现形式等方面有一定的继承性。但与上述两者不同,数据新闻是新闻业立足大数据探索出的新的新闻类型。因此,数据新闻既具有新闻自身发展的规律性,同时也是新闻业与媒介环境发展互动的结果。

一、数据新闻的定义

数据新闻离不开数据。根据"技术大百科"的解释,数据是"数字化的信息载体,它可以是数字、文字、图像、语音、符号、视频等任何形式,其本身没有意义,需要通过被使用才可能被赋予意义"①。

在实践过程中,以下三组概念常常发生混淆,从而影响人们对数据新闻的理解。第一,数据与数字相混淆。根据上述定义可以发现,数据的呈现形式多种多样,数字只是数据的其中一种呈现形式。第二,数据化与数字化相混淆。数字化是数据化的前提与基础,数字化是把模拟数据变成计算机可读数据;数据化则是将所有数字转化为可以参与计算的变量,信息也就成了可以进行统计或数学分析的数量单元②。第三,数据与大数据相混。数据不等于大数据,很多优秀的数据新闻建立在对大量数据的分析和处理的基础之上。但很多时候,用于数据新闻的基础数据都无法达到大数据的规模。数据分析的关键不在于数据规模的大小,而在于数据蕴含的价值。

2006年,阿德里安·哈罗瓦提(Adrian Holovaty)率先提出"数据新闻"的理念。他认为报纸应该结束以叙述故事为核心的世界观,媒体通过计算机处理原始数据,公布结构化的、机器可读的数据,而抛开传统的大量文字③。很显然,阿德里安·哈罗瓦提理想中的"数据新闻"是要让数据发挥基础性作用。2010年,有"互联网之父"之称的蒂姆·伯纳斯-李(Tim Berners-Lee)也提出类似观点,他认为分析数据将成为未来新闻的特征④。与上述数据技术专家相反,部分新闻从业者或学者则从新闻本位出发来定义数据新闻。例如,伯明翰城市大学的保罗·布拉德肖和德国之声的米尔科·洛伦兹(Mirko Lorenz)认为,数据新闻能够帮助新闻工作者通过信息图表来报道一个复杂的故事,数据新闻还可以解释故事是如何与个人产生关联的,数据新闻也能够自己汇聚新闻信息。由众多新闻领域专家共同编写的《数据新闻

---

① 有关"数据"的定义参见 Technopedia,2017年9月4日,https://www.techopedia.com/definition/807/data,最后浏览日期:2019年4月4日。
② 赵伶俐:《量化世界观与方法论——〈大数据时代〉点赞与批判》,《哲学与文化建设》2014年第6期。
③ 周均:《数据新闻演进路径、研究热点和前沿述评》,《新闻战线》2016年第9期。
④ 沈浩、谈和、文蕾:《"数据新闻"发展与"数据新闻"教育》,《现代传播(中国传媒大学学报)》2014年第11期。

手册》这样定义"数据新闻"：数据新闻是把传统的新闻敏感性、富有说服力的新闻叙事和海量数据信息相结合的新闻[①]。这句话的含义可以解读为：数据新闻就是数据与新闻的相遇。

上述对数据新闻的阐述可以从三个方面来理解：其一是强调数据价值，通过对海量全样本数据进行分析挖掘，可以全面、整体地把握事实，预测未来；其二是强调新闻价值，呈现的数据事实必须具备新闻价值；其三是强调数据呈现，侧重于可视化技术，呈现原本仅靠文字无法呈现的内容。基于数据及数据分析的基础作用、新闻价值对数据事实的规约作用，我们将互联网数据新闻定义为：以海量数据为核心，以可视化作为主要呈现方式的一种新闻报道形式。

二、数据新闻的特征

与传统新闻报道相比较，基于大数据分析的数据新闻报道具有更强的全面性，对新闻的说明更为精确，且能够对未来趋势进行预测。

（一）报道全面情况

传统新闻报道往往围绕事件展开，常用的方法是通过抓典型、找个案，力求以小见大，见微知著。因此，传统新闻报道的事件一般具有很强的典型性和重要性，但对于时间和空间跨度大的、具有全面性的情况的报道则较为缺乏。

与传统新闻报道相反，数据新闻报道的一大特点在于，基于海量的数据可以更加全面地对事件进行报道。这种全面性主要体现在两个维度：在纵向上通过数据对事件发生的前因后果以及未来发展趋势进行更加全面的展现；在横向上将事件置于政治、经济、社会等宏观数据之中，从而展现事件与其发生的大背景之间的关系。

例如，2012年1月5日，《卫报》发布了一个有关"阿拉伯之春"的数据新

[①] 参见 Jonathan Gray, Liliana Bounegru, Lucy Chambers, *The Data Journalism Handbook*, 2017，http://datajournalismhandbook.org/Chinese。

闻报道。该报道将涉及十几个国家、时间跨度长达一年的"阿拉伯之春"事件以动态的方式全面地呈现了出来。这与传统新闻由点到面的报道方式有质的不同。

（二）用数据说话，更具精确性

数据新闻报道是用数据说话，这与一般新闻报道的呈现方式相比更为精确。在数据新闻的生产过程中，社会科学研究思维贯穿于数据获取、分析和可视化等各个环节。数据新闻生产的过程类似于社会科学研究，记者在获取可靠的数据后，通过寻找数据间的关联性，并对数据进行解释，得出相应的新闻报道。通过"数据—信息—知识"的进阶，使数据新闻报道能够更加精确地反映现实世界。

（三）报道未来趋势

传统新闻报道是对已经发生或正在发生的事实的报道，而数据新闻不仅能反映现实，还可以预测未来。例如，百度开辟了"百度预测"网页，推出的预测产品有高考、世界杯、电影票房等；美国的"538"网站（Five Thirty Eight）利用数据对受到广泛关注的重大事件进行预测，该网站成功预测了2008年美国大选中49个州的投票结果、2012年美国总统大选50个州的投票结果，以及2014年世界杯14场淘汰赛中13场的结果等。

三、数据新闻的发展历程

数据新闻与传统的精确新闻（precision journalism）、计算机辅助报道（computer-assisted reporting）关系最为密切，是大数据时代在精确新闻报道与计算机辅助报道的基础上发展而来的一种新的新闻形态。

20世纪60年代，美国记者菲利普·迈耶（Philip Meyer）提出精确新闻报道的概念，并且很快就在美国流行起来。中国引入精确新闻报道是在20世纪80年代。精确新闻报道使用数据调查、实验等社会科学研究方法来展开新闻报道。运用系统的社会科学研究方法去收集资料、查证事实，而不是依靠少数消息来源提供消息，这是精确新闻的核心。但受限于当时的技术，精确新闻报道收集的往往是小样本数据,数据处理技术也比较落后,因此精确新闻报道呈现事实的能力有限,更无法对未来趋势进行预测。

计算机辅助报道是指借助计算机来辅助收集、处理信息而制作的新闻报道。计算机辅助报道起源于20世纪50年代。1952年美国大选期间,哥伦比亚广播新闻在晚间选举报道中借助当时美国政府所有的计算机来帮助预测哪位总统候选人会获胜。但计算机辅助报道真正兴旺起来是在20世纪八九十年代计算机技术得到普及应用后。

诞生于大数据时代的数据新闻,继承了精确新闻报道采用社会科学研究方法来探索新闻的方法论和计算机辅助报道利用计算机来进行海量数据处理的方式。

2009年初,《卫报》在官方网站创建"数据博客"栏目,成为数据新闻实践的起源。《卫报》"数据博客"的里程碑意义体现在两个方面。一方面是对数据新闻生产的经验总结。在具体的新闻实践中,数据新闻记者时常陷入方法与工具的泥淖,但《卫报》的实践指出,"只有叙事清晰,简单易懂,才能达到最大最优的传播效果"。另一方面则是其对数据开放理念的倡导和践行。所有新闻中使用的数据都可供用户免费下载,并且通过众包的方式鼓励用户积极参与。此后,《纽约时报》《华尔街日报》、BBC等国际各大新闻机构纷纷进军数据新闻领域。

2012年,我国媒体也开始了数据新闻实践。四大门户网站搜狐、网易、腾讯、新浪相继推出数据新闻栏目:"数字之道""数读""新闻百科"和"图解天下"。与此同时,国内媒体相继开始了数据新闻的专业团队建设。2012年2月,财新传媒成立数据可视化实验室,其代表作《青岛中石化管道爆炸事故》获得亚洲出版业协会"2014年度卓越新闻奖";《星空彩绘诺贝尔》入围英国"数据之美"大奖。2013年,新华网、人民网也先后组建数据新闻团队。2014年,澎湃新闻的"美数课"成立,其交互信息可视化作品《甲午轮回》获得首届中国数据新闻大赛三等奖。2015年,数据新闻团队几乎成为新媒体机构的"标配",这也标志着我国数据新闻的发展趋向成熟。

我国的数据新闻实践，一方面反映了中国新闻业向世界主流靠拢的积极探索和实践，但另一方面，其中暴露的问题比实践本身更具有反思价值。从数据来源来说，国外数据来源既有官方公布，又有其他途径"泄密"。而反观国内，数据新闻基本是对传统媒体素材的"二次加工"，这体现了我国当前的数据开放工作还有待加强。从数据新闻呈现形式来说，国外数据新闻可视化形式非常多元，包括静态、动态、互动等多种形式，而国内则大多数属于封闭、静态呈现，形式较为单一。

四、数据新闻的类型

按照不同的分类标准，数据新闻也分为不同的类型，最常见的是按照主题功能和选题性质来进行分类。其中，根据主题功能可以分为调查类数据新闻（investigative data journalism）和常规类数据新闻[1]（general data journalism）；根据题材性质可以分为事件类数据新闻和话题类数据新闻。

（一）以主题功能划分

1. 调查类数据新闻

调查类数据新闻的主要功能是运用数据来说明深层次的社会问题，展现新闻事件背后的真相。这类数据新闻具有很强的公共性，是各类数据新闻评奖中的常设项目。

相较于传统的调查性报道主要通过对事件的实地调查、访谈等方式来获取新闻事件的资料，调查类数据新闻则是通过海量数据来呈现新闻事件。传统调查性报道细腻真实，而调查类数据新闻更加全面，并且善于从历史、宏观环境等角度来挖掘事件发生的原因，对事件的后续展开预测。

在当前的实践中，调查类数据新闻主要具有以下四个方面的特点。

第一，调查类数据新闻制作难度大、生产周期长，耗时数月甚至超过一

---

[1] Kuutti T. Uskali, "Models and Stream of Data Journalism," *The Journal of Media Innovations*, 2015, 2(1), pp. 77–88.

年都是常有的事。2012年,《纽约时报》的特别报道《雪崩》耗时6个月才制作完成;2016年,全球数据新闻奖获奖作品《如果叙利亚内战发生在你的国家会怎样?》针对叙利亚内战的情况展开了长达数年的数据采集,最终才做出全球领域的数字化预测报道。

第二,调查类数据新闻获取数据难,记者收集数据时,除了公开的官方数据外,往往还要"走基层",调查、搜集一手数据。2014年,新华社"新华视点"栏目陆续推出系列报道《钱去哪儿了?》,数据来源中,公开数据和记者采访调查获得的数据各占一半。

第三,调查类数据新闻需要依托强大的技术支持。2018年,加拿大《环球邮报》的数据新闻《快钱》获得全球数据新闻奖。《快钱》是一项长达一年的针对白领犯罪的数据调查项目,揭示了股票欺诈行为如何反复上演。报道的成功依托于当前先进的数据分析技术,以十年前未有的方式快速完成数千万文件的数据采集、数据分类和数据分析,并采用严格的计算方法得到国家证券犯罪再犯率的统计数据。

第四,调查类数据新闻离不开记者的核心解读作用。常规类数据新闻一般解决"是什么"之类的描述性问题,而调查类数据新闻重在追踪事件背后的真相,需要记者分析"为什么"并获得结论。也就是说,调查类数据新闻的目标是寻找复杂关系背后的真相和因果关系,因此,记者的核心解释作用不容忽视。

一般来说,当前调查类数据新闻常见的报道模式有两种。第一种是"问题—调查—分析—结论"模式,这种模式围绕某个事件或某个现象提出问题,然后进行调查,通过分析得出结论。如财新网在2013年推出的《周永康的人与财》,报道先对周永康周边的人物关系和财务关系提出疑问,然后展开调查,获取数据后展开分析,最终通过可视化呈现出来。第二种是"质疑观点—调查—分析—证实/证伪—结论"模式,这种模式从对已有观点的质疑出发,然后展开调查,通过分析得出结论。例如,《卫报》的《解读骚乱》对英国官方提出的"社交媒体引发骚乱"这一观点提出质疑,通过对260万条推文的分析,得出了 Twitter 善于澄清谣言的结论。

2. 常规类数据新闻

常规类数据新闻应用范围最广,具有高效率、低风险的特点。常规类数据新闻的报道逻辑是:以数据库为起点,记者根据数据库的内容决定报道的大方向,根据具体数据质量的高低来确定选题和报道角度。常规类数据新闻主要具有以下四个方面的特点。

第一,从题材角度看,常规类数据新闻一般会挑选能持续一段时间的热点话题和热点事件,既具有时效性,又能给新闻生产团队提供较为充足的时间去进行数据分析和可视化呈现设计。

第二,从数据来源看,常规类数据新闻多采用单一数据,数据来源以方便、准确为主要原则,一般采用政府权威数据和可公开获取的数据,很少使用需要深入核查的非官方数据,记者也很少为了获取数据亲自展开调查。

第三,从数据分析看,常规类数据新闻多采用描述性统计分析,很少涉及探索性或验证性分析,分析工具和可视化工具都比较简单。

第四,从生产周期看,与调查类数据新闻动辄需要数月甚至上年相比较,常规类数据新闻周期短,几天甚至几个小时即可完成一篇报道。

比如,2014 年财新网"数字说"推出的采用单一数据来源制作的常规类数据新闻《三公消费龙虎榜》。这篇新闻报道了 2014 年中央行政事业单位 96 个部门三公经费实际支出以及 2015 年 95 个部门的预算经费。报道分为五个部分:概况、费用榜、比例榜、人均榜、大趋势。该报道数据量丰富、全面,各中央单位的三公消费数据在各官方网站均可查询。财新网采用的数据以中央数据为准,没有地方数据,更没有调查数据,数据来源单一,但又较为权威。据时为财新数据新闻 CTO 的黄志敏解释,是"因为中央数据比较全,地方数据不怎么全"。

这篇报道的数据分析过程也较为简单,以描述性统计分析为主,得出了一些汇总和对比性结论。比如,报道指出,国家信访局的出国支出很高,宋庆龄基金会的招待费很高等。但报道没有尝试追问"为什么",也没有尝试解释这样的结论可能带来的影响。因此,《三公消费龙虎榜》报道除了生产周期稍长外,大体上可以作为一篇常规类数据新闻,体现出典型的追逐高效率、低风险的生产特征。

(二) 以题材性质来划分

1. 事件类数据新闻

事件类数据新闻主要是指基于某个新闻事件展开的数据新闻报道。其中,新闻事件还可以分为可预见性事件和不可预见性事件。对于可预见性事件,媒体有足够的时间进行数据采集、分析和呈现;而对于不可预见性事件,也就是突发性事件,则要考验数据新闻团队在短时间内迅速完成新闻制作的能力。当前,随着云计算、云存储等各类技术的发展,数据挖掘、数据分析和数据可视化的速度越来越快,数据新闻的时效性越来越强。在这样的情况下,突发性事件报道开始成为数据新闻常用的报道形态。

无论是哪一类的新闻事件报道,提前做好数据储备是关键。数据储备包括两方面:一方面是媒体搭建的数据库;另一方面是媒体和记者个人的数据储备,也就是基于对某一领域的长期关注而形成的知识储备。2015年,一辆美国火车在费城到纽约的一处常用急转弯道路段发生脱轨事故,造成5人死亡。次日早晨,当其他媒体还在进行同质化的报道时,半岛电视台美国频道推出数据新闻《脱轨美列车:死亡曲线上的飞驰》。这篇新闻通过数据说明了此次事故是因为事故火车的行驶速度超过该路段限速两倍之多造成的。之所以能在如此短的时间内就从数据入手分析出事故的发生原因,其原因就在于媒体充足的数据储备。在事故发生的前一年内,半岛电视台美国频道就开始追踪美国列车行驶地图,并每隔5分钟收集、存储一次数据,形成的数据库包括每列火车的定位与速度[1]。有了如此强大的数据储备,不仅能生产出高质量的数据新闻作品,在时效性上也不逊色于一般的突发性报道。

---

[1] 张灵燕:《全球数据新闻奖对突发新闻数据报道的启示——以2016—2017年最佳突发数据使用奖作品为例》,《新闻研究导刊》2017年第19期。

为了满足新闻报道的时效性特征,生产团队要具备快速采集、分析和呈现数据的能力。例如,2015年6月,在"东方之星"翻沉事件中,无人机快速反应,第一时间赶到现场开展作业,即时采集现场信息并回传。除无人机技术外,卫星定位技术、传感技术、船舶追踪技术、气候数据指标探测器等技术对实时数据的精准监测都增强了媒体的实时数据采集能力。

相较于传统媒体的新闻报道,事件类数据新闻的另一个特点是可以通过数据分析对新闻事件的宏观背景进行更加深入的分析,从而体现事件与宏观环境之间的关联。例如,2014年8月,美国弗格森小镇发生黑人青年被当地白人警察射杀的案件。案发次日,美国知名新闻网站Mother Jones就以题为"Ferguson Is 60 Percent Black. Virtually All Its Cops Are White"(图3-1)的数据新闻报道了该事件的发生背景,整体描绘了弗格森镇种族分离现象。网站搜集了弗格森镇的基本人口、执法记录等城市管理数据,并运用对比法进行数据分析。如该镇60%居民是黑人,但当地警察绝大多数是白人;大部分的被捕者是黑人居民,遭遇搜身和停车检查的九成是黑人居民。最后信

图3-1 "Ferguson Is 60 Percent Black. Virtually All Its Cops Are White"截图[1]

---

[1] 参见"Ferguson Is 60 Percent Black. Virtually All Its Cops Are White",Mother Jones,2014年8月10日,https://www.motherjones.com/politics/2014/08/10-insane-numbers-fergu-son-killing,最后浏览日期:2019年4月4日。

息图表呈现了这些数据以及数据间的关系。该报道一方面紧跟时效;另一方面又不忘利用数据新闻的特点,借助数据关联,让观众更好地理解这起案件的种族歧视背景,充分发挥数据新闻在报道事件类新闻时的背景优势。

2. 话题类数据新闻

话题类数据新闻是围绕某一热点话题展开的新闻报道。这类报道的时效性不强,生产团队有较为充足的时间来收集、分析数据并对数据进行可视化。一般情况下,相较于事件类数据新闻对时效性的关注,话题类数据新闻追求的是通过报道切入的角度和分析的深度推出独具新意的新闻报道。

第二节 数据新闻生产概述

传统新闻生产往往从新闻选题开始,经记者现场采访或调查验证后,最终以文字、音频和视频等形式将新闻报道呈现出来。其流程大致为:确定选题—记者采访写作—编辑修改—定稿发布。

围绕数据新闻的生产流程,学界和业界已经展开了丰富的讨论。米尔科·劳伦兹将数据新闻生产流程概括为"获取数据—过滤数据—视觉化呈现—故事"四个步骤[1]。布拉德肖依照传统新闻学"倒金字塔"结构理论,提出数据新闻生产流程"双金字塔"结构[2]。倒金字塔部分自上而下包括数据采集、清洗、情境化、合并四个环节;正金字塔部分,自上而下包括可视化、叙事、社交化、人性化、个性化和应用化六个环节。尽管上述两名学者看法不一,但他们对数据新闻生产过程中数据与故事的强调是一致的。

我们认为,数据新闻的生产流程是在新闻选题与新闻叙事的基础上强调数据采集、数据分析和数据呈现的过程。这就意味着,对数据新闻团队的

---

[1] 参见 Mirko Lorenz,"Data Driven Journalism:What is There to Learn?" Presented at IJ-7 Innovation Journalism Conference,7-9 June 2010,Stanford,CA。
[2] Paul Bradshaw,"The Inverted Pyramid of Data Journalism," 2011-7-7,http://online journalism blog. com/2011/07/07/the-inverted-pyramid-of-data-journalism/,最后浏览日期:2019年3月12日。

要求既要突出新闻敏感性与叙事能力,也要强调数据敏感性,即通过数据发现新闻价值的能力。

一、数据新闻的生产环节

数据新闻生产流程开始于数据新闻的选题,结束于数据呈现、数据解读并完成新闻叙事,中间过程是对数据的整合处理,包括采集数据、清理数据、分析数据。

具体而言,数据新闻的生产步骤一般为确定选题—采集数据—清洗数据—分析数据—呈现解读数据[①](图3-2)。其中,确定选题主要是制作团队共同就新闻选题和可行性进行讨论,确定选题是否具备新闻价值、是否能够获得相关数据、呈现效果如何、明确制作成本与时间以及其他因素等。采集数据、清洗数据和分析数据都属于数据处理的范畴,是数据新闻团队在搜集到合适数据后将数据逐步浓缩成信息的过程。该环节的核心就是让数据说话,这是传统新闻生产所不具备的环节。数据呈现解读指的是数据可视化

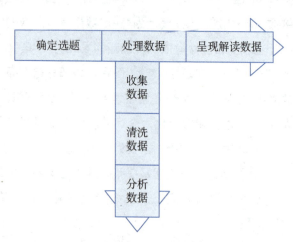

图3-2 数据新闻生产流程示意图

---

① 参见孟笛:《媒介融合背景下的数据新闻编辑能力重构》,《编辑之友》2017年第12期。

以及运用文字等对数据进行相应的解释说明。

二、数据新闻生产的团队

数据新闻作为一种新的新闻形态,相对应的团队组成也不同于传统新闻团队。当前,根据媒体的自身定位和规模大小,数据新闻生产团队一般有两种形式:一种是媒体机构建立的独立数据新闻团队;另一种是"项目制",即通过临时建立"柔性小组"来进行数据新闻生产。

一支标准的数据新闻团队应该包括研究组、设计组、发布组三部分。其中,研究组应具备数据搜索、数据挖掘和数据统计能力,设计组应具备文字编写和分析能力,发布组则应具备在网络平台发布信息的能力[1]。以财新为例,财新数据可视化实验室共有十多名成员,主要承担四类角色:记者编辑、数据分析师、美术设计师和程序员。其中,记者编辑负责统筹整个选题的策划、执行以及对数据进行解读;数据分析师主要负责数据采集、数据整理与清洗;美术设计师负责图形的设计与优化;程序员则负责呈现数据。并且,在实际操作中,一个人往往会身兼数职[2]。

为了适应数据新闻的生产流程,除了新闻生产团队的结构发生了变化,团队成员还要兼有新闻专业素养和数据素养。

数据新闻虽然改变了新闻生产的流程,但对传统采写编能力的要求依然贯穿数据新闻生产的整个过程。团队成员应当具备与传统新闻采编人员同等的新闻专业素养,能够按照重要性、接近性等原则判断新闻价值,确定新闻选题,熟练使用文字、图形、视频等手段讲好新闻故事。另外,团队成员还要有较高的政治理论基础、扎实的文学功底、广博的知识积累、较强的观察应变和交际能力、过硬的新闻采写和编辑能力,以及为公众提供准确、公

---

[1] 祝建华:《数据驱动新闻——大数据时代传媒核心竞争力》,人民网,2012 年 7 月 18 日,http://media.people.com.cn/n/2012/0718/c120837-18543917.html,最后浏览日期:2019 年 4 月 8 日。
[2] 黄志敏、张伟:《数据新闻是如何出炉的——以财新数据可视化作品为例》,《新闻与写作》2016 年第 3 期。

正、客观的新闻的职业理念。

数据素养指的是发现、评估、处理和使用数据的意识和能力。对于数据新闻报道而言,至少应该包括以下三部分:其一是数据敏感性,即数据新闻创作者能够在海量的数据中发现有价值的新闻线索;其二是数据处理能力,具体包括数据采集、数据清洗、数据分析以及数据可视化能力;其三是批判性思维,要在充分了解数据特点、功能的基础上,认识到数据的局限,不迷信数据。除了认识到数据本身有局限外,批判性思维还要求创作者科学地使用数据。使用不同的分析方法,同样的数据会得出不同的结论,不恰当的分析方法可能会让"好"的数据得出"坏"的结果。在处理数据时,不当使用数据很可能会造成重要信息的遗漏,甚至因为得出错误的结论而误导受众。与此同时,在数据新闻生产过程中,数据新闻创作者对待数据源就像传统新闻创作者对待信息源一样,持必要的怀疑态度。记者要对以下问题反复地认真思考:数据的来源是否可靠,其时效性如何;出于何种目的、采用了怎样的方法搜集得到了数据;数据中究竟包含怎样的主题和线索;应该选取哪些数据来进行报道;所选样本是否符合统计显著性的要求;在解读过程中,对于因果关系的理解是否正确;结论的合理性以及能否将结论推而广之等[①]。

第三节　数据新闻的选题策划

选题是数据新闻生产的第一步,决定新闻的立意和走向,从而影响新闻生产的全过程。好的选题意味着能够获得更多的注意力,是数据新闻成功的一半。由于数据的介入,数据新闻在选题来源、选题论证等方面都与传统新闻不同。

[①] Jonathan Stray:《记者在做报道时应如何解读数据》,方可成译,方可成博客,2014年1月,http://www.fangkc.cn/2014/01/drawing-conclusion-from-data/,最后浏览日期:2019年4月8日。

一、选题来源

数据新闻的选题来源一般有两种路径：一是基于新闻线索、热点话题和事件等获取的选题，此类选题是由故事触发的，因此被称为"故事路径"；二是基于对数据库解读而出现的选题，此类选题是由数据触发的，因此被称为"数据路径"。两种路径没有优劣之分，但相应的新闻生产流程也不尽相同。

（一）"故事路径"的特点及案例

"故事路径"的特点在于从故事出发找数据，围绕故事的需要采集数据，并且通过数据分析帮助记者寻找独特的报道角度，形成更有说服力和深度的新闻故事。该路径的难点是，创作者常常有好的故事，却很难寻找到高质量的数据。在具体操作中，受传统新闻生产流程影响，再加上目标导向明确，这一选题路径较常被使用。

一个"故事路径"的数据新闻案例是《救火英雄的中国难题》（图3-3）。

图3-3 《救火英雄的中国难题》部分截图①

---

① 参见《救火英雄的中国难题》，搜狐网，2015年1月8日，http://news.sohu.com/s2015/shuzi-331/index.shtml，最后浏览日期：2019年4月8日。

2015年1月2日,哈尔滨发生大火,火灾造成五名消防队员牺牲,五人平均年龄不到二十岁。这起火灾事故成为众多媒体报道的对象。搜狐网的"数字之道"栏目推出《救火英雄的中国难题》,以新颖的报道角度获得关注。报道并没有仅仅针对火灾本身,而是通过历史数据来说话,即将历年火灾事故中遇难消防员的数据与国外同类事故中遇难消防员的数据展开对比,找出"救火英雄的中国难题"的故事。据当时的数据显示,中国消防员是现役制,消防员中60%是现役武警消防员,服役期只有2年,缺乏专业化和职业化训练。报道还显示,中国消防员年龄偏小,近5年来牺牲的144名武警消防员的平均年龄只有24岁。但欧美消防员呈现出高度职业化的特征,服役期为30～40年,牺牲消防员的平均年龄在40岁以上,并且死亡率远低于中国。通过对历史数据的纵向对比以及与欧美国家之间的横向数据对比,报道揭示了我国消防员制度存在一些被忽视的问题。

当时有很多媒体都在同一时间报道了这一事件,但这篇报道采用数据新闻的方式,深挖故事背后的原因,最终呈现出一篇角度新颖、具有深度的数据新闻。

(二)"数据路径"的特点及案例

"数据路径"的特点在于,记者从数据中发现具有新闻价值的选题,从而展开报道。这一路径的优势在于通过数据分析发现的新闻点常常超出人们的经验。因此,采用这一路径往往可以发现新颖的选题。此外,面对这样的选题,其他媒体也很难迅速跟进,因此容易产生独家新闻。但是,该路径的难点是,面对大量纷乱复杂的数据,在没有故事导向的情况下要找到有价值的新闻点困难重重,这对记者的专业素养和数据素养都是一个巨大的考验。

一个"数据路径"的数据新闻案例是《维基解密战争日志系列报道》。2010年英国《卫报》获得维基解密战争日志,其中包含阿富汗战争日志92 201条,涵盖2004年至2010年初的阿富汗军事行动记录。伊拉克战争日志多达391 000条,涵盖2004年1月1日至2009年12月31日发生在伊拉克的军事行动。庞大的数据集是个巨大的信息资源。《卫报》获取这些数据的目的就是让专业记者团队能够从数据信息中获得好的新闻选题,再通过数据分析,全景呈现战争的真实情况。但对于记者来说,从如此庞大的数据里寻找故事,无异于大海捞针。后来在开发团队的帮助下一个简易的内部数据库得以建立,记者们根据关键词搜索相关数据,通过数据挖掘,最终报道了《伊拉克的一天》等多篇产生重大影响的独家数据新闻。

二、选题论证

选题论证指的是对新闻选题的可行性进行分析。相较于传统新闻,数据新闻涉及的部门多、制作时间长、投入资源多,因此展开严密的选题论证,明确选题的可行性非常重要。一般来说,数据新闻的选题论证主要围绕以下三个方面:新闻的制作成本、选题的新闻价值和数据的支撑作用。

(一) 新闻制作成本

数据新闻制作周期长、生产费用高、参与人员多。围绕数据采集、处理和可视化等方面,数据新闻生产的每一个环节都需要投入大量人力、物力,耗费大量的时间。高成本投入能否带来相应的高质量产出,这是数据新闻在选题论证环节必须面对的首要问题。

例如,仅就制作周期而言,涉及交互的数据新闻需要一到两周,财新网制作的《周永康的人与财》用了两个月时间。有些大型数据新闻的生产周期甚至超过一年。2012 年获得全球数据新闻奖的作品——《纽约时报》的特别报道《雪崩》共耗时 6 个月制作,最终成本 25 万美元左右[1],尽管该专题还出版了电子书,但依然没有收回成本[2]。

(二) 选题的新闻价值

新闻价值是数据新闻选题的落脚点,也是选题论证的关键点。对于数据新闻而言,传统的新闻专业主义依然重要,数据新闻的核心还是运用数据

---

[1] 王忻甜:《数据新闻在〈华尔街日报〉的应用》,浙江大学 2014 年新闻与传播专业硕士学位论文,第6—9 页。
[2] 唐铮:《从"雪崩"到"战友"——纸媒的多元化破局求存》,《新闻与写作》2014 年第 3 期。

讲好故事。那些用表格和数据呈现的产业报告、个股评述,究竟是数据报告还是数据新闻,判断的标准就是新闻价值。与传统新闻相似,数据新闻新闻价值的构成要素包括时效性、新颖性、显著性、重大性、接近性、趣味性等,这些都要在选题论证中得到普遍体现。

(三)数据的支撑作用

论证选题的其中一个目的,就是确定报道的可操作性。可操作性在数据新闻制作过程中集中体现为数据对新闻故事的支撑作用。包括数据来源的可信度,数据采集的难度,数据对新闻故事是否具有论证、支撑和发现的功能等。"高质量的数据能够保证选题有足够的分析和挖掘空间,有时候即使新闻很重要,但是找不到数据可能也就不做了。"[1]有了"好"的数据,才会有"好"的数据新闻。

此外,在传统新闻选题环节,记者编辑是核心人员,根据已经获取的新闻线索或选定的新闻话题,进行头脑风暴,讨论确定选题。一般情况下,技术人员处于生产的下游,不参与选题讨论。而在数据新闻选题环节,记者编辑与技术人员都参与讨论,根据各自的角度,围绕选题的新闻价值、数据获取的难易度、数据支撑作用、项目制作成本等问题进行选题论证。

以财新数据可视化实验室为例,选题的确定一般有两种方式:一种是由数据新闻团队自主发起,另一种是由编辑部门外力推动。然而,任何一种方式都不能直接确定选题,需要数据团队和编辑部门双方进一步碰撞[2],基本上只有双方达成一致才可以确定选题。

第四节 数据新闻的数据处理

数据新闻制作的原材料是数据。在确定选题后就进入数据处理环节,

---

[1] 王琼、苏宏元:《中国数据新闻发展报告(2016—2017)》,社会科学文献出版社 2018 年版,第 7 页。
[2] 孟笛:《论数据新闻编辑素养》,《中国出版》2018 年第 2 期。

即数据采集、数据清洗与数据分析环节。数据处理过程就是将杂乱无章的数据逐渐结构化的过程。

一、数据采集

数据无处不在但又参差不齐。政府、专业机构都会进行数据采集,企业和个人也产生和采集数据。随着信息技术的发展,各行各业产生的数据呈现几何级别的增速。但在当前,数据缺乏仍旧是数据新闻发展的瓶颈,这当中的原因除了数据公开不充分外,更多时候是数据新闻从业者不知道如何采集数据。

(一)采集数据的路径

《数据新闻手册》列举了获取数据的七种路径[1],分别是搜索引擎、询问数据拥有者、浏览网站和服务、从纸质档案中获取数据、在论坛中提问、加入专业组织以及请教专家。结合上述观点,根据当前对数据新闻的实践,本书将获取数据的主要路径归纳为以下五种。

1. 网络搜索公开数据

互联网本身就是一个庞大的数据库,通过网络搜索公开数据是获取数据最方便也是最常用的方法。一般来说,以下三类网站较为常用。第一类是政府网站。通过政府网站可以获取权威和高质量的数据。英、美两国在全球政府信息公开方面起步较早,都分别建有政府网站和政府数据网站。近年来我国政府在数据开放方面也进行了一些有益的尝试。2006年元旦,中国政府网开通。2013年,中国国家统计局开通国家级数据门户,提供中国各类产业发展情况的数据。目前,中央各部门机构、国务院各部委及地方下属政府机关的网站都提供相应的数据资源。第二类是非政府机构网站,包括政府间组织网站、企业网站、商业门户网站、媒体网站等。第三类是个人

---

[1] 参见 Jonathan Gray,Liliana Bounegru,Lucy Chambers,*The Data Journalism Handbook*,2017,http://datajournalismhandbook.org/chinese/getting_data_0.html。

网站,主要指个人建立的网站和社交媒体,如博客、微博、微信。涉及个人报道时,最好的方式就是查询其个人网站。

2. 人工检索纸质材料

虽然越来越多的印刷资源走向数字化,但还有不少数据仍以纸质形式存在,如图书、报刊、历史档案等。因此,纸质材料仍然是获取数据的重要途径。

3. 依法获取未公开的数据

未公开的数据可以在征得数据拥有者同意的情况下获取,主要途径有二。一是依法向政府部门申请信息公开。2014年8月,美国密苏里州弗格森小镇,18岁的黑人青年迈克尔·布朗,在未携带武器的情况下被当地白人警察射杀,当地媒体《圣路易斯邮报速递》就通过警方获取信息,对事件前后的录音予以公布,从而揭开了事件的真相。二是通过商业合作向专业机构购买。互联网技术公司、电子商务公司是最先认识到数据商业价值的机构,它们通过提供服务和强大的技术能力获得了海量的数据。另外,还有一些专业数据运营公司同样构建了庞大的数据库。数据新闻媒体可以考虑与上述机构合作或向上述机构购买数据。

4. "众包"采集数据

"众包"在数据新闻中的应用指的是动员受众一起参与数据采集,与受众一起完成数据新闻项目。2009年《卫报》对英国议员消费情况的调查就是一个成功的"众包"数据新闻案例。当时,英国政府在网络上公布了所有议员四年来的消费情况,总计约100余万份未经整理的原始数据文件。《卫报》设计了一个类似游戏网站的Web页面,邀请读者参与,共同解读数据。在调查项目上线的80个小时内就有170 000份文件被读者解读完毕。

5. 自主采集第一手数据

网络挖掘数据简单快捷,但得到的数据大多是二手数据,不但准确度难以保证,有时也无法完全契合数据新闻对数据的要求。因此,很多媒体也会通过访谈、问卷调查、深度访谈等方式获取一手数据。一个典型的案例是

《卫报》的《解读骚乱》项目。2011年8月,伦敦发生大骚乱,骚乱短时间内蔓延到英国六大城市,让英国政府大伤脑筋。《解读骚乱》报道团队先后采访了六大城市中的270位骚乱参与者,进行了问卷调查和深度访谈,从而获得了大量一手数据,揭示了骚乱发生的原因。目前,国内的调查性数据新闻也十分重视自主采集一手数据。

比如,2014年新华社"新华视点"栏目陆续推出系列报道《钱去哪儿了?》,追问向公民征收的各类行政性事业收费和政府基金的去向,调查了土地出让金、彩票资金等十个方面的收费乱象。在系列报道中,数据的获取有两个渠道:一是已经公开的信息,记者从政府部门、企业网站等公开途径获取与核心事实有关的数据;另一个渠道是通过采访获得数据,这部分数据的获取相对复杂,很多被采访者不愿意透露敏感信息,这就需要记者的采访突破能力。其中,《1.7万亿元彩票资金去哪儿了?》(图3-4)中的大量数据就是依靠记者的采访获取的。最终,在整个系列报道

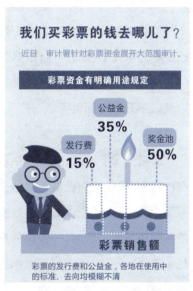

图3-4 《1.7万亿元彩票资金去哪儿了?》中"彩票资金"的部分截图①

的数据来源比例上,公开数据和采访获得的数据各占一半。

(二) 快速获取数据的常用工具

新闻生产讲究时效性,因此,快速高效地采集数据在整个数据采集过程中非常重要。

---

① 参见《1.7万亿元彩票资金去哪儿了?》,新华网,2014年12月7日,http://www.xinhuanet.com/politics/2014-12/07/c_1113549659.htm,最后浏览日期:2019年4月8日。

互联网是数据的"富矿",要快速抓取网页上符合要求的数据需借助一定的工具。目前,最为常用的工具有 Python 和 API 等。其中,Python 是当下流行的计算机编程语言,通过编写代码来采集数据;API 是操作系统留给应用程序的一个调用接口,应用程序通过调用 API 使操作系统执行应用程序的命令,这是获取政府和商业机构数据的好办法。

(三) 数据采集的客观性原则

按照维克托·迈尔-舍恩伯格(Viktor Mayer-Schönberger)的理解,"数据代表着对某件事物的描述,数据可以记录、分析和重组"。也就是说,数据看似中立客观,实则不然。在采集数据的过程中要保证数据的客观性,具体可以从以下五个方面着手。

1. 数据来源的权威性

通常情况下,数据来源包括政府公开数据、组织公开数据、科研机构发布的数据、商业机构提供的数据、媒体自行抓取的数据和其他媒体公开的数据等。其中,不同主体提供的数据权威性也有所不同。一般来说,政府公开的数据更权威。因此,一些媒体在进行数据采集时会按照数据来源的权威性来选择。例如,新华网在数据采集过程中遵循"首先选择官方数据,其次是权威机构数据和直接信源数据,最后是企业和个人的公开数据"的数据采集原则[①]。

2. 数据准确性

记者在完成初步的数据采集后,需要对数据的准确性进行检查。有时,记者采集到的数据会存在包括格式、拼写、归类上的错误,这些数据在获取后不能立刻进行分析,需要进行数据清洗后才能使用。

3. 数据完整性

数据完整性用于度量数据丢失和数据不可用的情况。在现实操作过程

---

① 王琼、苏宏元:《中国数据新闻发展报告(2016—2017)》,社会科学文献出版 2018 年版,第 9 页。

中很难做到保持绝对的数据完整。在找不到或者找不全直接数据的情况下,在一定范围内允许通过替代数据或对原数据的适当修正来形成完整的数据集合。但是,在选取替代变量时,记者一定要谨慎考虑什么样的数据能与被替代的数据吻合,否则就很容易出现谬误。

2014年5月,尼日利亚发生绑架案,当地恐怖组织绑架了276名女学生。538网站制作的数据新闻《在尼日利亚被绑架的女孩》对历年尼日利亚绑架案的变化趋势进行了梳理(图3-5)。新闻通过对2万多个样本的统计发现:尼日利亚绑架案数量从1984年的2件激增到2013年的3608件,30年增加了1800多倍,绑架情况越来越严重。该报道一经发出就引发热议。因为报道提出的结论和当地人的认知严重不符。后经过查证,发现是报道所用的数据有问题,记者搜集的是被媒体记录的绑架数量,并不是真实发生的案件数量。在评估数据时,如果某项变量的数据难以获取,记者可以使用替代变量。但在这则案例中,"媒体报道的绑架案数量"显然不能代替"真实发生案件的数量",替代数据的不当使用导致了新闻严重失实。

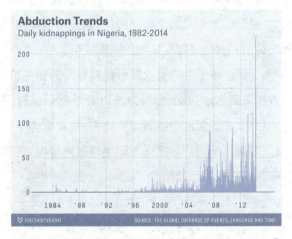

图3-5 《在尼日利亚被绑架的女孩》报道部分截图[①]

[①] 参见《在尼日利亚被绑架的女孩》,Five Thirty Eight,2014年5月6日,https://fivethirtyeight.com/features/nigeria-kidnapping/,最后浏览日期:2019年4月8日。

4. 采集方法的科学性

无论是采集一手数据还是二手数据,对采集方法的科学性进行评估都是非常重要的。在 2016 年美国总统大选期间,《纽约时报》的数据专栏给出的预测是希拉里的胜率在 85% 左右。所有媒体和预测机构都认为希拉里更有可能胜出,但最终特朗普在大选中胜出,众多媒体和预测机构全军覆没。各大机构绝大多数都是根据民意调查机构发布的数据进行预测的,预测失败与民调机构采集数据的科学性不足有密切关联。

5. 数据的一致性[①]

一致性要求记者在采集二手数据时不能只采用单一数据来源,应尽可能从多个渠道进行数据采集,让不同来源的数据相互印证,从而对数据的真实性和准确性进行核实。采集数据时遵守一致性原则,会降低出现错误数据的概率。

(四)数据来源的公开与使用

1. 公开数据来源

公开数据来源就是要在新闻中明确标注数据的出处,这不仅能够说明新闻报道的事实、揭示的关系是言之有据的,而且还可以帮助受众根据数据来源判断新闻的价值。这也是数据新闻的基本规范。

除此之外,为了更加清晰地向受众展示数据新闻的新闻价值和准确性,还应该对包括数据采集方法、数据分析方法以及数据采集时间在内的各项事宜进行说明。目前,在我国的数据新闻实践中,很多媒体不标注数据新闻的数据来源,或是对数据新闻的数据来源描述得较为模糊,这些都在一定程度上影响了数据新闻的质量和公信力。

2. 尽量使用多个数据来源

西蒙·罗杰斯(Simon Rogers)认为:"对于数据新闻来说,多样化的数据

---

① 张超:《论数据新闻的实用主义客观性原则》,《中州学刊》2018 年第 9 期。

来源至关重要。"①在数据新闻生产实践中,一般来说,应当使用至少两个数据来源。例如,可以在以政府数据为主的基础上尽量采用专业机构、企业的多元数据和媒体的自采数据。多个数据来源之间可以相互印证,防止单一数据存在缺陷。

(五) 媒体自建数据库

1. 自建数据库是数据新闻媒体发展的未来趋势

对于新闻媒体来说,自行搭建数据库是未来发展的重要趋势。数据新闻是数据驱动型新闻,必须要有专业的数据库作支撑,这样才能保证新闻报道的客观性与真实性。因此,要想让数据成为一种真正的资源,前提就是必须采集大量的数据,并在此基础上建设契合自身需要的数据库。

当前,随着信息技术的进步,数据开发越来越便捷,建设数据库的成本明显降低。与此同时,通过建设数据库还可以对数据进行循环利用,甚至产生增值,从而更加充分地发挥数据的价值。例如,美国数据新闻调查网站ProPublica是一家知名的非营利性新闻机构。2009年,网站策划了题为"金钱医生"(Dollars for Docs)的项目,其主要目的是揭露私人医生与药品公司之间的秘密交易。网站将搜集到的数据汇总后建立了一个简易数据库,之后随着项目的不断推进,不断扩建数据库。最后,网站依托项目建成了一个拥有上百万条记录的庞大数据库,用户可以从这个应用中搜索自己的医生从医药公司收取了多少额外费用,从而判断医生开具的处方中是否存在"猫腻"②。与此同时,该数据库也成为网站积蓄的新闻金矿,网站记者从中寻找新闻点进行报道,最后形成了67篇选题不同、角度各异的新闻报道。

2. 自建数据库的策略

一般来说,政府部门和一些金融机构要构建数据库往往相对便捷,因为

---

① [英]西蒙·罗杰斯:《数据新闻大趋势》,岳跃译,中国人民大学出版社2015年版,第5页。
② 王琼、苏宏元:《中国数据新闻发展报告(2016—2017)》,社会科学文献出版社2018年版,第275页。

在公众的日常生活中会产生大量的数据,并直接进入政府部门和金融机构的后台,只要将这些数据留存下来,就能够形成一个规模庞大的数据库。同时,这些数据往往都是一手数据和实时更新的数据,数据质量较高。与上述机构相比,媒体数据库建设在数据来源、数据数量等方面处于弱势。

目前,媒体数据库的来源有三个渠道:其一是公共数据,主要来自政府工作报告和政府网站、企业网站、科研机构网站和专业调研机构等;其二是媒体资料数据库,主要包括媒体自身在长期新闻报道中积累起来的新闻报道素材和数据等;其三是受众的个性化数据,主要来自社交媒体和移动媒体,包括用户发布的内容及用户个人资料、个性标签、社交关系、社交行为、地理位置等信息,这些个性化的多维数据能够深入以前新闻报道所无法抵达的行为分析、情感分析、心理分析和社会分析等更深的层次[①]。

媒体自建数据库主要可以发挥以下两大功能。一是实现媒体合作,实现数据共享。媒体是信息产品的生产商,经过多年的新闻实践积累,各媒体内部一般都建有自己的资料库,如果能将资料库中的资料进行数据共享,构建起不同媒体间的合作和联动机制,就能够在更大程度上提升数据新闻的生产效率。二是建立有效用户连接,获取用户实时个性化数据。入口优势一直以来都是互联网企业争夺的焦点,入口指的是用户获取信息、进行沟通的渠道。每一个入口都是庞大的数据源。媒体要利用长久以来建立的公信力和舆论影响力,积极推动与搜索引擎巨头、开源数据网站、地理信息提供商、移动互联网媒体等机构的合作,建立更多有效的用户连接,从而获取更多的用户实时个性化数据[②]。

二、数据清洗

一般情况下,在完成数据采集后还要对数据进行清洗,之后才能够进行

[①] [英]西蒙·罗杰斯:《数据新闻大趋势》,岳跃译,中国人民大学出版社2015年版,第1—2页。
[②] 冯炜、谢誉元:《运算转向:数据新闻生产的新路径》,《编辑之友》2016年第9期。

数据分析。数据清洗主要包括数据格式转换和去除"脏数据"两个步骤。

（一）数据格式转换

数据的格式多种多样，可以是文本、数字、模型、多媒体、软件语言或其他特定形式。数据新闻的数据分析往往面对的是海量的数据，因此，数据分析往往通过计算机进行。而计算机进行数据分析的前提是要将格式各不相同的数据转换到计算机可以读取的格式，因此，在数据分析前，要将采集到的数据转换成计算机能够读取和处理的格式。

例如，2013年阿根廷《民族报》(*La Nacion*)对政府议员开支的报道，获得当年全球数据新闻奖的"调查类数据新闻奖"。这篇报道成功的关键不在于其采集数据的难度，也不在于分析数据过程的复杂，而是数据文件格式转换过程的艰辛。报道团队获取了30 000多份原始PDF文件，这些PDF文件都是直接由纸质文件扫描得来的图像，其格式不支持直接进行数据分析。为此，团队使用OCR识别软件转换文档，最终让数据分析成为可能[①]。

当前，常见的数据格式转换软件有Tabula、PDFtotext、Cometdocs、Zamzar、OCR文字识别软件等。

（二）去除"脏数据"

原始数据不一定都是"好"数据，有可能存在数据值缺失、数据记录重复、数据记录错误等情况，用这样的数据进行分析会得出错误的结论。我们把这些会影响数据分析结果的数据统称为"脏数据"。一般来说，数据量越大，"脏数据"就可能越多。在进行数据分析之前，一个重要的步骤就是清洗掉"脏数据"。在实践中，"脏数据"主要表现为以下五种形式。

第一种，数据值缺失。数据值缺失是较为常见的现象，主要包括存在空值和无效值两种情况。一般认为，缺失值在10%以下是可以接受的。补充缺失值的方法有三个：一是用一个样本统计量的值代替缺失值；二是用一

---

① 报道全文参见http://blogs.lanacion.com.ar//ddj/data-driven-investigative-journalism/argentina-senate-expenses/。

个统计模型计算值代替缺失值;三是将有缺失值的记录删除,但该方法对样本准确性存在一定的影响。

第二种,数据记录重复。主要表现为数据行或数据值重复。数据重复记录会影响归类结果,对后期的数据分析和阐释数据都有很大的影响。

第三种,数据记录错误。主要表现为人为错误记录信息。例如,2006年美国国会选举期间发现已经去世的选民依旧存在于登记表中,由此可知,在关于选民数量、选举投票率等数据的统计中都存在谬误。

第四种,数据不一致。主要表现为数据拼写不一致、顺序不一致、日期格式不一致等。

第五种,异常数据。指的是某个数据与其他数据相比特别大或特别小。假如在一项对教师月薪的研究中,大多数教师的月薪为1万元左右,那么某位教师的月工资是100万元,就可以认为是异常数据。异常数据可能是正确数据,也可能是错误数据。异常数据对分析整体而言意义不大,但对正确的异常数据展开分析也有可能会找到新颖的新闻角度,从而撰写出独家新闻。

去除"脏数据"的过程是一个反复的过程,包括检查数据一致性,处理缺失值、错误值、重复值等。在数据新闻生产中往往会有一半的时间花在这项工作上,使用合理的软件工具,可以提高工作效果与质量,目前的常用工具有 Excel、OpenRefine 和 Data Wrangle 等。

(三) 数据清洗的原则

面对纷乱、多维、海量的数据,找到"脏数据"并将其加工成"好数据"是个耗时长且需要特别细致和严谨的过程。遵循以下两大原则可以让数据清洗更为高效。

一是要遵循溯源原则。数据清洗是个反复多次的过程,为防止某个环节产生谬误,影响清洗效率,数据清洗中的每个环节要做到可以倒查追踪。因此,在数据清洗过程中要做到两点。一是要记录清洗过程。一些数据清洗软件具有记录的功能,例如,OpenRefine 导出项目时会自动记录清洗过程。

对于另外一些不具备数据清洗记录功能的软件,则要尽可能人工记录数据清洗的整个过程。二是要备份原文件,清洗工作尽量在备份文件上操作,以便出现问题时可以追根溯源。

二是要遵循核心原则。在数据清洗时要抓住重点。例如,要特别关注文本数据,而对文本数据则要特别关注空格、大小写和对齐方式等。

三、数据分析

数据本身是没有意义的,是数据分析让数据"说话"。数据分析是指用适当的统计分析方法对采集到的数据进行分析,以求最大化开发数据的功能,发挥数据的作用[①]。对于数据新闻而言,分析数据的核心要义是帮助我们将分散的个体、孤立的现象之间的共性挖掘出来,进而发现传统经验无法发现的新闻点和新闻故事。

(一)数据分析的四种类型

新闻生产中的数据分析按照其功能大致可以分为四种类型:描述型分析、诊断型分析、预测型分析和指导型分析。

1. 描述型分析

描述型分析是基础性数据分析,绝大多数数据新闻报道都使用描述型分析。在描述型分析中,数据被用来描述事件的某个局部特征或整体状况,主要用来回答"是什么"的问题。常用的描述型分析方法有对比分析法、平均分析法和交叉分析等。财新网的数据新闻《三公消费龙虎榜》,通过呈现各个部门的三公消费情况得出一些汇总和对比性结论,属于典型的描述型分析。

2. 诊断型分析

诊断型分析是在描述型数据的基础上分析出现问题的核心原因。诊断型分析侧重于验证已有假设的真伪或发掘事物间的关联,其中的数据主要

[①] 张文霖等:《谁说菜鸟不会数据分析(入门篇)》,电子工业出版社2013年版,第15页。

回答"为什么"的问题。2015年《华盛顿邮报》制作的《致命枪击》以从全国警察局和相关公共机构采集到的数据为基础,对全年发生的965起针对公民的警察致命枪击案件进行全方位、多维度的调查分析,得出多个有说服力的结论,如有色人种比白人更易遭到警方枪击等[①]。

3. 预测型分析

顾名思义,预测型分析主要的目的是进行预测。一个事件未来发生的可能性有多大或者一个事件预计在什么时间点发生,这些都可以通过预测性分析得出一定的结论。这类分析主要回答"将要发生什么"的问题。2014年高考前,百度大数据为考生预测当年高考作文的六大命题方向。高考结束后发现,百度高考作文预测命中了全国18卷中12卷的方向,此次预测的成功主要依靠百度大数据的挖掘和百度大脑的智能分析。谷歌公司曾把5 000万条美国人最频繁的检索词条和美国在季节性流感期间的数据进行比较,成功实现了对流感的预测,其预测结果与官方数据的相关性高达97%,而且预测非常及时,比传统的预测方式还要早一到两周。

4. 指导型分析

指导型分析是基于"发生了什么""为什么会发生"以及一系列"可能发生什么"的分析后提出建议的一种分析。2011年,BBC广播公司曾根据2012年政府的财政预算,联合毕马威会计师事务所制作了一个预算计算器,用户只需要输入一些日常信息,如购买多少啤酒、汽油等,就能算出在新财政预算下需要支付的税费金额和对明年生活会不会更好等问题的解答[②]。

在数据新闻生产实践中,上述四种类型的数据分析应用并不是孤立使用的,而是根据实际需要进行不同的组合使用。

(二) 数据分析常有工具

数据分析的工具繁多,各有优缺点。例如,Excel简单易学,是快速分析

---

① 辜晓静:《大数据新闻的西方媒体实践》,《新闻与写作》2017年第12期。
② 陈力丹等:《大数据与新闻报道》,《新闻记者》2015年第2期。

数据的理想工具,缺点是其分析的样本量有限;SPSS 统计功能强大,适合社会科学问题的统计分析;SAS 则适用于对大样本展开分析,但需要掌握编程技术。

(三) 数据分析要为新闻故事服务

1. 在数据分析中发现新闻故事

数据新闻报道中的数据分析是实现由数据到新闻信息的关键一步,其目的是挖掘出新的内容和意义,从数据中发现故事。数据新闻的数据分析是以新闻价值为指导的分析,没有新闻敏感性的数据分析呈现出的只能是分析报告。一般来说,为了从数据分析中发现新闻故事,常常使用以下四大方法[①]。

(1) 验证假设。在数据分析之前,面对抽象的数据,有经验的记者根据其数据素养和新闻素养,往往会形成对故事的猜想和假设。这些假设往往引导记者有侧重地进行数据分析,对假设加以验证或推翻。在这个过程中,一方面要避免因事先假设而形成的偏见和对数据的误读,陷入"数据证实性偏见"陷阱;另一方面应发挥想象力,大胆假设,在证实或证伪的基础上得出故事。

(2) 数据对比。单一孤立的数据缺乏价值,只有在数据间建立逻辑关系才能产生意义并找到故事。其中,展开数据对比就是一个很好的方法。举例来说,法国记者让·阿比亚特西(Jean Abbiateci)的作品《"傻瓜"的艺术品市场》获得了 2013 年度全球数据新闻奖的数据驱动叙事奖。这篇作品是为关注艺术品市场的业内外人士做的一篇知识性报道。创作者在用数据发现故事时巧妙地运用了数据对比的方式。报道对 320 件艺术作品的信息进行梳理,发现 320 件艺术品中只有一件是女艺术家的作品,这当中的性别对比反差强烈。由此,记者通过对比找到了故事:艺术是男性主导的行业。

(3) 趋势分析。菲利普·梅耶在《精确新闻学——记者应掌握的社会科

---

① 王武彬:《如何用数据新闻讲一个好故事》,《新闻与写作》2014 年第 4 期。

学研究方法》(Precision Journalism：A Reporter's Introduction to Social Methods)一书中指出,只有变化的数据才有意义。很多新闻事件发生之后,记者的第一反应就是想知道与事件相关的历史数据,通过关联过去与现在的数据,来告诉读者当下发生的事件具有什么样的意义以及未来可能会出现什么样的发展趋势。从本质上来说,趋势分析就是通过寻找时间轴上的数据关联以发现数据变化规律,进而找到新闻故事。

数据新闻奖于2015年设置了一类新的奖项——专题预测报道。该奖项的首个获奖作品是《二氧化碳的过去、现在与未来》[1],它报道并预测了从1860年到2200年全球二氧化碳排放的相关情况和问题。报道通过对世界前20名的国家的化石燃烧使用和排放、水泥制造、森林砍伐以及土地利用等数据展开趋势分析,对之后每年全球碳排放的具体数量进行了预测,并得出油气资源将在2033年全部耗尽的结论。该报道选题契合了当下人们对环境主题的关注,既有数据支撑,又有新闻价值,是典型的通过趋势分析发现新闻故事的成功案例。

(4)关注异常值。异常值的出现往往就意味着新闻点。异常值既包括最大、最小之类的极值,也包括不应该出现在数据库中的数据。在财务审计中强调从异常中发现问题,同样,数据新闻也往往能从异常中寻找到新闻点。对于一些调查类的数据新闻来说,找出数据中的异常值,并以此为切入点挖掘异常值背后的原因,往往能创作一个新颖的新闻报道。例如,美国加利福尼亚观察网的一篇新闻报道了一家医疗连锁机构存在利用联邦医疗保险项目套取超额利润的严重问题,记者就是通过大数据分析发现了异常值:该医院中老年人恶性营养不良的发病率是加州所有医院平均水平的70倍[2]。

---

[1] 参见《二氧化碳的过去、现在和未来》,World Resources Institute,2014年12月1日,http://www.wri.org/blog/2014/11/past-present-and-future-carbon-emissions,最后浏览日期:2019年4月10日。
[2] 赵晓辉:《从数据新闻实践看新闻本质功能与应用趋势》,《中国报业》2015年第12期(上)。

2. 避免数据分析简单化，凸显数据新闻品质

数据新闻的本质，是通过大数据分析挖掘出传统新闻生产所无法获取的信息，从而凸显出数据新闻的品格与个性。从这个角度来说，数据新闻的价值体现在对数据分析的要求上，即防止数据处理简单化。

数据处理简单化通常表现为两种情况。第一种是"假"处理，即对数据不作任何处理，仅罗列数据。在当前的一些所谓的数据新闻里，存在将数据新闻等同于数字新闻或者将数据新闻理解为"图解新闻"的现象，这样的数据新闻将配图删除后，文字依旧可以将内容表达清楚，这类新闻实际上就是将文字报道做成漂亮的图形而已，在本质上与传统新闻没有区别。第二种情况是数据处理方法简单，如仅采用总量计算、百分比计算、均值计算等，对数据资源的开发利用不够。保罗·布拉德肖在提到数据新闻的倒金字塔结构时指出，第四个阶段"数据的结合"对于数据新闻至关重要，而"数据的结合"实际上就是通过对数据进行深入分析来挖掘数据背后的新闻故事。

3. 数据分析有"陷阱"，谨防出现"假新闻"

数据分析能帮助我们发现好的新闻故事，但数据分析中也有"陷阱"，数据处理不当便会得出错误结论，生产出"假新闻"。常见的数据分析"陷阱"有虚假相关、统计模型不恰当、数据证实性偏见等。

(1) 虚假相关。数据变量关系存在多种类型和形式，其中最常见的数据关系是相关关系和因果关系。把握数据间的相关关系是找到新闻故事的好方法。但是，在数据处理过程中常常会遇到"虚假相关"的情况。例如，冰激凌的销量和游泳溺水人数成正比的数据，并不能说明冰激凌销量的增加会导致更多人溺水，两者之间并不存在因果关系。类似的个案非常丰富，美国新闻聚合网站嗡嗡喂(Buzzfeed)的数据科学管理员哈林(Ky Harlin)用图表表达了这个世界上某些事物间匪夷所思的相关性，例如巧克力销售上升和谋杀之间呈正相关关系、有机食品和孤独症患者数量呈正相关关系[1]，但这并

---

[1] 参见陈力丹、李熠祺、娜佳：《大数据与新闻报道》，《新闻记者》2015 年第 2 期。

不意味着上述变量之间有因果关系。

（2）统计模型不恰当。不恰当的统计分析模型也会影响数据分析的结果。面对相同的数据，采用不同的统计模型会产生截然不同的结果。例如，在2016年的美国大选中，各家媒体和预测机构都在民调基础上进行数据分析，开发统计分析模型来预测大选结果。面对同样的民调数据，普林斯顿大学统计学教授王声宏（Sam Wang）用他开发的模型得出的预测结果是：希拉里有99%的概率获胜；擅长选举预测的纳特·西尔弗（Nate Silver）和他的538网站，用其开发的模型得出的预测结果是：希拉里有71%的概率获胜[1]。

（3）数据证实性偏见（confirmation bias）。这是一种经典的心理误导途径。数据分析人员本应处于客观的角度进行分析，对所有数据一视同仁。但在这种心理干预下，分析人员事先存在某种假设或观点时，他们便会快速地从数据中寻找可证实该假设的证据，"用数据来配合假设"，从而忽视那些可能推翻原本观点的信息。当数据分析人员依照该思路进行分析时，如果事先的假设是错误的，那么这种偏见会将数据分析引入歧路，导致数据分析陷入证实性偏见之中。

上述常见的数据分析陷阱都是分析人员经常遇到的。他们并非是在主观上故意制造数据"谎言"，而是技术与人的天生缺陷使然。这也说明了客观、准确地进行数据分析并不容易。

第五节　数据新闻可视化及解读

在数据新闻生产过程中，完成数据处理后，要将数据处理的结果进行可视化呈现，并运用文字等形式对数据进行解读。数据可视化和数据解读的

---

[1] 王琼、苏宏元：《中国数据新闻发展报告（2016—2017）》，社会科学文献出版社2018年版，第266页。

目的是将晦涩难懂的数据转化为简明直观的图表和文字,两者相辅相成,缺一不可。

一、数据可视化

数据可视化是将抽象、复杂的数据与分析结果进行直观展现的过程。数据可视化不仅是一种工具,更是一种媒介,用以探索、展示与表达数据含义[①]。从传播层面来理解数据可视化,有两个层次。一是展示。图像往往比文字和数字更加直观,数据可视化将繁琐的数字转化为图像,有助于加强读者的理解。与此同时,出色的数据可视化往往十分美观,具有一定的艺术性和趣味性,这也能吸引读者的兴趣,提升传递数据信息的效率。二是表达。数据可视化不仅是透明的工具,还是一种传递编辑部理念的话语方式,通过各种可视化手段的拼贴和设计,媒体不仅让受众看懂了新闻故事,还在其中传递了情感、理念和观点。

(一)数据可视化的功能

1. 整合时空内容

相较于传统的文字和图片,数据可视化可以容纳更大的数据量,因此可以将不同时间和不同地点的时空内容高度整合并清晰呈现。例如,2014 年西非埃博拉病毒暴发,《卫报》的报道《埃博拉暴发:从 1976 到 2014》结合历史数据呈现了埃博拉病毒在 1976 年到 2014 年的历次暴发是如何影响全球的。

2. 交互设计,实现个性化传播

传统的新闻叙事文本千人一面,交互设计则可以实现个性化的传播。基于交互设计的数据可视化可以让读者根据自己的喜好选择阅读的内容。采用交互设计的数据可视化往往会根据新闻价值对数据进行归纳和分析,并将

---

① [美]邱南森:《数据之美:一本书学会可视化设计》,张伸译,中国人民大学出版社 2014 年版,第 44 页。

数据处理的结果通过一个直观、形象的界面呈现出来,读者可以根据自己的喜好选择了解某一部分的数据。交互可视化强化了新闻接近性的特征,按照个人心理、所在地域和实际信息需要等,为用户提供有针对性的信息。

3. 帮助挖掘数据关系,理解深层含义

用可视化方式呈现数据的过程不仅展示了数据信息,同时也全方位、多角度地展示了不同数据之间的价值关系。数据可视化帮助受众寻找新的认知视角,从而探索和挖掘数据本身的价值和其背后的意义。通过数据可视化对数据关系的挖掘和呈现,有助于推动数据新闻向深度报道的转变,这也是互联网时代数据新闻的核心竞争力之所在。

(二) 常见的可视化图表

随着计算机处理技术和制图工具的发展,用以呈现数据的图表形式越来越丰富,但大多数图表形式都是从以下四种图表的基础上发展而来的。

1. 基本信息图表

基本信息图表是所有图表形式的基础,在传统新闻中也经常使用,主要用来直观地表达文字所无法表达清楚的内容。基本信息图表包括柱状图、折线图、饼状图、散点图等。其中,柱状图通过对比来表达数据之间的差异;折线图主要用以表达趋势;饼状图主要用以表达部分与整体之间的关系;散点图则用于表达变量的分布情况。

2. 数据地图

数据地图是指将地理数据添加在地图坐标中,以便清晰地呈现地理位置与地理数据之间的关联,是最具代表性的一种可视化类型。

2014年"两会"期间,"中青在线"推出可视化新闻《十面霾伏》[①]来呈现中国的雾霾问题。报道包括各省空气污染指数、各项指标对比、雾霾对比等。其中"各省空气污染指数"部分采用数据地图的形式来展示雾霾数据。

---

① 参见《十面霾伏》,中青在线,2014 年 3 月 3 日,http://news.cyol.com/static/wumai/wumai_map.htm,最后浏览日期:2019 年 3 月 12 日。

新闻的可视化设计具体包括两个核心部分。其一是颜色维度,制作者用颜色变量来对比各省雾霾程度,红色越深代表雾霾越严重。各省雾霾情况在数据地图上一目了然。其二是当鼠标悬停在不同的省份时,会出现蓝色图例介绍各个省的 PM2.5 年均值。作品通过一幅地图,整合多维数据,将各省空气雾霾情况宏观地呈现出来,清晰且直观。

3. 时间轴

时间轴是以时间顺序呈现某个事件或某种社会现象发展情况的可视化类型。一般来说,时间轴常常运用于以下两种情况:一是面向过去,以时间顺序整合事件,清晰有序地呈现事件;二是面向未来,以时间线揭示事物发展过程,展示事件未来的可能趋势。

时间轴也常与数据地图结合使用。例如,《卫报》的报道《埃博拉暴发:从 1976 到 2014》就通过时间轴和数据地图相结合的方式来呈现不同年份埃博拉暴发的情况以及产生的影响。

6 月 20 日是世界难民日。2017 年当天,澎湃新闻"美数课"推出数据新闻《难民涌向何方? 90% 由发展中国家接收》[①]。报道中的一部分呈现了叙利亚难民的流向。自 2011 年叙利亚爆发内乱以来,持续不断的武装冲突促使超过 500 万叙利亚民众逃离家乡,沦为难民。这些难民流向何方? 一方面通过数据地图展示了接受叙利亚难民的相关国家;另一方面通过动态可视化呈现了从 2011 年到 2014 年相关国家接受难民的变化。通过数据可视化呈现的时空内容,报道完整地展现了在 2012 年至 2014 年的叙利亚难民流动潮中,难民更多流向了土耳其、约旦、黎巴嫩、伊拉克等周边国家,涌向欧洲的难民实为少数。

4. 社会网络关系图

社会网络关系图可以清晰地呈现各个节点之间的复杂关系,帮助人

---

① 参见张轩婷:《难民涌向何方? 90% 由发展中国家接收》,澎湃新闻,2017 年 6 月 20 日,https://www.thepaper.cn/newsDetail_forward_1713537,最后浏览日期:2019 年 4 月 10 日。

们了解新闻事件和新闻人物间盘根错节的联系,展现现实生活中人与人、人与团体、团体与团体、国家与国家等之间的复杂关系。而受限于技术,传统新闻一般很少涉及社会网络关系报道,即使涉及往往也很难通过几段文字、几张图片或几个视频来表达清楚。因此,传统新闻一般多关注事件的核心部分,较少关注边缘部分;较多关注主要矛盾,较少关注次要矛盾。

例如,财新网制作的数据新闻《周永康的人与财》就采用了社会网络关系图作为可视化的核心。报道以周永康和其直系亲属、下属、家族下企业以及相关企业为内容,构建了一张关系丰富且脉络清晰的人物关系图。

(三)数据新闻可视化流程

简单理解可视化过程就是用各种各样的图形来表达数据信息的过程。一般来说,数据新闻的可视化制作流程包括以下三个环节。

1. 观察理解数据

无论是选择简单的图表,还是绘制复杂的图形,首先要对数据进行观察,依据数据的类型量体裁衣,匹配相应的可视化方式。在实际操作中,围绕一个主题的数据类型往往是复杂多样的,这就要求在数据可视化的过程中对不同数据类型加以区分,同时也要理解数据间的逻辑关系。

2. 明确交互目标

交互设计能够加强数据新闻的参与性,并且便于读者更加迅速地找到感兴趣的新闻信息,但与此同时,不恰当的交互设计也有可能使数据新闻过于复杂,埋没新闻最核心的新闻价值,产生画蛇添足的效果。

是否要在数据可视化中加入交互设计,主要取决于不同数据新闻的数据规模和数据新闻想要实现的目标。一般来说,数据规模大的数据新闻往往需要加入交互设计,这样可以使受众快速查阅其感兴趣的数据内容。还有一些数据新闻侧重于对数据背后的现象成因的分析以及意义的挖掘,面对这样的新闻,读者必须要在编辑的引导下才能读懂数据背后更深层次的内容,因此就可以以编辑的解读作为数据新闻的核心。

3. 挑选呈现方式

数据可视化的呈现方式主要可以分为静态与动态两个类型。静态可视化是静止的可视化图形，由静态的视觉要素构成；而动态可视化则由动态的视觉要素构成。例如，动画是典型的动态可视化。常见动画主要有两类，一类为动画效果，如淡入淡出、移动等；另一类为情节动画，即通过制作视听片段来呈现新闻内容，此类动画多通过专业的动画软件制作而成。

对于设计者来说，选择何种呈现方式主要取决于数据的构成和可视化的目标。例如，若数据之间的关系简洁明确，则可以使用静态数据；数据容量较大或数据层次较多的情况下，则比较适合采用动态的可视化方式。

（四）评估数据可视化：信息传递与视觉美感的平衡

评估数据可视化的好坏主要可以从内容和形式两个层面展开。

1. 内容层面

内容层面的主要要求是准确和高效。准确指的是对数据分析结果的呈现要精确无误，这是可视化的基础；高效指的是要尽可能地把抽象、枯燥和复杂的数据信息转化成具象、生动和简单的信息图表，并且通过可视化突出重点信息，消除与主题无关的信息或弱化主题的"噪音"，这也是可视化的优势和意义所在。

2. 形式层面

形式层面的主要要求是新颖和美观，这也是可视化的魅力所在。其中，新颖指的是通过耳目一新的可视化表达方式，激发读者阅读数据新闻的兴趣；美感指的是可视化设计要符合人们的审美要求，所采用的风格、样式及表现形式要与人的认知相协调，从而带来视觉体验上的愉悦。

数据可视化的最终目标是要达到内容与形式相统一，信息传递与审美愉悦相平衡，带给受众获取信息与享受艺术的双重体验。

2013年11月14日，财新网制作了可视化作品《星空彩绘诺贝尔》（图3-6）。整个作品分为三个部分：百年诺奖、关于诺奖、诺奖之最。作品最主要的是第一部分。其结构是以时间为导向,分别展示诺贝尔奖各年份、各奖项获奖比例、该年各国各奖项获奖比例、该年各国获奖人的年龄等。作品被设计为可视化散点图,美观、实用、高效。具体来说,这样设计有三点考虑:一是百年诺贝尔奖得主数据量大,设计成散点图在结构上实用、直观、简洁;二是整个布局设计成圆形散点图,突破了传统的横向和纵向的散点图设计,给受众带来耳目一新的感觉,激发受众的阅读兴趣;三是针对获奖年龄、国家和奖项三个主要类别,分别设计了三种视觉通道,受众可以选择自己喜欢的内容,高效抵达核心信息。这一作品准确清晰地传递了信息,在可视化形式上的创新也给受众带来美的享受。

图 3-6 《星空彩绘诺贝尔》报道中的数据呈现①

---

① 参见《星空彩绘诺贝尔》,财新网,2013 年 11 月 14 日,http://datanews.caixin.com/2013/nobel/,最后浏览日期:2019 年 4 月 10 日。

二、解读数据：和数据一起讲好故事

数据新闻首先是新闻，数据是为新闻服务的。对数据分析的结果，既要进行可视化呈现，同时也要进行必要的解读。要知道，数据分析仅适用于量化领域，但并非一切现实都可以被量化。纳特·西尔弗在《信号与噪声》(*The Signal and the Noise：Why Most Predictions Fail but Some Don't*)一书中不断强调：仅仅依靠数据挖掘是不够的，人的经验和决策是无法被替代的[①]。也就是说，新闻从业人员还要对数据分析结果加以质性分析，进行解读。

数据分析揭示相关关系，却不能解释因果关系；大数据帮我们预测未来，却很少提供解决方案；结构化数据可以提供事物的一般规律，却缺少新闻温度。而在数据分析基础上的数据解读有助于我们探知现象背后的原因、控制未知风险以及了解有温度的新闻故事。

（一）解读数据的功能

1. 实现从现象到原因的进阶

通常情况下，数据能告诉读者"是什么"，却很难告诉读者"为什么"。对数据背后成因的解读，涉及人与人之间的相互关系，政治、经济、文化等各种宏观因素，以及现状与过去、未来之间的继承和发展关系等。上述这些内容都很难仅通过数据来呈现[②]。然而，数据的这一短板恰恰是记者的强项。记者可以根据新闻敏感性、个人知识储备和社会阅历对数据进行综合分析和判断，在数据分析的基础上，对事件进行解读，弥补数据在挖掘深层次原因和讲故事方面的先天不足。

例如，彭博新闻社 2012 年 11 月 2 日的"今日图表"(Chart of the Day)栏目对过去十年上海证券交易所的股票数据进行了分析，记者将目光聚焦于贵州茅台酒业的股票交易表现上。数据分析结果显示，茅台酒业股票十年间涨幅高达 3 451%，市值从不到 10 亿美元飙涨到 410 亿美元，成为全球第

[①] 转引自刘文燕：《统计分析方法在数据新闻中的应用研究——以 Rive Thirty Eight 网站数据新闻作品为例》，华中科技大学 2016 年新闻学专业硕士学位论文，第 45 页。
[②] 丁柏铨：《数据新闻：价值与局限》，《编辑之友》2014 年第 7 期。

二大制酒公司。如何对这一数据进行解读和引申,这就需要依靠记者的新闻敏感及其对中国经济和社会发展状况的掌控与解析能力。彭博新闻社据此解读:2002年以来,中国经济的高速发展培育了一个富裕阶层,刺激了对茅台酒等奢侈品的消费需求,茅台酒业股票业绩正是这一变化的观测指标①。

2. 为预测结果提供建议,指导受众决策

基于数据预测某事件在未来发生的概率也是数据新闻常常涉及的内容。但是,数据可以通过预测告诉读者"未来会怎么样",却无法建议读者面对这样的情况应该"怎么办"。这就需要记者针对数据预测的结果,结合社会中的各个要素展开分析,给读者一些解决方案和建议。

每逢美国大选年,各家媒体与机构都会对大选结果进行预测。美国大选报道的模式主要有二:一是赛马框架,二是政策框架。其中,赛马框架关注的是候选人之间的名次竞争,并不关注候选人主张的政策内容;政策框架关注的则是候选人的政策主张,预测其上任后施政的具体走向,讨论其政策可能会对美国社会产生的影响。很显然,政策框架的预测报道仅有数据分析是不够的,还需要记者对候选人的政策进行解读,以让选民更好地了解候选人的政策取向。

3. 整体与个体结合,讲述有温度的新闻

数据往往擅长展现整体的、普遍性的情况,但对个性化的展现并不擅长。单纯的数据统计分析并不能讲好故事,数据新闻的一大弱点就是细节与场景的缺失,而这恰恰是记者的长处。正如有学者指出的,"一个苏俄士兵的死是个悲剧,一百万个苏俄士兵的死是个统计数据"②。记者可以通过对新闻当事人的深入采访获取丰富生动的故事素材、细节和场景。在新闻

---

① 王强:《"总体样本"与"个体故事":数据新闻的叙述策略》,《编辑之友》2015年第9期。
② [美]仙托·艾英戈、唐纳德·R.金德:《至关重要的新闻:电视与美国民意》,刘海龙译,新华出版社2004年版,第49页。

报道中通过生动细腻的文字,加之相关细节与场景的数据,可以让新闻故事变得更加生动,也更有温度。

与此同时,记者的解读还可以对数据分析的结果进行"语境化"处理,从而使新闻报道更具感染力。数据的"语境化"处理指的是将数据与其所在的特定叙事空间或情景勾连起来,把新闻人物与数据矩阵结合起来,用这种方式讲述新闻故事。例如,英国《卫报》网站推出的数据新闻《伊拉克的一天》,聚焦于2006年10月17日伊拉克"致命的一天"。在这一天,战争日志记载有146人死亡。报道将当天发生的绑架、爆炸、交火等事件进行了全景展示,但整篇报道并没有到此结束,而是对数据新闻进行交互设计,把当天发生的每一个具体事件"镶嵌"在整个新闻报道中,读者可以在时间轴上选取某一个时间,点击进入查看每一起事件的战争日志,从而对战争带来的悲剧有更加深刻的理解。

(二)解读数据的核心:可视化与文字的组合

数据可视化生成的信息图表不仅呈现了数据分析的结果,还能协助受众解读数据表达的观点。但是图表可视化也有其弱点,比如,单个图表、图表与图表之间是平行关系,难以形成叙事逻辑,帮助受众深入理解可视化背后的新闻含义。仅仅有图表,没有文字解释,就会缺少叙事主干,影响读者阅读和理解新闻。因此,数据新闻对数据的解读,既需要直观、简洁的图表来呈现复杂、多元的数据,同时也要通过标题和正文的文字论述引导受众更好地理解数据。

2016年,新华网推出交互可视化报道《百年奥运项目全览:历届奥运会举办地及各项目成绩数据库》[①],展示了1896年到2016年奥运会中31个大项目的金牌分布情况。该篇报道在互动性与即时性上有很多亮点,但在新闻的数据解读上却存在引导性不足的问题。报道除了少量的图例以外,完

[①] 参见《百年奥运项目全览:历届奥运会举办地及各项目成绩数据库》,新华网,2019年6月,http://fms.news.cn/swf/2016_sjxw/olympic_0802/index.html,最后浏览日期:2019年4月10日。

全没有文字解释。也就是说它以一种完全开放的互动图像形式展示在读者面前,对新闻报道本身要传递什么样的信息,完全由受众自己解读。开放性的新闻文本为读者提供了很多可供选择的叙事线索,比如,对政治感兴趣的读者可能选择"哪个大洲或国家举办奥运次数最多"这样的线索,或可读出地缘政治与世界的不平等;对社会学感兴趣的读者可能选择研究奥运男女项目发展的线索,或可读出社会性别角色态度的转变与固化;对历史感兴趣的读者可能关注数据图中高亮的红色部分,结合历史判断为何该届奥运会被取消。这样的数据新闻报道开放性有余,但引导性不足,对于媒介素养较弱的读者来说,很有可能在这样的报道面前束手无策,无法理解报道所要表达的内容[1]。

  文字具有阐释意义、传递情感等功能,可以帮助受众更好地获取新闻事实。尤其是对于那些报道对象指涉范围广、时间跨度长、数据关系多的新闻,记者应当在可视化内容的基础上厘清数据关系,并合理阐释其新闻意义[2]。在可视化内容与文字内容的组合方式上,《卫报》和《纽约时报》的大部分数据新闻以文字报道为主体,将数据可视化内容穿插其中。特别是在《纽约时报》的一些报道中,可视化内容不直接显示,读者通过文字解读部分就能够对新闻报道的内容指向有清晰的了解,如果想要进一步理解新闻报道,则可以点击链接阅读数据可视化部分的内容[3]。

  2017年7月,国际移民组织发布的一份报告指出,通过对2010年至2015年期间全球各地居民移民意愿的分析,全球约有2 300万人正在积极准备移民国外。财新网以此消息为由头,设计推出了数据新闻作品《移民去远方》。作品用交互式可视化信息图,对全球200多个国家和地区的移民数

---

[1] 战迪:《新闻可视化生产的叙事类型考察——基于对新浪网和新华网可视化报道的分析》,《新闻大学》2018年第1期。
[2] 常昕、杨立桐:《数据新闻的语态沿革及其传播要素——以新华、财新、网易三家为聚焦》,《中国编辑》2018年第1期。
[3] 黄雅兰、仇筠茜:《信息告知还是视觉吸引?——对中外四个数据新闻栏目可视化的比较研究》,《新闻大学》2018年第1期。

据、走向以及移民政策进行呈现。但是如果只有信息图,受众可能很难在短时间内解读世界范围内移民的流向规律,更不易从数据中获知移民行为的原因和背景。因此,记者在页面右侧 1/3 处配了一篇文字报道,主要交代了地区冲突、人口老龄化、工作机会等原因与移民现象的密切关系,并且还介绍了中国香港和德国、英国等主要移民目的地的移民现状等。文字报道帮助读者解读数据背后的原因和背景,让数据与人的关系产生了更为紧密的勾连。

图 3-7 《移民去远方》的截图[1]

---

[1] 参见财新网《移民去远方》,http://datanews.caixin.com/interactive/2017/yimin/。

第四章 短视频新闻

短视频是互联网发展过程中出现的一种全新的新闻发布形式。近年来,短视频新闻迅速崛起,极有可能在未来成为最主要的新闻发布形式之一。

第一节 短视频新闻概述

一、短视频新闻的产生背景

伴随着互联网移动化、社交化、视频化的发展趋势,短视频新闻已经成为当下新闻发布的一种重要方式。短视频新闻的产生和发展与当前中国互联网新生态之间有着密切的关系。具体而言,主要包括以下四个方面的因素。

（一）移动端蓬勃发展,手机看新闻成为用户日常习惯

智能手机的普及培养了一大批手机网民。根据 CNNIC（中国互联网络信息中心）2019 年 2 月发布的第 43 次《中国互联网络发展状况统计报告》的统计数据,截至 2018 年 12 月,我国网民规模达 8.29 亿,手机网民规模达 8.17

亿,网民通过手机接入互联网的比例高达 98.6%[①]。手机网络的普及催生了各类新闻应用,并培养了网民随时随地获取新闻资讯的习惯。从早期的手机报到今天的各类新闻客户端,移动新闻在中国已经形成了一个规模庞大的消费市场。

（二）手机上网增速降费

为了提升用户使用移动互联网的体验,全球各个国家都把提高网速当作网络基础设施建设的重点。在移动网络方面,经过多次技术升级,当前,4G 网络已经成为我国移动互联网的主干网络。4G 网络的理论传输速率可以达到 100M 每秒,在这一网络环境下,用户可以流畅地使用视频通话、视频直播、短视频等各种网络服务。当前,4G 的广泛运用将移动互联网带入了视频传播时代,视频通话、视频直播、视频游戏等在产品和技术上都得到了大规模的发展和应用。在这样的情况下,新闻资讯内容传播也开始朝着视频化的方向演进。与此同时,从 2015 年起,国务院多次出台政策,敦促各大移动运营商增速降费。稳定的网速和合理的资费大大降低了视频业务的门槛,短视频新闻产业正是在这种网络环境下发展起来的。相信伴随着 5G 时代的来临,短视频新闻的发展将迎来新的爆发点。

（三）短视频新闻符合当前碎片化的阅读场景

手机的便携性使人们可以充分利用一切碎片化的时间获取信息,无论是在上下班途中、工作间隙还是休憩时间,人们都可以随时打开手机获取资讯。短视频新闻短则几秒,长不超过 3~5 分钟就能讲清楚一个新闻,正好适合这种碎片化的信息获取方式。人们不需要腾出专门的时间来收看新闻,利用日常生活的间隙就可以轻松获取自己感兴趣的新闻资讯。

（四）短视频新闻符合新生代网民的媒介使用偏好

90 后、00 后一代一出生就置身于互联网时代,被喻为"互联网的原住

[①] CNNIC:《第 43 次中国互联网络发展状况统计报告》,中国互联网络信息中心,2019 年 2 月 28 日,http://www.cnnic.net.cn/hlwfzyj/hlwxzbg/hlwtjbg/201902/P020190318523029756345.pdf,最后浏览日期:2019 年 4 月 9 日。

民"。当下,第一批 90 后跨入而立之年,00 后也已经步入大学,他们是当前互联网的主力军。根据 CNNIC 的调查报告,截至 2018 年 12 月,20~29 岁年龄段的网民占比最高,达 26.8%;在网民的职业结构中,学生群体的占比最高,达到了 25.4%。由此可见新生代在互联网上的影响力。

与他们的父辈不同,新生代是喜欢通过多种方式直观地获得关于客观世界的感知的一代。短视频新闻直观而又生动的表达方式能让新生代产生强烈的代入感,同时也更符合他们在手机、ipad 等电子设备包围下的成长环境中习得的媒介使用习惯。根据 eMarketer 公司发布的最新研究报告,美国十几岁的年轻人正在逐渐离开 Facebook 改用 Instagram 和 Snapchat,其主要原因就是后两者可视化的传播方式更加符合年轻人的偏好①。

二、短视频新闻的发展历程

短视频新闻是在技术、资本、用户特性等多重力量的推动下逐渐发展起来的一种新闻形式。早期的互联网信息存储成本高、信息传输速度慢,所以新闻多以文字、图片为主要载体。随着网速的提高和存储成本的下降,网络视频新闻的数量越来越多、种类越来越丰富,短视频新闻就在这样的状况下应运而生了。

早在 PC 互联网时代,短视频新闻就已经存在,但当时的短视频新闻跟本章论述的短视频新闻有很大差异。2004 年开始,视频网站在中国兴起,乐视网、我乐(56)网、土豆网、优酷网等视频网站纷纷亮相。同时,新浪、搜狐、网易等门户网站也相继推出各自的视频频道。为了以低成本获得丰富的视频内容,各网站纷纷出台措施,鼓励网民上传自制的视频内容。一些反映网民日常见闻的自制视频具备一定的新闻性,因此可以把这一时期看成短视频新闻发展的萌芽期。总体上看,PC 互联网时代的短视频新闻有以下几个

---

① Recode 中文站:《美国年轻人逃离 Facebook 改用 Instagram》,腾讯网,2017 年 8 月 22 日,http://tech.qq.com/a/20170822/022172.htm,最后浏览日期:2019 年 4 月 9 日。

特点：首先，作品长度参差不齐，有的作品只有几秒，有的则长达几十分钟；其次，网站只负责提供存储和播放视频的功能，并不承担内容编辑和把关的责任，这使得网站上的视频内容五花八门，良莠不齐，整体水平有待提高；最后，在视频内容的消费方式上，这一时期的短视频主要靠固定网络 PC 端传输，通过电脑播放，移动性不强。

萌芽期的短视频新闻已经具备了短视频新闻的一些基本特点，比如 UGC(user generated content，即用户原创内容)的生产方式、新闻内容中较多反映日常生活的题材等。其中，一些作品内容紧贴社会现实，常常能引起观众的巨大共鸣。比如 2008 年，拍客王青在上海外滩发现一位老年乞丐虽然在乞讨，却把自己整理得干干净净。王青深受感动，于是就把老人的举动拍下来，然后把作品传到了网上。这一题为《八旬老人无人赡养靠乞讨为生》[1]的短视频新闻在网上传播后，仅仅一晚上就收获了十万多点击量，受到激励的王青从此成了一个职业拍客[2]。在一些重大事件的报道中，拍客的镜头同样发挥了重要作用。比如，2008 年汶川大地震发生后的几分钟，就有网友上传了地震现场的视频，触目惊心的灾难现场迅速引发了全国的关注。还有一些拍客将镜头对准草根阶层，记录他们的言行举止，反映他们的酸甜苦辣。一些作品往往能获得极高的关注，作品的主角也会借此一夜爆红，"旭日阳刚""西单女孩"等所谓的"草根网红"就是其中的典型代表。

到了移动互联网时代，智能手机的普及催生了大量的社交应用，新浪微博就是其中之一。早期的微博内容以文字和图片为主，随着 4G 网络的普及，短视频成为微博上的一种主流表达方式。2013 年 7 月，新浪投资短视频应用"秒拍视频"，开始发力短视频市场。为了推广这款应用，新浪微博将

---

[1] 糟糠宝宝：《[拍客]八旬老人无人赡养靠乞讨为生》，优酷网，2008 年 1 月 12 日，https://v.youku.com/v_show/id_XMTU5OTMwOTI=.html?spm=a2h0k.11417342.soresults.dtitle，最后浏览日期：2019 年 4 月 9 日。
[2] 《解放日报》：《用最简单设备拍出最火视频 资深拍客分享经验》，转引自中国经济网，2012 年 6 月 5 日，http://www.ce.cn/culture/gd/201206/05/t20120605_23380861.shtml，最后浏览日期：2019 年 4 月 9 日。

"秒拍"定为其平台唯一的视频内容发布工具。此后,许多微博用户开始利用"秒拍"在自己的账号上发布视频内容,新闻机构也开始尝试在其官方微博发布短视频新闻。通过秒拍,一方面是新闻机构开始了短视频新闻生产的尝试;另一方面,受众通过秒拍培养起了观看短视频的习惯,这也为短视频新闻进一步的发展奠定了良好的受众基础。

短视频新闻真正的快速发展期是在 2016 年。2016 年 9 月 11 日,《新京报》和腾讯联合创办的"我们视频"上线。2018 年 9 月,在短短两年后,"我们视频"已经建立了一支规模上百人的专业采编团队,每月生产短视频新闻的数量达到 2 500 条,单月总播放量达 45 亿次,其内容几乎覆盖了全部社会热点新闻[1]。除此之外,还有多家当前活跃在受众视野里的短视频新闻机构都创办于 2016 年。2016 年 11 月,由《东方早报》前社长邱兵创办的"梨视频"宣布上线,截至 2018 年 4 月,"梨视频"已经在前三轮融资活动中拿到华人文化、人民网、腾讯、百度等投资方共计约 14.5 亿人民币的投资。2016 年 10 月 23 日,广东南方周末经营有限公司、上海灿星文化传媒股份有限公司以及代表南方周末电视团队的小强填字传媒有限责任公司三方联合投资,宣布成立南瓜视业,致力于打造具有《南方周末》气质的短视频新闻产品[2]。

随着短视频新闻的发展,主流媒体也开始运用短视频新闻的形式来展开新闻报道。例如,在 2017 年"一带一路"国际合作高峰论坛期间,中央电视台推出了《习近平:传承丝绸之路》《"一带一路",北京再出发》《领航一带一路》等短视频新闻作品;《人民日报》推出 RAP《一带一路之歌》和微纪录片《我们的"一带一路"》等;新华社推出《大道之行》《你好,一带一路》系列、RAP《世界怎么了,我们怎么办》和说唱 MV《一带一路 世界合奏》(Let's go

---

[1] 陈浩洲、唐瑞峰:《专访新京报社"我们视频"团队:带动了报社转型》,新浪网,2018 年 9 月 20 日,https://t.cj.sina.com.cn/articles/view/2368187283/8d27ab9301900gdm9,最后浏览日期:2019 年 4 月 9 日。
[2] 南都全娱乐:《南方周末牵手灿星成立南瓜视业拍电视,这画风太酷炫了!》,南方网,2016 年 10 月 25 日,http://static.nfapp.southcn.com/content/201610/25/c158331.html,最后浏览日期:2019 年 4 月 9 日。

Belt and Road)等,这些内容得到网络热播和好评①。

总体而言,短视频新闻业在发展过程中呈现出以下两个突出特征:一方面,资本加快布局各种新闻资讯类短视频平台,纷纷抢滩行业制高点;另一方面,传统新闻媒体也试水短视频新闻内容市场,希望借此实现自身的互联网转型,提升传播力。随着越来越多的资本和机构的加入,短视频新闻影响力不断扩大、竞争日益加剧。

三、短视频新闻的发展特征

总体而言,当前短视频新闻的发展主要呈现出专业化、品牌化、多元化和智能化四大特征。

(一) 专业化

如前所述,在网络视频刚刚兴起的时候,56网、土豆网、优酷网等都鼓励用户上传自制视频,并以此来吸引用户点击,为网站赚取广告费。但网民自制视频的质量参差不齐,一些上传者为了吸引点击量更是随意截取正版作品的部分内容上传到网上。这种行为不但违法,而且不利于网络视频产业的长久发展。

对于短视频新闻来说,只有高质量的原创内容才是短视频新闻的核心竞争力。纵观当前短视频新闻行业,几乎所有有影响力的短视频新闻机构背后都有专业新闻机构的影子。比如,"我们视频"是《新京报》创办的短视频产品;"梨视频"新闻的创办者邱兵是一位资深的新闻人,在创办"梨视频"之前,他曾在《文汇报》工作13年,在《东方早报》工作12年,在澎湃新闻网工作2年,并且曾担任过东方早报社社长和澎湃新闻的CEO。可以说,正是在这些专业的新闻机构和资深新闻人的运作下,短视频新闻才能在短时间内迅速崛起,生产出大量具有社会影响力的新闻作品。

---

① 汪文斌:《以短见长——国内短视频发展现状及趋势分析》,《电视研究》2017年第5期。

（二）品牌化

互联网内容市场竞争激烈，短视频新闻机构要想获得长期稳定的发展，就不能仅满足于一两个爆款产品的打造，而应该根据用户需求和自身条件细分市场，明确自身产品定位，打造有持续影响力的品牌化栏目，以此来提高核心竞争力。

例如，《新京报》旗下的"动新闻"栏目，主要是利用动画技术来制作短视频新闻，展示或还原一些不能通过拍摄获得的新闻现场情景。"动新闻"栏目曾推出过多条富有影响力的动画短视频新闻。例如，2019年4月15日，法国巴黎圣母院发生火灾，塔楼顶尖被火苗吞噬、折断。火灾发生第二天，"动视频"就推出了短视频新闻《动画还原巴黎圣母院大火路径：火焰1分钟从阁楼窜上塔顶》[①]，短视频以3D动画的形式详细还原了巴黎圣母院塔楼构造、大火路径、火势发展过程、破坏程度、火灾救援情况等。同时，为了进一步增强新闻的现场感，新闻的结尾处将动画和现场实拍镜头剪辑在一起。这样制作出来的新闻既能使观众对整个火灾的发生过程有较为全面的了解，同时也能让他们对火灾现场的细节和场景有具体的感知，而不仅仅停留在"着火了"这样一个抽象的认识上。

品牌化栏目的成功运营有助于短视频新闻平台深耕某一细分领域，从而打造出独具特色的拳头产品。同时，在短视频新闻运作模式不断成熟的过程中，品牌化的短视频新闻运营模式还有利于提高新闻作品的生产效率和产品质量，增加用户对平台的黏性。

（三）多元化

短视频新闻发展的多元化至少包括短视频新闻生产机构的多元化、生产主体的多元化和传播平台的多元化这三个方面。

生产机构的多元化指的是当前的短视频新闻生产机构的由来各不相

[①]《动画还原巴黎圣母院大火路径：火焰1分钟从阁楼窜上塔顶》，新京报网，2019年4月16日，http://www.bjnews.com.cn/video/2019/04/16/568439.html，最后浏览日期：2019年4月18日。

同,其发展短视频新闻业务的缘由和目的也各不相同。生产机构具体可以分为三类。

一是传统媒体通过试水短视频新闻,推动自身转型。例如"我们视频"就是《新京报》利用短视频技术来实现自身新闻生产从传统报纸新闻到互联网新闻转型的成功案例。"我们视频"在2016年刚创立的时候只有几个人,目前已经成长为一个拥有100多名专业采编人员的著名短视频新闻品牌。除此之外,《浙江日报》和浙江在线整合旗下资源,推出专业短视频新闻品牌"浙视频";上海报业集团推出财经新媒体品牌"界面",创办"界面 Vnews"短视频;央视、新华社、《人民日报》等中央级媒体也都上线了各自的短视频新闻产品或品牌。这些短视频新闻品牌在进入市场后很快就取得了不俗的成绩。中央电视台旗下的"央视新闻"、上海电视台的"看看新闻"、上海报业旗下的"澎湃新闻"等生产的短视频新闻,播放量排在市场前列。可见,在互联网时代,专业的新闻机构依然具有较大的社会影响力。

二是一些原本就具有互联网基因的新闻机构也积极投身于短视频新闻的创作之中。比如"澎湃新闻"原本就是上海报业集团打造的一个直接面向互联网新闻生产的品牌,随着短视频新闻的兴起,"澎湃新闻"也上线了自己的短视频频道"澎湃视频"。

三是由资深媒体人自主创业的短视频新闻生产机构。例如,上文提及的"梨视频"的创办者邱兵就是一位资深的新闻老兵;著名记者王志安曾经是中央电视台的调查报道记者和评论员,2017年,王志安成为《新京报》的首席调查记者,并主持"我们视频"的人物专访栏目"局面"。在长期的新闻从业实践中,这些传统媒体的从业人员不但积累了丰富的行业知识和人脉,而且他们在传统媒体多年的工作中积累的新闻策划、新闻生产方面的丰富经验和个人能力,对他们参与短视频新闻创作具有重要的价值。而这些专业能力强的传统媒体工作者的加入,也对推动短视频新闻走向规模化和专业化具有重要的意义。

生产主体的多元化指的是短视频新闻的生产主体不仅包括专业新闻机

构的记者与编辑，普通网民也能够成为新闻的生产者。生产主体的多元化一个最大的好处就是拓展了新闻所反映的社会生活的广度，原本在传统媒体时代不会被报道，但实际上特别能够打动人心的日常生活事件，通过普通网民的镜头在短视频时代往往能成为网络爆款。

传播平台的多元化指的是短视频新闻往往会同时在多个平台上发布，这与电视新闻只在特定电视台播出的特点形成鲜明对比。在互联网环境下，平台与内容之间的强关联度被打破，许多短视频新闻的生产机构都会在手机客户端、微信、微博、抖音等多个平台上发布自己的短视频新闻作品，通过多元化的传播平台，借助社交媒体来提升作品的传播力和影响力。

（四）智能化

在人工智能和大数据技术飞速发展的今天，每个机构都希望利用智能技术来提高自己的竞争力。在新闻生产领域，一些实力较为雄厚的新闻机构已经推出自己的机器写作系统，比如近几年来，新华社、今日头条、第一财经、腾讯、百度等都已研发出写稿机器人，美联社已经在使用机器人编辑Wordsmith发布企业财报新闻。

上述的智能化浪潮同样也发生在短视频新闻生产领域。例如，在今天，无处不在的传感器、视频监控系统每天都在生产着海量素材，经过筛选加工后，其中一部分就可以变成短视频新闻产品。"我们视频"发布的很多短视频新闻，其素材就是由安装在城市街道中的监控摄像头提供的。

智能化同样也能介入短视频新闻机构对短视频新闻的后期处理过程。例如，"梨视频"的拍客团队每天都会上传大量的短视频素材，如果仅靠人工来处理这些素材，不但成本高，而且效率也有限。为了解决这个问题，"梨视频"与视频制作平台Wochit合作，探索短视频新闻后期制作的智能化技术。Wochit是总部位于美国纽约的一家公司开发的智能剪辑平台，它允许用户通过关键字调用媒体库中的视频素材，快速制作视频新闻。这种智能化的剪辑方式大大提高了短视频新闻的剪辑效率。人工智能技术还在智能配音、虚拟主持、2D转3D等方面发挥了作用。其中，新华社是这方面的积极实践者。2019年2月19日,新华社新媒体中心与搜狗公司联合发布了全球首个表情、肢体动作丰富多变的站立式AI合成主播。利用这一技术,用户只需要输入相应的文本,就能快速生成一条声音、形象及表情等与真人主播几乎没有差别的口播式短视频新闻。

除了上述应用领域外,人工智能技术在整个短视频新闻产业链都发挥着越来越重要的作用。在内容分发方面,利用大数据技术对用户画像进行分析,可以大幅提高短视频新闻投放的精准度;利用人工智能技术,还可以把视频内容结构化,从而将用户可能感兴趣的场景、物体与广告相关联[1]。2018年12月27日,新华社发布的"媒体大脑·MAGIC短视频智能生产平台"可谓是一个覆盖短视频新闻生产所有流程的集成化平台。这一平台集纳了多项人工智能技术,如自然语言处理、计算机视觉、音频语义理解等。平台上设置了多个智能模板,覆盖时政新闻、突发事件、体育赛事、时尚娱乐等多个场景和领域。平台能够对进入的媒体资源进行智能分析,自动识别具有较高新闻价值的事件,如火灾、地震等突发事件,帮助记者、编辑在报道中争分夺秒;在体育直播、金融等特定领域,平台从数据采集到视频发布,实现了数据可视化、数据视频化和视频自动化。世界杯期间,该平台上最快的一条有关进球的短视频,从进球到发布耗时仅6秒,整个平台日均产量可以达到1万条[2]。

第二节　短视频新闻生产概述

一、短视频新闻的生产原则

短视频新闻与传统视频新闻之间有同属于视频新闻的相似之处,同时

---

[1] AiChinaTech:《人工智能将成为广告行业的下一个未来》,搜狐网,2018年5月16日,http://www.sohu.com/a/231807746_179850,最后浏览日期:2019年4月18日。
[2] 新华社:《新华社推首个媒体大脑》,新华网,2018年12月28日,http://www.xinhuanet.com/zgjx/2018-12/28/c_137704048.htm,最后浏览日期:2019年4月18日。

也因为其播放平台、视频时长等的不同而具有独特之处。总体来说,短视频新闻的生产应该遵循以下三个方面的原则。

(一) 短小精悍

通常情况下,人们往往是在碎片化、移动式的环境下观看短视频新闻的。因此,对短视频新闻来说,起承转合不是它的强项,短小精悍才是它的魅力。一般来说,一则短视频新闻的平均时长大约为 60 秒左右。在当前的实践中,绝大多数短视频新闻的时长都在 30~90 秒的区间,这同时也是市场上较能被受众接受的短视频新闻时长;个别重大突发性事件,由于受众高度关注,新闻的时长稍长,受众也能接受。但总体说来,60 秒左右的时长对短视频新闻来说相对比较适宜。

"短"意味着高效和直观。短视频的这种技术特点决定了短视频新闻必须追求简洁明快的叙事风格,力争在最短的时间内将新闻事件的前因后果讲清楚,不铺排、不拖沓、不重复。同时,短视频在时长上有限制,这意味着必须在画面空间上做文章,在制作时要充分发挥画面的叙事功能,在保证画面语言清晰明了的同时,尽量传达更多的信息。

(二) 真实现场

真实是所有新闻的最基本要求,也是短视频新闻必须坚守的一个底线。对于视频新闻来说,活生生的新闻事件现场画面所带来的新闻魅力,是其他任何传播形式都不具备的。视频新闻真实、直观,事发现场的环境特点、人物关系、前因后果等所有的信息都会被记录并呈现出来。视频新闻还具有很强的冲击力和感染力,使新闻所呈现的内容不仅有深度,而且有温度。但上述一切都依赖于一个最基本的原则,那就是所有的新闻画面必须是在现场真实拍摄的,既不允许对新闻现场的干扰和摆拍,更不能容忍蓄意的导演和造假。

对于一些突发性新闻来说,事发现场的实拍画面能真实地记录事件的过程,准确地反映事件过程中的关键环节和细节,这种实拍现场画面带来的强烈震撼及社会影响往往是十分巨大的。比如,2018 年 8 月 28 日,"我们视频"发布了题为《宝马司机持刀追砍电动车主遭反杀》①的短视频新闻,这则视频新闻讲的是江苏昆山市街头一辆宝马轿车因强行变道与旁边一辆电动车发生剐蹭,双方争执时,宝马车内一名男子拿出刀,砍向骑车人,之后长刀不慎落地,骑车人捡起长刀反过来持刀追赶该男子,男子被砍伤倒在草丛中。这条新闻时长 1 分 39 秒,全部由现场监控和网民自拍素材剪辑而成。整个新闻画面忠实地记录了持刀男子先是追砍他人、刀不慎掉落被骑车人捡起,然后又被砍伤的全过程。新闻发布后立即在网上引发热议,并登上新浪微博头条,被央视、《北京青年报》等多家媒体相继跟进报道。这个短视频之所以能引起如此大的轰动,除了新闻中被杀害一方的行为触碰了社会正义的道德底线外,现场视频中他赤膊、文身、气势汹汹地手持长刀,这种霸道的姿态给网民内心带来的震撼也是相当剧烈的。

真实的现场画面不但能反映重大社会事件,也能呈现打动人心的生活细节。目前,有相当一部分短视频新闻就是通过记录生活中的小片段、小细节来呈现生活的美好,从而揭示真实而丰富的人性。例如,《广州日报》旗下的短视频栏目"广现场"在 2019 年春节期间发布了题为《大年二八还在公园收拾玻璃渣 这名环卫工的举动感动无数人》②的短视频新闻。整条新闻非常简单,只有一个固定镜头,拍的是寒风中一个身穿厚衣、头戴矿灯的环卫工人。正是这样的处理使视频的观看者有了一种很强的代入感,观众似乎不是在电脑前,而是就在现场,正站在环卫工不远处,看着他认真的动作和专注的神态,感受他的敬业精神。

(三)要素齐全

尽管我们强调短视频新闻要短小精悍,但是仍然不能忽略事件、地

---

① 我们视频:《实拍:宝马司机持刀追砍电动车主 刀没拿稳遭对方夺过反杀》,秒拍网,2018 年 8 月 28 日,http://n. miaopai. com/media/AADsl～JW13PqS2pCGjeS3AYwZEBhymVY,最后浏览日期:2019 年 4 月 18 日。
② "广现场":《年二八还在公园收拾玻璃碴 这名环卫工的举动感动无数人》,腾讯视频,2019 年 2 月 23 日,https://v. qq. com/x/page/s0835odcwng. html,最后浏览日期:2019 年 4 月 18 日。

点、人物等基本新闻要素。否则,缺失了上述基本的新闻要素,新闻的真实性就会遭到质疑,同时也会对受众理解新闻造成困难。在实际的新闻拍摄中,一些业余的拍客由于缺乏新闻专业训练,往往会把注意力集中到对现场画面的拍摄上,在这个过程中,很容易在短视频新闻里忽略新闻当事人的身份信息和事发现场的时间、地点等一些基本信息,以及一些现场无法直接发现但实际上与新闻事件具有重要关联的深度信息。因此,在对短视频新闻的生产者进行培训时,除了指导他们掌握基本的视频拍摄技术外,也应该注重培养他们的新闻素养,只有这样才能提高短视频新闻的质量。

二、短视频新闻的生产方式

从生产方式上讲,短视频新闻可以分为用户原创内容(UGC)、专业机构原创内容(PGC)以及用户与专业机构合作生产内容(UGC+PGC)三大类。这三种模式各有特点,在短视频新闻生产中都有广泛的应用。

(一)用户原创内容

在短视频新闻生产领域,UGC模式具有无可比拟的优势。其一,对于突发性新闻事件,UGC模式往往是现场一手画面的重要来源。例如,在对2005年7月的"伦敦地铁爆炸案"的报道中,BBC在新闻播报中使用了人们通过地下通道逃离现场时抓拍的照片,这也是BBC第一次使用不是自己拍摄的画面作为新闻镜头。其二,成千上万的网民利用自己的拍摄设备记录个人的所见所闻,每个人所拍摄的内容都间接表达了他的视角、观点和判断。因此,UGC模式有助于提供关于整个社会的多角度、多向量、多层级的立体式观察,提升短视频新闻内容的丰富性,向受众呈现更为丰富、多元的社会现实。其三,UGC模式生产出的内容通常更贴近网民的真实生活,从而很容易引起网民的共鸣。比如,2018年8月21日,新浪微博账号"@北京人不知道的北京事儿"转发了一条声称是微博用户"@用户56678394"(已注销)上传的一条长度为 83 秒的短视频①。视频中,一个青年男子很坦然地坐在本属于别人的座位上,找各种借口拒绝乘务长提出的让还座位要求。视频一经发布便被多家媒体转载,男子霸占别人座位的行为引起了网民的愤慨,纷纷发表评论谴责这种行为。事件还引发了主流媒体的关注。最后,霸座男子被罚款 200 元,并被纳入因严重失信行为而限制乘火车的名单。这表明,随着具有摄像功能的手机的普及,网民已经成为新闻内容生产的一支重要生力军,对新闻反映社会的广度和深度都产生了巨大的推动作用。

(二)专业机构原创内容

专业新闻机构深耕新闻生产领域多年,具备较强的选题策划能力和生产组织能力,它们生产的短视频新闻往往制作精良,并且在选题上侧重于重大主题报道等用户原创很难涉足的领域。例如,2018 年 3 月 6 日,在全国"两会"召开之际,《人民日报》推出动画短视频新闻《动画说修宪 入眼更入心》,以生动活泼的形式回顾了我国现行宪法的历史沿革,帮助观众了解历次宪法修订的主要内容和背景。这则新闻发布后不到 6 天时间,点击量就超过 500 万。2019 年 3 月,新华社以"建国 10 周年人民大会堂的落成"为题材,推出短视频新闻《人民的殿堂》②,这则新闻在上线一个月后点击量超过一个亿。

在社会民生类短视频新闻的采编和报道方面,专业新闻机构在新闻敏感性、新闻策划等方面同样展现了其深厚的功力。一个典型案例就是"我们视频"针对"浙江乐清顺风车司机杀人事件"所做的系列报道。2018 年 8 月 25 日凌晨,"我们视频"拍摄组负责人监控到该选题正在发酵,就安排记者通过电话采访了参与遗体搜救的救援队队长。当天上午 12 时许③就在

---

① "@北京人不知道的北京事儿":《拜托大家帮忙转发扩散!看看谁认识它?[衰]》,新浪微博,2018 年 8 月 21 日,http://t.cn/Rk6Y6gI,最后浏览日期:2019 年 4 月 18 日。
② 《人民的殿堂》,新华网,2019 年 3 月 13 日,http://www.xinhuanet.com/video/2019-03/13/c_1210080645.htm,最后浏览日期:2019 年 4 月 19 日。
③ "我们视频"的新浪微博账号"@新京报我们视频"上发布的视频报道最早在 2018 年 8 月 25 日 12 点 01 分,见新浪微博,https://weibo.com/6124642021/GwfQqkWFl?filter=hot&root_comment_id=0&type=comment(注:原报道已被删除)。

新京报网发布了长度约60秒的视频报道,这一反应速度甚至超过了不少浙江本地的媒体①。此后,"我们视频"持续跟进这一事件,连发多条视频报道,不但披露了更多的事实和细节,而且对滴滴顺风车在乘客安保方面存在的问题进行了深入调查。在整个报道过程中,"我们视频"表现出了很高的新闻业务素养。

(三)用户与专业机构合作生产内容

UGC和PGC各有优缺点。UGC模式的好处是内容丰富多元,生产成本低廉,有利于提高新闻的丰富性,但缺点是生产出来的短视频新闻质量参差不齐。而PGC模式则正好相反,虽然这一模式下生产的新闻作品质量较高,但是,专业团队运行的成本也较高,同时,对于一些突发事件,也无法总是能获得现场的一手资料。因此,采用UGC+PGC相结合的方式,既可以通过用户原创内容获得更加丰富、多元的报道主题,同时也能保证短视频新闻的质量,这也是当前比较主流的短视频新闻生产机构普遍采用的方式。

例如,"梨视频"在创立之初就十分重视拍客体系的建立,通过全球招募的方式建立了一支稳定的拍客队伍。到2018年9月,"梨视频"的核心拍客队伍已经达到5万人②。在拿到百度和腾达的投资之后,"梨视频"宣布要将全球的拍客队伍扩大到20万人③。拍客发掘身边有价值的新闻内容并进行拍摄,当他们将拍摄的内容上传之后,还有一支200多人组成的专业视频剪辑团队负责对拍客上传的内容进行审核和编辑,之后短视频新闻才得以发布。与此同时,编辑如果有好的选题也可以联系相关拍客进行内容定制。

---

① 陈浩洲、唐瑞峰:《专访新京报社"我们视频"团队:带动了报社转型》,新浪网,2018年9月20日,https://t.cj.sina.com.cn/articles/view/2368187283/8d27ab9301900gdm9,最后浏览日期:2019年4月9日。
② 刘隽:《云上拍客:梨视频技术实践分享》,云栖社区,2018年6月28日,https://yq.aliyun.com/download/2826,最后浏览日期:2019年4月18日。
③ 吴睿:《梨视频进军下沉市场,要发展20万拍客做大量级》,天天快报,2018年10月12日,http://kuaibao.qq.com/s/20181012A03ND800,最后浏览日期:2019年4月18日。

这种生产模式带来的好处一方面是庞大的拍客队伍保证了内容的多元性、拍摄的便捷性，同时还降低了新闻的拍摄成本；另一方面，专业队伍在后期编辑的介入保证了短视频新闻的生产质量，可以说这是一种数量与质量兼备的生产模式。

第三节　短视频新闻的选题策划

短视频新闻一般短小精悍、主题性强，因此，选题对于短视频新闻来说非常重要。结合短视频新闻的特性，其选题应该遵循以下三条原则。

一、生活化

短视频短小精悍的表达方式和它内嵌于日常生活传播场景的特性，使其更适合呈现微观的日常生活，而非宏观的政治、经济等议题。日常生活议题的传播价值在于两方面。

一方面，日常生活与人们的切身利益关系最为密切，最容易引发人们的广泛关注。例如，"梨视频"制作的《黑心！实拍拼多多热卖纸尿裤工厂》[①]，以现场实拍、网络截图、客服录音等证据的呈现为基础，揭露了一些无良商家借助拼多多平台，以极低的价格大肆销售"三无"纸尿裤的现象。视频播出后迅速引发网民关注，人们纷纷在视频下发表评论，表达对无良商家和拼多多平台的强烈谴责。这则短视频新闻之所以能引发如此普遍的关注，就是因为它抓住了拼多多平台的商品质量和婴幼儿产品安全这两个与人们生活息息相关的热点问题，同时，视频以大量实拍镜头、采访录音等现场一手证据来回应民众的关切。2018 年 11 月，"梨视频"发布长达 5 分钟的短视频

[①] 风声：《黑心！实拍拼多多热卖纸尿裤工厂》，梨视频，2018 年 9 月 15 日，https://www.pearvideo.com/web/v1/video_1435628，最后浏览日期：2019 年 4 月 18 日。

新闻《实拍：你吃的外卖可能是这样秘制的》①，以卧底实拍素材揭露了合肥一家外卖速食生产企业令人作呕的外卖生产过程。这则新闻也同样因为其题材的生活化引起了全社会的广泛关注。可见，越是贴近人们生活的新闻报道，越能引发人们的兴趣和讨论。

另一方面，生活化议题有助于拓展短视频新闻的选材范围，挖掘不同阶层和不同地区的多样化生活，形成既能引发共鸣，又能让人耳目一新的新闻。2019年1月10日，"梨视频"发布短视频新闻《小学生课间跳鬼步舞，校长C位领舞》②，报道了一则山西临猗县临晋镇西关小学校长张鹏飞领着全校孩子们课间跳鬼步舞的新闻。该视频一经发布，立即引起国内网友的热烈关注，较为保守的网友认为"没有个学生的样子"，"中国人不过洋节，也不跳洋舞蹈"，但大多数网友都对校长表示支持和赞扬。一时间，该小学校长成了网络红人。2019年1月13日，"梨视频"再次发布短视频新闻《鬼步舞校长谈走红：累，更愿关注教学》③，该则视频以对校长的采访为主，使网友们对校长有了更多的了解。原来，校长C位领舞的背后，是他看到学生们大多喜欢看电脑、玩手机，希望学生动起来，从这样的初心出发才组织了这个活动。可以说"梨视频"新闻的报道引发了人们对素质教育的思考。《小学生课间跳鬼步舞，校长C位领舞》在Facebook上同步发布后，获得了45万点赞量，112万转发量，国外网友们对校长赞扬纷纷，该现象在国内再一次引爆舆论热点，"梨视频"亦于2019年1月23日发布相关新闻短视频《英美网友赞中国校长带学生跳鬼步舞》④。

---

① 风声：《实拍：你吃的外卖可能是这样秘制的》，梨视频，2018年11月16日，https://www.pearvideo.com/video_1476868，最后浏览日期：2019年4月18日。
② 运城身边事：《小学生课间跳鬼步舞，校长C位领舞》，梨视频，2019年1月10日，https://www.pearvideo.com/video_1503838，最后浏览日期：2019年4月18日。
③ 运城身边事：《鬼步舞校长谈走红：累，更愿关注教学》，梨视频，2019年1月13日，https://www.pearvideo.com/video_1505187，最后浏览日期：2019年4月18日。
④ "OMG!"：《英美网友赞中国校长带学生跳鬼步舞》，梨视频，2019年1月23日，https://www.pearvideo.com/video_1509743，最后浏览日期：2019年4月18日。

这一系列的短视频新闻最大的特色就是,新闻报道的内容并非源于大城市,而是来自小县城。但正是这则来自小县城的新闻,不仅在国内受到关注,还引发了海外网友的热议。当前,国内的短视频新闻在内容上以大城市新闻为主。这一案例却给我们带来启示:短视频新闻或许可以向小城市下沉。

在国内传统媒体转型的过程中,省一级的报纸受到政策扶持得以继续存活,县一级的传统媒体转型信息服务,为用户提供本地资讯。而在地市一级,以往几乎"每城一报"的都市报都已关停,因此,这一区域的新闻,尤其是社会新闻,处于空白的状态。事实上,在地市一级,每天都有大量微观、鲜活、有趣的故事发生,这些小故事反映了普通中国人在生活中的喜怒哀乐,很能打动人心。对这些故事进行短视频报道,不仅可以在当地获得巨大的影响力,甚至还能够在全国、全世界范围内引起关注。

二、人性化

电视纪录片往往通过宏大叙事带给观众一种震撼力,而短视频新闻短小精悍的特点则要求其在选题上更侧重考虑人性化的题材,这类题材直击人性,用人情味来打动观众。例如,在2017年年末,上海广播电视台的短视频新闻平台"看看新闻"策划了一个名为"暖心2017"的系列短视频作品,他们从电视台海量的素材库中选出一些感人的瞬间剪辑成作品,通过"看看新闻"投放在网上,作品不仅在"看看新闻"的微博账号上获得了较高的点击量,还得到了《人民日报》、央视新闻、新华视点等各大官方媒体微博的转发。其中,《警犬养老院》[1]单条视频全网点击超4 000万,《轮椅上的女画家》《背孩母亲8年负重前行6 000公里》点击破千万[2]。

---

[1] 《视频丨暖心2017丨警犬养老院:一起出生入死,当你老了有我陪你》,看看新闻,2018年1月5日,http://www.kankanews.com/a/2017-12-20/0038270541.shtml,最后浏览日期:2019年4月18日。
[2] 《"暖心2017"系列短视频获多家央媒转发》,SMG融媒体中心,2017年,https://www.smg.cn/review/201801/0164279.html,最后浏览日期:2019年4月18日。

2018年7月26日,《新民周刊》在其微信公众号上推送了一篇题为《上海街头惊现"免费冰柜",路人的反应暖哭了》的文章①,并附上一条由用户"时川映画"上传到腾讯视频的短视频,这条短视频题为《直击上海补给站》,视频记录了盛夏的上海,围绕放置在普陀区曹杨路地铁站的一台"爱心冰柜"发生的一个个感人的生活片段。

这台无人看管的"爱心冰柜"里装有各种饮料,冰柜外贴着一张海报,上面写着"免费!""冷饮补给、随取随用",并指出冰柜是特别为"环卫工人、交警同志、快递小哥、外卖小哥"准备的。视频记录了不同的人面对冰柜时的不同反应:一位年轻的妈妈带着女儿来到冰柜前准备为女儿拿一个冷饮,但当她看到冰柜上方的海报之后,还是毫不犹豫地带着女儿走进旁边的便利店,出钱为女儿买了冷饮;穿深色T恤的男子打开冰柜拿出一瓶饮料,犹豫片刻之后还是放了回去;不论是快递员还是送餐工,他们并没有因为饮料免费就多拿多占,而是很自觉地只拿一瓶或最多给同事带一瓶;便利店女店员自费为冰柜补充了一整箱饮料;小男孩为冰柜添加了一些水果。视频最后以一位送餐工取用饮料后致谢的笑容画上句号②。

时值炎炎夏日,这条短视频新闻的发布看准了时机,很快在社交媒体上走红。这条短视频的新闻主体场景非常简单,就是一台冰柜,而且新闻的主角也不是明星、网红,全是不知姓名的普通老百姓。然而,这样的小场景、小细节和小人物背后,却蕴含着极为打动人心的正能量,呈现出人与人之间互帮互谅的精神,引发了人们发自内心的感动。这则短视频新闻通过一个非常小的切口,展示出上海这座物质文明高度发达的大都市的温情。

事实上,当前越来越多的短视频新闻依靠其对日常生活中人性化的、能引发广泛共鸣的选题走红,这类新闻被称为"暖新闻"。与传统电视新闻

---

① 《上海街头惊现"免费冰柜",路人的反应暖哭了》,《新民周刊》微信公众号,2018年7月26日,https://mp.weixin.qq.com/s/dmmkQ64mN389ffU2MDDc0A,最后浏览日期:2019年4月18日。

② "时川映画":《触摸上海补给站》,腾讯视频,2018年7月26日,https://v.qq.com/x/page/f0735hutqmb.html,最后浏览日期:2019年4月18日。

的宏大叙述不同,短视频新闻很"短",因此,将日常生活中的一些动人的小细节、小场景提炼出来,通过小的新闻切口来传播生活中的正能量,通过人性化的新闻故事打动受众,是短视频新闻选题可以关注的一个重要的维度。

三、社交化

在社交媒体时代,分享已经成为媒介使用的重要特质。短视频新闻短小精悍的特点和碎片化的传播特质意味着它具有很强的社交化属性。在社交网络上的传播可以拓展短视频新闻的传播力。因此,在短视频新闻的选题过程中,我们还要考虑的一个问题是:什么样的题材更具有社交化属性,更容易在社交媒体上被转发?

在实践中,不同类型的短视频引起高转发量的原因各不相同。抖音类个人秀短视频的走红,是依靠其用户表达自我、展示自我、与他人互动的个性特质;短视频新闻的转发,则是依靠利益相关、情感共鸣以及生活在同一社会环境下所带来的集体意识。在当前移动化、社交化的传播环境下,无论是"梨视频""我们视频",还是央视、人民网推出的短视频新闻,其主要的传播路径都是微博、微信等社交平台。因此,短视频新闻要重视社交信息传播对新闻业的影响。在新闻生产过程中,一方面,要依托社交网络来构建拍客网络,发掘新闻线索;另一方面,要深刻理解当前的社会环境,选择当下人们普遍关心的议题,并以此为基础,制作出具有一定话题性的新闻产品,推动人们自发地在社交网络中传播。

"副话题新闻"指的是围绕热点展开的,从核心主题以外衍生而来的热点周边新闻。在传统媒体时代,受限于版面、时长等传统的新闻生产方式,新闻报道的角度选择较为单一、同质。当某一热点事件发生时,传统媒体往往选择对这个热点最为核心的内容进行报道,而热点衍生的一些副话题则往往被忽略。但事实上,只要将这些副话题新闻进行妥善处理,既可以更加完整地反映热点事件的全貌,也可以做出具有趣味性和特色的新闻。

从"梨视频"的实践来看，由于当前政策方面的限制，"梨视频"在很多重大事件、重大活动发生或举办时无法拿到采访权，无法进入现场获取第一手的材料。而这些重大事件、重大活动往往是受众所关心的议题，因此，如果在这些议题上缺席，就很有可能导致媒体远离信息中心。与此同时，"梨视频"又不能像抖音一样走娱乐化路线博取受众的关注。因此，在重大议题来临时，往往陷入两难。

在这样的情况下，"梨视频"探索出了一条"副话题新闻"之路。"副话题新闻"不仅可以围绕重大活动、重大事件展开，而且还可以对其进行补充，这样往往能比传统媒体的报道提供更多的细节和令人印象深刻的东西，这样的内容非常地吸引受众的眼球。例如，在2018年俄罗斯世界杯上，大量"伪球迷"的出现使原本以"足球评论"为核心的世界杯报道方式不再能满足用户的需求。"梨视频"在围绕世界杯的报道中，关注到了"伪球迷"这一群体，随后采用"世界杯＋"的报道思路，制作了3 000多条跟世界杯有关的"副话题"短视频，服务"伪球迷"。这些短视频新闻的内容丰富而有趣，涵盖世界杯周边的方方面面，包括"主办国俄罗斯的流浪狗怎么办""世界杯必吃的俄罗斯美食""一个人去俄罗斯看世界杯要花多少钱""如何在海滩边编一头巴拿马球员般的脏辫儿"等。这种探索"副话题新闻"的短视频新闻制作思路非常值得借鉴。

短视频新闻简短的篇幅适宜表达"副话题新闻"。多个"副话题新闻"综合起来能更好地完善人们对"主话题新闻"的认知。此外，"副话题新闻"往往丰富多样、生动有趣，能够满足用户从不同侧面了解事件全貌的需求。"副话题新闻"如果报道得好，能够引发大量的点赞和转发，扩大新闻报道的影响力。大部分"副话题新闻"都具有一定知识性，有利于增加观看者的社交谈资，同时也符合用户碎片化获取信息、知识服务的习惯。同时，"副话题新闻"还充盈了用户视听内容的选择空间，有时用户留言亦会成为"副话题新闻"的选题，这就使用户和新闻生产平台之间形成较为良性的互动。

第四节　短视频新闻的拍摄、编辑与发布

短视频新闻特性决定了它的摄制与电视新闻有许多不同之处,拍摄、编辑、发行等诸多环节皆是如此。

一、短视频新闻的拍摄

与电视新闻一样,短视频新闻的拍摄环节决定了其成片的质量,高质量的拍摄可以减轻后期编辑的压力,同时也可以增强用户的视听感受;而低质量的拍摄则对后期编辑提出了很高的要求,同时也会使短视频新闻的质量受到直接影响。与电视新闻不同的是,短视频新闻的拍摄设备更加多样,拍摄技术更加灵活,内容要求也更强调主题鲜明和言简意赅。

（一）拍摄设备要求

短视频新闻的拍摄设备可以分为两类：专业设备与非专业设备。这两类设备一般为不同的短视频新闻生产主体所使用。

专业设备包括具有摄像功能的单反相机、微型单反相机、广播级及专业级摄像机等。这些设备通常手动功能丰富,画面质量可控性较强。同时,这些设备基本上都可以安装指向性较强的外接话筒,在一些复杂的环境中能保证同期声的录制质量。这类专业设备往往具有一定的操作难度,一般由经过专业训练的新闻记者使用。这一类设备拍摄的短视频新闻画面质量通常较高,视听效果较好。

非专业设备包括智能手机、平板电脑、手持 DV 等。这类设备大多数由普通拍客使用。这些设备通常价格低廉,自动化程度高,拍摄前不需要过多准备,打开后即可直接录制。虽然相较于专业设备缺少丰富的手动功能,但其优点在于便携、启动快、易操作、便于交互。"梨视频"的普通拍客大多数以智能手机作为拍摄设备,其便携性为视频素材的拍摄构建了广阔的使用场景,同时也有利于关键镜头的抓拍;另一方面,智能手机的交互功能逐渐

完善，拍摄操作简易，在拍完后可以即时将素材传至网络。目前，智能手机是非专业设备中最常用的一种。

不过，虽然智能手机价格低廉，保有量大，拍摄方便快捷，但影像传感器尺寸小、镜头焦距固定，拍摄出的画面层次感相对较差，景别调整不够方便灵活，录音质量也很难控制。相较而言，专业设备传感器尺寸大，声音和画面质量较高，但价格也相对较高，且不太方便携带。因此，对于普通拍客来说，手机拍摄短视频新闻已经基本满足要求，而对于专业的机构拍客或职业拍客来说，如果有条件的话，应该尽量使用专业设备。

除了上述设备之外，我们还可以根据需要选用一些辅助设备来提高摄制质量。常用的辅助设备有外接话筒、稳定仪、灯光设备、视频 App 等。辅助设备的使用因拍摄需求而有所不同。其中，外接话筒可以提高同期声录制的质量，一些指向性较强的话筒还可以帮助拍摄者在复杂的声音环境中录制到需要的特定声音；稳定仪是帮助拍摄者在拍摄过程中稳定机器、减少画面晃动的设备，根据其不同的原功能和材质，价格从几百元到上万元不等，拍摄时应根据需要来选择适合的稳定仪；在光线较暗的环境下，外置式摄像灯可以大大提高画面的质量，有些时候甚至决定了能不能拍到有效画面，这种设备通常价格低廉，但作用巨大。此外，某些软件自带摄制功能，实现了拍摄和编辑一体化，是非专业拍摄设备如手机、平板电脑等的重要辅助摄制工具。

（二）拍摄技术要求

短视频新闻以视频为主要呈现形式，以往通用于电视新闻的视频拍摄技术要求同样也适用于短视频新闻。其中，最值得借鉴的是电视新闻画面拍摄的五字要诀，即稳、准、清、平、匀。

稳，即在拍摄的时候尽量保持画面的稳定。画面如果晃来晃去，容易让观众看得眼晕。保持画面稳定的方法有很多，其中最重要的一点就是持机的时候手要稳，上臂贴在身体一侧减少抖动，如果有条件，尽量利用树、灯杆、椅子等作为辅助以使画面稳定。对于专业机构来说，三脚架或者手持式摄像稳定仪应该成为拍摄的常用"武器"。此外,随着拍摄设备技术的进步,很多视频拍摄设备都逐步增加了视频拍摄防抖功能,以增强画面稳定感。如果条件允许,购置带有防抖功能的拍摄设备也是不错的选择。

准,即在拍摄时保证画面构图准确、曝光正常、意义明确。在视频拍摄过程中,应对画面的曝光和构图进行实时观测。首先,画面构图要准确,尽量把拍摄对象放置在画面的视觉中心。其次,拍摄时要注意色彩还原度,目前很多设备都有自动白平衡功能,拍摄时只要曝光准确,画面便不会偏色。再次,还应做到曝光准确,既要避免画面曝光过度带来的过于明亮,也要避免画面曝光不足导致的昏暗不清。最后,拍摄时还要保证意义明确,不以偏概全、弃重取轻、画蛇添足,为了防止漏掉重要的场景,应尽量以全景为主,搭配少数远景或大远景来交代现场环境。这样做的原因是短视频新闻的受众通常主要通过手机来观看,手机屏幕一般偏小,特写镜头很难像在电视上那样给受众以强烈的视觉冲击,加之特写镜头通常信息含量较小,若非必须,尽量不要使用特写甚至是大特写镜头。

清,即在拍摄时保证焦点清晰、画面清楚。随着拍摄技术的进步,视频画面的质量大多数情况下都可以保持在1 080p左右。在拍摄时,应当特别注意画面对焦清晰。尽管目前很多设备都有自动对焦功能,但在一些复杂的环境下,自动对焦功能往往会把画面的焦点对准不重要的新闻对象。因此,拍摄者应该时刻监控画面,发现画面脱焦马上进行纠正。此外,拍摄时尽量不要在光线太暗的环境下直接拍摄,可以借助人工光源、反光板等设备提高拍摄现场的亮度,从而获得清晰的画面质量。

平,即拍摄的画面要保持平衡。横平竖直,符合人的视觉习惯。除特意为之的镜头外,画面应当讲究平衡,不宜倾斜过度,令观者产生不适。画面应尽量与水平线、垂直线保持平衡,使用户获得较好的观赏体验。

匀,即拍摄运动镜头时尽量保持运动速度均匀,不要忽快忽慢。不过,运动镜头的表现力较强但叙事效果较差,所以,如果没有必要,短视频新闻拍摄应以固定镜头为主,尽量不要拍摄大幅度的运动镜头。少数情况下,例如,在狭窄的环境下交代事件场面,或需要强调两个拍摄对象之间的关系时,可以使用运动镜头。在拍摄运动镜头时,一般是以固定镜头作为起幅和落幅,应该先以一段三秒钟左右的固定镜头作为起幅,然后再拍摄运动过程,最后再以一段三秒钟左右的固定镜头作为落幅来收尾。这样做一方面有利于后期视频剪辑,另一方面也有利于画面的运动保持匀速。

除了稳、准、匀、清、平这五点传统的视频新闻拍摄技术要求外,短视频新闻的拍摄还应当满足短小精悍的要求,既保证内容精致有料,又需要注意其时长不宜过长,以免增加后期剪辑的负担。

与此同时,短视频新闻的拍摄还要尽量保证声音清晰,在保证画面符合拍摄意图的前提下,使拍摄设备尽量靠近声源,中间最好不要有遮挡物。如果现场有噪音,则应当设法关闭噪音源或使设备尽量远离噪音源,如果有条件,还可以购买并使用有定向收音功能的话筒。另外,拍摄前要注意检查声音的录制是否正常。使用专业设备时可以使用耳机监听录音质量,新闻现场通常环境复杂,可能干扰录音质量的因素较多,只有通过实时监听,才能及时发现问题,从而采取相应的补救措施。如果实在无法实时监听录音质量,则可以预拍摄一段视频,通过回放视频来检测声音质量是否可靠。

(三) 拍摄内容要求

1. 真实性

正如前面在第二节中讲到的,短视频新闻的生产应遵循"真实现场"的原则。拍摄是短视频新闻生产的上游环节,尤其要对"真实现场"这一原则进行把关,同时要确保画面和声音的双重真实。为了确保视频画面的真实性,拍摄要避免错位拍摄,拒绝摆拍,在视频画面中真实反映时间、地点、关键人物、事件过程,不虚构事实,也不夸大或忽略事实,避免误导受众。为了确保声音真实,在拍摄时要避开噪音源,尽量使用同期声和现场音。

2. 主题性

短视频新闻短小精悍,其拍摄应紧紧围绕主题展开。强调短视频新闻拍摄内容的主题性,主要是说,在拍摄短视频新闻时,要对想表达的主题有清晰的认识,紧扣主题,开门见山,不要在短视频的拍摄中有过于冗长的背景交代和过多的空镜头。

3. 关键镜头不可缺失

所谓关键镜头,是指在新闻事件中反映事件冲突变化的核心画面或能触动观众情绪的细节画面。随着技术的发展,特定突发事件发生时的监控录像往往会被用来作为短视频新闻的关键镜头。在不违背法律法规和新闻伦理的前提下,这些镜头出现在短视频新闻中,不仅可以增强新闻可信度,更让观者对现场有更为直观的感受。例如,新闻"爱心冰箱"使用监控画面、新闻"重庆万州公交车坠江事件"使用事故黑匣子的画面等,上述这些个案中使用的监控镜头都不可缺少,取得了良好的传播效果。

关键镜头在短视频新闻的拍摄中不可缺失。但是,一些新闻事件尤其是突发性新闻事件的发生往往很难预料,事件发生过程迅速,拍摄机会转瞬即逝。对这类新闻的拍摄应当提倡一个"抢"字,先讲拍得到,再讲拍得好,不要太苛求画面和声音的质量,也不要过分追求完整性。能拍全尽量拍全,拍不全也要拍一部分,关键的画面尽量拍到,同时不要放过一些有冲击力的细节。有时候,即使画面拍不到,抢录到现场声音也是完全可以的。在具体实践中,不完美的画面本身就包含现场混乱、紧张的信息,把这些画面剪进新闻里,通常能更准确地向观众传达现场的真实氛围。例如,2019年4月27日,《长江日报》发布短视频新闻《赞!行李箱砸向老人一瞬间,小伙一把截住》[①],在视频中,人们正在有序地乘坐扶梯,突然,一只行李箱从高处落向无助老人。在这关键时刻,一个小伙逆行快速上前,挡住了下落的行李箱。这温暖的关键性镜头记录了小伙的仗义之举,也让观者长舒一口气。该视频一经发布就获得大量网友的点赞转发,央视新闻、新华社、中国之声等媒

---

① 《长江日报》:《赞!行李箱砸向老人一瞬间,小伙一把截住》,西瓜视频,2019年4月27日,http://www.365yg.com/i6684533067601674765/#mid=4088161996,最后浏览日期:2019年4月18日。

体也纷纷转载。

4. 拍摄应注意遵守新闻伦理,不违反法律法规和职业规范的要求

短视频新闻的拍摄应遵守新闻伦理,不能违反法律法规和新闻职业道德的要求。虽然原有的相关法律法规和职业规范绝大多数可以沿用,但由于短视频新闻是新生事物,对短视频新闻生产过程中出现的一些新现象、新情况,现有的一些法律法规和职业规范还未能及时一一对应地作出解释。《新京报》副总编辑、"我们视频"总经理王爱军的一段话,总结了《新京报》在短视频新闻实践中的一些经验,可以供从业者参考:"正能量是媒体公共价值的体现,作为机构媒体,传播真善美是天然的责任。现在很多传统媒体形成的道德伦理标准面临着很大的冲击,新闻视频的道德标准需要修复和重建。我们在做事情的时候要考虑到对方的感受,不能把流量建立在对方痛苦的基础之上,这是原则。"①

2018年12月10日,"梨视频"发布视频新闻《可能是最肉麻的起诉书!书店痴情男欲起诉"一见钟情"女生:我不在意任何人对我的看法,只想找到她》。在这则短视频新闻中,一位男青年在北京王府井书店邂逅一位女生,自称当时两人对看十秒,他便认为对方钟情于自己。此后,他在书店蹲点连等五十天,不去工作,甚至到了向亲戚借钱的地步。苦等未果后,他开始张贴寻人启事,甚至打算去法院起诉该女生,以通过这种方法来找到她。这则短视频发布后引发了众多网友的批评,他们认为男生的这种行为不是浪漫,而是骚扰。媒体对他的这一行为进行炒作,是"正中偏执狂下怀"。"梨视频"随后删除了这条新闻,但是相关报道已经广泛传播,一度上了新浪热搜。学者陈力丹提出"媒体逼视",指由于专业媒体将私人领域的信息未经当事人同意而公开报道,使报道对象遭受不应有的心理压力②。在这则案

---

① 中共中央网络安全和信息化委员会办公室:《让短视频充满正能量》,中共中央网络安全和信息化委员会办公室官方网站,2018年12月26日,http://www.cac.gov.cn/2018-12/26/c_1123902790.htm,最后浏览日期:2019年4月18日。
② 新闻记者年度虚假新闻研究课题组:《2018年传媒伦理问题研究报告》,《新闻记者》2019年第1期。

例中,"梨视频"仅听信男子一面之词便为其发布新闻,对事件的其他当事人造成"媒体逼视"效应,这正是王爱军所说的"把流量建立在他人的痛苦之上",这种行为损害了新闻伦理。

同样,在"重庆万州公交车坠江事件"中,媒体未经核实便肆意传播"女司机逆行""女司机操作不当"等信息,同样对当事人形成了"媒体逼视",对当事人及其家人的工作和生活都产生了不良影响,这也是不符合新闻伦理的。

短视频新闻生产者应当引以为鉴,无论是正面的报道还是负面的报道,都要在拍摄时仔细斟酌,做到有所拍,有所不拍。

短视频新闻的生产除了要遵循新闻职业规范和新闻伦理外,还要遵守政府和行业行会出台的一系列法律法规。这些法律法规包括:2008年1月31日由国家广播电影电视总局、信息产业部发布的《互联网视听节目服务管理规定》、中国网络视听节目服务协会于2012年和2017年先后发布的《中国网络视听节目服务自律公约》和《网络视听节目内容审核通则》、2019年1月10日由中国网络视听节目服务协会发布的《网络短视频平台管理规范》和《网络短视频内容审核标准细则》等。其中,《网络短视频平台管理规范》从总体规范、上传(合作)账户管理规范、内容管理规范、技术管理规范四方面对开展短视频服务的网络平台进行规制[1];《网络短视频内容审核标准细则》则列举了100条短视频内容常见的具体问题,这些内容分属于损害国家形象、损害革命领袖英雄烈士形象、攻击我国政治制度法律制度、分裂国家等22个板块[2]。以上这些法律法规为短视频新闻的生产划定了底线。

---

[1] 中国网络视听节目服务协会:《网络短视频平台管理规范》,中国网络视听节目服务协会官方网站,2019年1月9日,http://www.cnsa.cn/index.php/infomation/dynamic_details/id/68/type/2.html,最后浏览日期:2019年4月18日。
[2] 中国网络视听节目服务协会:《网络短视频内容审核标准细则》,中国网络视听节目服务协会官方网站,2019年1月9日,http://www.cnsa.cn/index.php/infomation/dynamic_details/id/69/type/2.html,最后浏览日期:2019年4月18日。

二、短视频新闻的编辑

在完成短视频新闻的拍摄后,相关人员要对各个组成要素进行编辑。在编辑过程中也要遵循一定的编辑原则。

(一)短视频新闻的编辑要素

1. 标题

一般来说,短视频新闻的标题尽量控制在 15 字以内。标题应简明扼要地向用户交代清楚短视频新闻所反映的核心内容,如人物、事件等。一个简洁清晰的标题可以使用户迅速了解短视频新闻的主题,满足互联网时代人们追求快速获取新闻讯息的需求,也更能够激发受众观看的主体能动性。与此同时,短视频新闻的标题应当尽可能保持客观中立,契合短视频新闻的主题,要坚决杜绝杜撰、夸大、低俗化等"标题党"现象。

"梨视频"机构媒体运营总监、高级编辑刘立耘认为,"短视频标题其实有规律可循,常规公式=陈述内容事实+片中精彩的引语"[1]。同时,她还指出一些可以让标题充分吸引受众的方法,如"使用数字'定码数'""使用热词找到共鸣群体"等。比如"梨视频"在 2018 年 11 月 10 日发布的《11 天卖300 000 斤!北方人硬核囤白菜》[2]的标题中,就使用了数字迅速抓住受众的注意力。同时,通过网络热词"硬核"迅速拉近与受众的距离。又如,2016 年 11 月 11 日,美国大选刚刚落下帷幕,"梨视频"发布了新闻短视频《快来看川普立了哪些 flag》[3],标题中使用了网络热词"flag",也达到了很好的传播效果。由此可见,短视频新闻标题的语言可以适当地使用网络热词,强化短视频新闻在网络上的传播力。但同时也要特别注意,不要在标题中使用一些

---

[1] 刘立耘:《我们是如何做爆款资讯短视频的?》,搜狐网,2019 年 2 月 12 日,http://www.sohu.com/a/279277278_375507. 2019-02-12,最后浏览日期:2019 年 4 月 18 日。

[2] 梨北京:《11 天卖 300 000 斤!北方人硬核囤白菜》,梨视频,2018 年 11 月 10 日,https://www.pearvideo.com/video_1473680,最后浏览日期:2019 年 4 月 18 日。

[3] 时差视频:《快来看川普立了哪些 flag》,梨视频,2016 年 11 月 11 日,https://www.pearvideo.com/video_1008816,最后浏览日期:2019 年 4 月 18 日。

似是而非、表意不清的网络用语,以免影响标题的清晰度。

2. 片头、片尾

　　一般而言,短视频新闻长度在 60 秒左右。为了强化品牌形象,许多短视频新闻机构会在正式的视频内容前后加上自制的片头和片尾。由于短视频总时长较短,所以,片头、片尾的时间也一定要短,不要占用太多新闻的时间。一般来说,片头、片尾的时间总长不应超过 10 秒。尤其是片头,要尽量短小,迅速切入全片最精髓的内容①,以抓住观众的注意力。

　　与此同时,片头、片尾要个性化,能够突出短视频新闻生产机构的风格和特色。例如,"梨视频"平台的视频片头、片尾以黄色为主基调,片头持续 2 秒左右,配有特定的音乐旋律,有时用户仅仅听到其音乐旋律响起,便知道是在播放"梨视频"的短视频新闻;片尾一般持续 10 秒左右,会播放其他短视频新闻的片花,鼓励用户观看更多其制作的短视频新闻。再如,"看看新闻"以一只正在啄击的啄木鸟作为其象征图标,片头开始播放时,啄木鸟还会做出啄击的动作,美观大气,与其"叩击时代"的定位交相辉映。该片头持续时间也非常短,约 1 秒便结束,虽然没有配乐,但能够迅速切入正题,令用户无需等待就可以了解主题。

　　总体而言,对短视频新闻机构来说,片头、片尾可以利用颜色、图标等特定的符号来凸显自身的风格,从而强化品牌效应。一些短视频机构还专门设计不同的片头、片尾来细分不同类型的短视频新闻,如社会新闻、时政新闻、国际新闻、娱乐新闻等。

3. 画面

　　短视频新闻的编辑最核心的工作是对视频画面进行编辑。在编辑时,为了符合短视频新闻短小精悍的呈现原则,应当注意去除原素材中的冗杂镜头,保留关键镜头;在保证客观真实的前提下,对画面的明暗、构图作适当

---

① 刘立耘:《我们是如何做爆款资讯短视的?》,搜狐网,2019 年 2 月 12 日,http://www.sohu.com/a/279277278_375507.2019-02-12,最后浏览日期:2019 年 4 月 18 日。

调整,使画面简洁明了,突出亮点。如在全景镜头中存在多个视觉主体时,应当采用一些编辑手段将重要的新闻元素突出,例如,放大画面或利用指示符号进行动态跟踪等。此外,还应当在编辑时删除暴力血腥画面,并对可能造成隐私暴露问题的信息进行打码处理等。

在互联网时代,随着技术的进步,短视频新闻的编辑可以适当使用3D动画模拟、数据图表等特效。通过使用特效,可以增强短视频新闻的叙事效果,更加直观地呈现现场画面,更加清楚地梳理事件脉络。比如在"江歌案"发生时,"我们视频"的"动新闻"栏目利用3D动画模拟案件发生过程和案件庭审过程,令人印象深刻。不过,即便是3D动画模拟,也应当避免出现暴力血腥的场面。此外,短视频新闻中也可以适当使用图表,直观表现数据与事实之间的关联,让用户对现实事件有更为宏观、清晰的把握。

4. 字幕

相较于传统的电视新闻,短视频新闻的字幕具有非常重要的意义。由于用户往往是在碎片化的时间里观看短视频新闻,其观看环境可能安静,也可能嘈杂,可能适合播放声音,也可能需要关闭声音。因此,短视频新闻一般主要依靠字幕而非声音对新闻进行解说。一般来说,短视频新闻通过"画面+字幕"的组合就能让用户完全理解整条新闻的内容。

短视频新闻使用的字幕主要包括描述性字幕、解释性字幕和对话字幕等。其中,描述性字幕一般位于画面的边角位置,用来协助说明事件发生的具体时间、地点、人物身份等;解释性字幕则多用于视频段落的衔接,有利于让读者更清晰地了解事件发生的前因后果、背景资料等,其字数不宜过多;对话字幕多位于视频画面的下方,常见于有旁白或有采访片段的短视频新闻。在实践中,上述几种字幕往往被综合运用,在不同的新闻中呈现不同的意义。如在"梨视频"的短视频新闻《惊险!2人被洪水冲走,众人一把拉住》[1]中

---

[1] 梨重庆:《惊险!2人被洪水冲走,众人一把拉住》,梨视频,2019年6月22日,https://www.pearvideo.com/video_1569242,最后浏览日期:2019年6月28日。

(图 4-1),左下角的字幕为描述性文字,讲述了视频拍摄的时间和地点,而下方的文字为同期声的对话字幕;又如"看看新闻"的短视频新闻《中国暂停进口加拿大肉类与孟晚舟有关?中方回应》[①]中(图 4-2),图中字幕为解释性字幕,视频一开始就显示这一字幕,目的是让观众进一步把握视频的主题。

图 4-1 "梨视频"报道《惊险!2 人被洪水冲走,众人一把拉住》的视频截图

图 4-2 "看看新闻"报道《中国暂停进口加拿大肉类与孟晚舟有关? 中方回应》的视频截图

---

① 看看新闻:《中国暂停进口加拿大肉类与孟晚舟有关? 中方回应》,好看视频,2019 年 6 月 26 日,https://haokan.baidu.com/v/?pd=wisenatural&vid=8567598584600611851,最后浏览日期:2019 年 6 月 28 日。

此外，字幕作为短视频新闻整体观感的一部分，其位置、大小、颜色、字体等都需要经过仔细考量，在同一视频中，同一类型的字幕应具有统一格式。短视频新闻生产机构应对字幕进行精心设计，以强化品牌效应。例如，"梨视频"的描述性字幕多呈黑色，一般用黄色色块为底色，出现在屏幕左下方约三分线处；对话字幕多呈白色，出现在视频画面下方，如果涉及记者提问，该对话字幕一般呈现黄色，与被访者对话字幕的白色明显区分开。字幕使用的字体可以根据视频内容而定，如果是较为轻松的视频内容，则可以选择相对活泼多变的字体；如果是较为严肃的视频内容，则宜选择相对庄重的字体。例如，在"梨视频"的报道《江浙沪终极疑问：太阳你去流浪了吗》①（图4-3）中，由于该新闻是较为轻松的气象生活类新闻，配乐较为轻松，因此字幕也采用较为活泼的样式。

图4-3 "梨视频"报道《江浙沪终极疑问：太阳你去流浪了吗》的视频截图

5. 声音

短视频新闻的声音包括同期声、解说和旁白、背景音乐、对白等类型。在进行短视频新闻声音编辑的时候，要注意这些声音类型并不是都要出现

---

① 微辣 Video：《江浙沪终极疑问：太阳你去流浪了吗》，梨视频，2019年2月20日，https://www.pearvideo.com/video_1519816，最后浏览日期：2019年6月28日。

在同一视频中,而是要在使用时有所取舍。

一般来说,同期声即素材原音具有很强的表现力,使用同期声有助于观者更好地感受事件现场氛围,因此,在有同期声的情况下,应当尽量使用同期声,必要时可适当对同期声进行降噪处理;旁白及解说词可以帮助读者更好地理解新闻事件,旁白一般会与同期声夹杂使用,以获得更好的视听效果;背景音乐在短视频新闻中并非是必需的,一般来说,需要根据新闻的内容酌情挑选合适的背景音乐,在既无旁白亦无同期声的短视频新闻中,适当的背景音乐能够渲染新闻氛围,调动观者情绪,更容易使观者对新闻产生共鸣;对白在短视频新闻中多以采访的同期声的形式出现。

(二)短视频新闻的编辑原则

1. 重视内容核查

由于短视频新闻的内容提供者有时是非专业人员,因此,短视频新闻的编辑环节非常重要,需要有一支专业的编辑队伍来做好"把关人"。2016 年邱兵在创立"梨视频"时,其视频编辑团队就有 200 多人[1]。2018 年"梨视频"总编辑李鑫在接受《电视指南》采访时则表示:"面对短视频产量成倍递增,"梨视频"还自主开发了编客系统,编客系统会引入大学生参与,但编客系统只承担后期剪辑部分,短视频审核依然由"梨视频"团队操作。"[2]可见,专业的编辑团队是优质内容生产的保障,是不可忽视的短视频新闻编辑原则。

短视频新闻编辑扮演的是"守门员"角色,必须具备素质过硬的专业编辑能力,其中,最重要的业务能力是内容核查的能力。首先,内容核查能力考验编辑队伍的选材能力,他们要在大量的短视频新闻素材中"慧眼识珠",找到那些具有新闻价值的素材,对其进行编辑加工。其次,内容核查能力还

---

[1] 徐雪晴:《澎湃新闻原 CEO 的短视频项目上线,你看好它吗?》,腾讯科技,2016 年 11 月 4 日,https://tech.qq.com/a/20161104/010687.htm,最后浏览日期:2019 年 6 月 28 日。
[2] 唐瑞峰、陈浩洲:《"一只梨"如何搅动短视频格局》,《电视指南》2008 年第 12 期。

包括对编辑业务自身的核查,对标题、画面、声音、字幕等要素的编辑都要保持真实客观,不过分夸大,也不刻意遮蔽,更不无中生有。最后,当前业界和学界已经关注到一些短视频新闻的伦理失范问题,如违法侵权现象、对弱势群体的消费狂欢、对高风险行为的模仿以及"眼见未必为实"的伪真实语境等问题①。因此,一名业务素质过硬的编辑要对新闻伦理有深入的认识,必须严守新闻职业道德和相关法律法规,通过严格的内容核查规避以上失范现象。

2. 强化短视频优势

一支专业的短视频新闻编辑队伍不仅可以对内容充分把关,而且还能够熟练运用短视频新闻剪辑技术,在对短视频新闻的各个元素进行有机编辑的同时,强化短视频的优势和表现力。

一方面,在短视频新闻的剪辑过程中,编辑要能从整体上把握新闻的亮点,通过声音、画面、字幕等要素的有机结合将亮点呈现出来;另一方面,短视频新闻的编辑还要善于发挥短视频这种新闻形式的优势。例如,与电视新闻侧重"语言解说画面"的特征不同,短视频新闻更注重字幕的解说功能。因此,短视频新闻编辑队伍的字幕编辑能力就显得尤其重要,既要让用户看懂,更要让用户爱看。

3. 坚持正确价值导向

短视频新闻的编辑要对短视频新闻的价值导向高度重视,要坚持正确的价值导向,强化底线意识,坚决杜绝暴力犯罪、违法侵权等。为了坚持正确的价值导向,当前,各大短视频新闻生产机构都采取"三审制"审核制度,即责任编辑一审、编辑部主任二审、总编辑三审②。这种对价值导向进行严格把关的编辑能力对传播正确的价值观,营造健康的网络环境具有重要意义。

---

① 靖鸣:《短视频传播伦理失范及其对策》,《中国广播电视学刊》2018年第12期。
② 田月红:《梨视频内容生产的现状、问题与改进策略》,《传媒》2018年第10期。

2018年10月28日上午10时左右，重庆市万州区一辆公交车在长江大桥上与一辆小轿车发生碰撞后，坠入江中。该事件发生后，立即引起人们的广泛关注。当日各大媒体发布的短视频新闻多以"女司机逆行""女司机操作不当"为题，视频内容大多描述了这样一幅案发现场的图景：一名女性呆坐在马路边，身边是一辆车头被撞碎的红色小轿车；旁边的大桥护栏已经被撞开，桥下的江面上有大片的浮沫油污。看到这样的标题和画面内容，大多数人将事件发生的根源归罪到了小轿车的主人——那位女司机。网友们纷纷认为，由于红色小轿车在马路上逆行，公交车为躲避逆行的小轿车而被迫打方向盘，不慎坠江。之后几天，这样的报道铺天盖地，"逆行女司机"上了新浪微博热搜，声讨该女司机的声音也在网络上此起彼伏。

2018年11月2日，公安部门公布遇难公交车黑匣子监控视频，该视频显示，系乘客与司机激烈争执互殴致车辆失控。黑匣子监控视频在网络上被广泛传播开来，事实真相大白于天下，引起了人们对公共交通行车安全的多重思考，而非如之前那般，口诛笔伐无辜的"女司机"。

在新闻事件发生伊始，发布现场画面确实有利于发挥短视频新闻的即时性优势。但是，如果仅拍摄、编辑和发布信息，在编辑过程中不对相关信息进行核实，甚至妄加猜测，加上误导性标题，就丧失了"守门人"的良心和职责；更严重的，还会引起社会广泛争议，对当事人的日常生活造成严重的影响，甚至造成二次伤害。

由此可见，在短视频新闻生产中，对事件真相不加核实就妄自猜测，采用误导性标题、字幕或内容编排，有可能会造成报道的严重失实。短视频新闻媒体，尤其是短视频新闻的编辑应承担起"守门人"的核实之责，严守新闻真实的底线。

三、短视频新闻的发行

短视频新闻的发行模式分为自建平台发行和借助其他平台发行两种。目前大多数的短视频新闻是以借助其他平台发行为主，主要原因是自建平

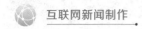

台发行的影响力不及其他平台。

借助其他平台发行短视频新闻内容往往会采用多平台发布的方式,把短视频新闻同时发布在社交媒体平台和视频类播放平台上。如"梨视频""我们视频""南瓜视业"等都开通了微信公众号,通过微信公众号发布短视频新闻,借助社交媒体构建的关系网络进行传播。与此同时,它们还在腾讯视频、优酷视频、爱奇艺视频等视频播放平台也开通了专用账号,在多个平台上的同步发行往往能进一步扩大其内容的影响力。

除了在国内平台上发行外,一些短视频新闻制作机构还通过创建Facebook 或 YouTube 账号,使自己制作的短视频新闻在全世界范围内获得广泛传播。例如,2018 年 10 月 5 日,新华社播发英文短视频《暖!骑车男子挡住车流,守护拄拐老人过马路》。在视频中,一位颤颤巍巍的老人正在过街,他刚走到一半,路灯从绿灯变成了红灯,老人被困在马路中央;此时,一位摩托车车主主动挡在了车流前,老人得以顺利通过马路。该视频发布后,在 Facebook、Twitter、YouTube 等平台持续多日刷屏,产生现象级传播效果。截至 2019 年 1 月,此片在海外社交媒体浏览量达 1.88 亿,5 000 余万人互动,624 万人点赞①。

虽然借助其他平台发行短视频新闻内容有助于扩大影响力,但同时也有受制于其他平台的管制、无法培养用户对短视频新闻品牌的黏性等问题。因此,不少短视频新闻机构自己建设 App 平台发行,比如"梨视频"就是以"梨视频"App 作为发行主渠道,《新京报》的"我们视频"是以网页作为主要发行渠道等。然而,如何实现用户点击入口的转变,仍是短视频新闻发行需要思考并解决的难题。

---

① 新华社:《浏览量超 1.8 亿!新华社这条短视频在海外刷屏了》,新华网,2019 年 1 月 19 日,http://www.xinhuanet.com//world/2019-01/19/c_1210042112.htm,最后浏览日期:2019 年 6 月 28 日。

第五章 网络直播新闻

第一节 网络直播新闻概述

一、网络直播新闻的定义

网络直播新闻(news live streaming 或 live streaming news)就是使用了网络直播技术的新闻。具体而言,可以分为广义的网络直播新闻与狭义的网络直播新闻两类。

广义的网络直播新闻,指通过网络传播的、实时更新并以传递新闻为效果的直播行为。这一定义既包括文字、图片、音频、视频多种形式的直播,也包括本意可能不是做新闻,但实际上却引发新闻效果的直播。文字、图片、音频等形式曾在网络直播中占有一席之地。但随着移动互联网技术的发展,它渐渐退出了网络直播新闻的主流,目前主要用作网络直播的辅助表现手段。

狭义的网络直播新闻,指以传递新闻为目的,以实时视频流为主要形式的网络直播。在狭义的网络直播新闻中,新闻与事件共时发生,由一组连续的现场画面与同期声的集合构成,信息量极为丰富。在当今的新闻生产中,狭义的网络直播新闻可以是互联网消息、短视频等多种新闻报道的最原始形态,处于整个新闻生产链条的上游部分。本章主要论述的网络直播新闻,除非特殊说明,否则即指狭义的网络直播新闻。

需要注意的是,狭义的网络直播新闻要与"电视直播上网"有所区分。电视直播新闻都是规定时间、地点进行播放的,需要预先进行周期性的周密准备与策划。而网络直播新闻的制作和发布都相对自由,允许记者拿着摄像头去寻找新闻。电视直播新闻有单镜和多镜,而网络直播新闻目前绝大多数以一镜到底为主。例如,在2012年伦敦奥运会期间,美国和英国的电视台都推出了网络直播。其中,美国全国广播公司(NBC)直播时长达3500小时以上,涵盖全部302个项目的决赛,还有不少视频先于电视转播上线。英国BBC推出免费网上直播,时长达2500小时。BBC还开发了针对智能手机的应用程序等配套产品,营造能够随时随地观看赛事的环境。当时,一些媒体将美国和英国电视台的这一举措称为网络直播元年[1]。然而,伦敦奥运会的网络直播内容,是由电视台操办,将电视上呈现的画面借助移动网络和相关App推送到网络上的。当时许多网络直播节目都是如此,观众能否观看取决于他们是否已经购买相应公司的收视网服务。论制作主体,这类直播对于已经成形的电视工业有较强的依赖性;论实际内容,这类直播与电视直播没有明显不同。它本质上等同于借由网络传输信号传播的电视节目,没有体现出自身作为一种新的新闻体裁的特征。这就是所谓的"电视直播上网",它与本章将要论述的网络直播新闻有着本质的区别。

在众多网络直播新闻中,尤其值得重视的是智能手机与移动网络推广以后出现的移动生产、移动收看、随时开播的网络直播新闻。正是这类新闻构成了当前网络直播新闻的主流。目前,不少事件的报道中,基于移动设备的网络直播新闻已经体现出其相较于传统报道的优越性。2015年6月30

---

[1] 新华国际:《外媒:伦敦奥运会将成网络直播元年》,人民网,2012年6月30日,http://world.people.com.cn/n/2012/0630/c157278-18414703.html,最后浏览日期:2019年4月14日。

日下午,北京丰台"大红门"附近工厂发生火灾事故,网友"大熊"使用手机流媒体直播 App"花椒"对近 5 000 名网友进行了一场"视频直播报道",以第一视角展示火灾周边场景,实时解答网友关于现场实时动态的疑问,并详尽描述了身处浓烟的真实感受,使观众身临其境,点赞量超 4 万。观看直播的网友评论称"这比央视逼真多了""比电视台快""似乎在手机上闻到了烟味"[①]。智能手机与移动网络和新闻直播的结合使直播更加及时,互动性更强,增加了真实感,取得了一加一大于二的效果。

二、网络直播新闻的特征

与传统电视新闻直播相比,网络直播新闻具有以下四个方面的特征。

(一)灵活性强,不受时间限制

与电视直播新闻相比,网络直播新闻没有播出时间的限制,电视新闻则必须遵守放送表的要求。在这一方面,网络直播新闻可以随时开启,随时停播。

以澎湃新闻的"复兴号"高铁京沪首发直播[②]为例,高铁首发运行时间长约 4 小时,但传统电视台的直播往往是早间或午间新闻的一档不超过 5 分钟的视频连线,而网络直播新闻就没有这种限制,澎湃新闻制作的直播同时呈现了北京、上海两地记者搭乘首发列车的全过程,总节目时长超过 6 小时[③]。这种时间长、内容多、路线广的新闻报道只有网络直播新闻才可以做到。

由于不受时长限制,在澎湃新闻对"复兴号"高铁京沪首发的直播中,节

---

① 《中国日报》:《从花椒瞬时直播北京大火看手机直播时代到来》,《中国日报》中文网,2015 年 7 月 1 日,http://cnews.chinadaily.com.cn/2015-07-01/content_21151793.htm,最后浏览日期:2019 年 4 月 14 日。
② 参见澎湃新闻"复兴号"高铁京沪首发直播,https://www.thepaper.cn/newsDetail_forward_1717657。
③ 忻勤:《移动新闻直播如何在深水区突围——以澎湃新闻视频直播为例》,《青年记者》2018 年 10 期。

目内容十分丰富。从视频中可以看到,记者在站台拍摄站台情景,在车上对相关工作人员进行采访,并对乘客进行随机采访。有关高铁的首发过程,观众可能会关心诸多问题,如车辆运行的稳定性、车辆环境的舒适度等,直播中不仅有来自相关负责人的直接解答,还有通过记者手持拍摄的视频画面,观众足不出户就可以清楚地了解现场信息。这些都是网络直播新闻灵活性的体现。

(二) 互动性强

电视直播新闻大多没有互动环节,即便有,也受到很多限制,在直播新闻中不能占据主要地位。电视节目中的互动绝大多数只是一种形式上的互动,例如主持人对观众问好,而这并非真正意义上的互动。真正的互动在传统的电视直播新闻中实现起来非常困难。

首先,电视直播新闻的时间是不自由的,并且是稀缺的,互动环节需要占用十分宝贵的时长资源;其次,即便开通了互动环节,或者互动仅限于现场嘉宾,或者观众要通过电话等方式接入节目,互动的范围十分有限;最后,在传统电视直播新闻中,节目组往往会对观众的一些互动进行筛选,选出比较符合节目自身特色或较为精彩的内容进行呈现,这样一来,虽然增强了节目组对节目效果的把控程度,但也削弱了互动的参与度。

网络直播新闻互动性明显强于电视直播新闻。网络直播新闻的网友评论区能够随时体现观众对新闻的反应。目前,绝大多数直播都允许观众跟随新闻的进展随时发表评论,评论在新闻视频的下方列出。有些网络直播新闻平台会将一些精选评论置顶,既保证人人可以参与,也增加了互动趣味。

在网络直播新闻中,以"弹幕"样态呈现的评论可以提供给网友观众更强的互动感。"弹幕"这种评论呈现样态由日本视频网站"niconico 动画"(日文"动画",即"视频"之意)首创。"弹幕"这个名称是形容网友评论密集地从右向左飞过,就像某些电子游戏里子弹齐发的情景。还有一些直播平台采用竖屏观看的方式,评论往往以"气泡"形态在画面下端向上滚动,同样是以即时呈现的方式漂浮于主播的画面之上，可以视为"类弹幕"。"弹幕"功能最初是运用在非直播的一般网络视频中，后来也运用在直播视频中。直播视频中弹幕提供的互动感远远高于非直播视频。在非直播视频中，弹幕具有可重复观看的特点，某人观看视频时，在视频的某一时间点发送了弹幕，此后，另外的用户观看该视频，当视频播放到同一时间点时，之前的弹幕就会在视频上呈现出来。因此，后来的弹幕发送者可能会对该弹幕进行回应，形成"版聊"效果。但是这种弹幕不是实时的，所以它只能是单向的，只能被未来时空的观看者看到。然而，直播视频中，弹幕是实时的，与直播内容的延迟十分微小。在直播中，"弹幕"相当于一个叠加在视频上的"聊天室"。网友不仅可以借助弹幕抒发自己对视频的感想，还可以与同时观看视频的网友进行互动，甚至可以和主播持续对话。另外，直播视频的"弹幕"跟随视频出现，很快便消失，仅与当下视频画面相配合。评论者无需进行太多深入思考，其内容最能反映出众人观看视频时的第一状态。

点赞也是观众参与直播的一种方式。在一些直播平台，只要观众点赞，直播画面就会实时浮现一串爱心形气泡。当直播内容出现高潮，直播者可以主动与观众互动，号召观众点赞。大量观众同时点赞，画面便会立刻被气泡充满，形成热烈的气氛。此外，在一些体育、娱乐类直播中，直播平台会将直播中出现的人物列于画面一旁，供喜欢他们的网友点赞、投票，表达他们的支持。

点赞这种互动渠道主要出现在娱乐化的直播平台上，并不适合所有直播新闻的场景，尤其是突发、较为严肃的新闻的直播报道。在 2020 年新冠肺炎疫情中，"央视频"为"火神山""雷神山"医院建设工地开启了不间断的慢直播，直播间的一些网友为蓝色挖掘机起名"小蓝""蓝忘机"，给叉车起名"叉酱"，"央视频"因此上线了在直播中为"小蓝""叉酱"等点赞、加油的功能，网友为机器竞相"拉票"，自封"云监工"，并用票数互相攀比，无形中忽视了本应作为主体的建设工人们。这引起了一些新闻伦理上的争议，"央视频"很快下线了这一功能。目前主流的网络直播新闻的平台上，点赞功能使

用得还不广泛，只有以直播国宝大熊猫状态的"熊猫频道"App为首的慢直播型网络直播新闻使用了这一功能，且目前还不足以实现点赞即时上屏的效果。

（三）重播功能强

传统电视直播新闻因为时长有限，再精彩的新闻也无法提供全过程的重播，最多只能剪辑出其中的精彩片段，加工后在短讯中呈现。

网络直播新闻理论上可以做到随时随地重播。网络直播新闻的重播功能增加了受众观看的自由度，观众可以在直播回看中还原当时的新闻场景。

但是，在实践中，很多网络直播新闻的重播功能还不完善，当前只有少数几个新闻平台可以提供历史直播的回放查询。这些新闻平台通常仅能查阅一年内的直播内容。例如，《人民日报》App的直播回看仅能回看最近的四场直播。提供回放的网站也只能再现视频内容，网友即时发送的评论弹幕数据则无法呈现。主要原因是，新闻网站每天都会提供大量的视频直播，而视频文件较大，在目前的技术手段下还不能解决保存成本的问题。因此，回看仍受到一定限制。

（四）用"直播间"取代"演播室"

在电视直播新闻中，大多数直播是通过实体演播室和现场直播之间的相互切换实现的。演播室里的主持人介绍新闻概况，连线现场，现场记者将信息实时传输到演播室，最终形成观众看到的画面。

网络直播新闻往往是通过手机等终端的推送而到达观众的。在推送的过程中，对新闻的文字简介取代了传统演播室主持人介绍新闻概况的作用，因此，也就不再需要设置一个演播室。在网络直播新闻中，摄像机的镜头往往直接对准事件发生的场景，将现场画面原生态地呈现给观众。在传统电视直播新闻中，演播室是沟通观众与场景的桥梁，但在网络直播新闻中就会产生隔膜。同样不再必要的还有额外增加的背景音乐、片花和花哨的拍摄手法等。

在网络直播新闻中，虚拟演播室取代了实体演播室，即我们通常所谓的

"直播间",也就是观众使用电脑、手机等终端观看直播的界面。这个"直播间"由直播的标题、导语,管理者更新的图文短视频资讯和网友发布的评论或弹幕共同构成。对于网络直播新闻来说,这一"直播间"的重要性丝毫不亚于电视直播新闻时代的演播室。

三、网络直播新闻的发展历程

(一)网络直播新闻的发展概述

广义的网络直播新闻兴起得较早。1998 年,中央电视台央视国际网站就成立了总编室网络宣传部,推出了一系列网络直播节目,包括新闻、经济、综艺、体育、影视等频道。北京申奥活动、迎接新千年、中国加入世界贸易组织、春节联欢晚会等都曾借助央视国际网络平台进行直播。不过由于当时的技术所限,直播主要是以"电视直播上网"的形式进行的,即借由网络来传播电视直播技术拍摄的节目内容,同步播出。节目内容的制作仍受到与电视直播相似的制约。

无线局域网出现以后,借助无线局域网络技术,记者可以将文字、图片、相片、音频同步到计算机,然后转换为有线网络讯号传输到新闻网站服务器上,从而实现多媒体的同步传输。但这种形式仍然需要直播场地提供网络通信上网的环境,在当时的技术背景下受到较大的局限。

移动互联网的出现使随时随地直播和随时随地观看直播成为可能。从 2G 到 3G,再到 4G,移动端能观看的直播形式也由文字、图片、音频发展到视频直播。互联网技术的进步极大地推进了网络直播新闻的发展。

事实上,借由网络实时传递重大会议新闻的技术早已诞生。2007 年"两会"中,新华网的"网络直播车"开进了"两会"报道现场,向海内外播发新闻图片和音视频。真正将网络直播技术使用到重大会议报道上是在 2017 年,《人民日报》将"两会"的报道推送到 PC 端和移动端,实现了每天 9 小时,总长 100 小时的不间断直播。

随后,移动网络技术的发展使室内直播走向移动直播,事件一旦发生,只要当地拥有移动上网条件，即可实现新闻的传输。2016年7月14日，法国尼斯恐怖袭击中，正在度假的德国记者理查德·古特贾尔(Richard Gutjahr)使用了一部苹果手机和一个外接电源设备对现场进行了24小时不间断的持续直播。这是使用移动网络技术进行网络直播新闻报道的一个典型案例。

新闻业注意到了网络直播技术的前景。2015年，美联社推出了直播服务"AP Direct"，2015年又推出了视频直播服务"AP Live Choice"(图5-1)。这是一款可以同时观看三个频道的新闻直播的服务。美联社还在其内部推广了直播App "Iris Reporter"。这一App允许美联社记者将自己的手机当成直播录制工具，直接将拍摄的直播内容上传到Live Choice。

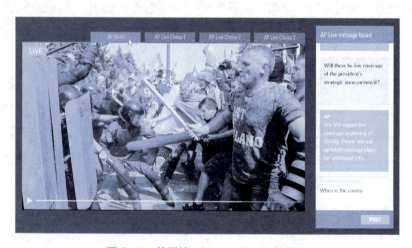

图5-1 美联社AP Live Choice的界面

社交网络媒体流量巨大，成长迅速，很快就参与了新闻直播。2015年，Facebook改造了之前面向名人明星专门推出的社交工具"Mentions"，同时面向记者开放。媒体记者可以利用这一工具向所有Facebook用户直播现场新闻。国外主流网络视频直播产品有Twitch、Periscope、Facebook Live、YouTube Live、Live Stream等，它们大多是主打娱乐的直播平台，也可以给个人用户提供发布新闻直播的机会。Facebook Live 是重要的综合性直播平台,也是西方主流媒体喜爱使用的直播平台。《纽约时报》《华盛顿邮报》都是 Facebook Live 的重要合作伙伴,新闻媒体借助社交网络综合直播平台直播的现象已经屡见不鲜。资本雄厚的新闻媒体更会自建网络直播平台,推出自己的新闻直播节目。

图 5-2　福克斯的网络新闻直播

在国外,网络新闻直播的 UGC 生产也受到了重视。非专业用户上传的视频与专业的新闻生产相结合,产生了全新的网络直播新闻的制作思路。例如,BBC 新闻 24 Hour 推出了英国第一个完全基于用户制作内容的新闻栏目"You News"(类似《人民日报》和新浪微博、一直播合作建设的"人民直播")。

（二）国内网络直播新闻的发展阶段

国内网络直播新闻发展可以分为萌发、扩张、沉淀三个阶段。

1. 萌发阶段

萌发阶段最早可以追溯到静态图文形式的网络直播新闻。这其中以体

育赛事直播最广为人知。早在互联网新闻直播进入流媒体视频阶段前,体育直播就已经悄然登上了互联网。当时的宽带上网还不普及,个人计算机的用户大多使用电话线上网,但重大赛事已经有了实时更新的文字直播,方便球迷们及时获知比赛的精彩看点。

国内重大会议直播和庭审直播是网络直播新闻中入场较早的一项。2003年5月14日,"中国法院网"通过网络直播了浙江省丽水市莲都区人民法院的一个变更抚养关系的案件。经过长时间的发展,庭审直播渐渐成为一种常规的直播类型,2013年12月,"中国法院庭审直播网"正式上线。

在网络直播新闻的萌发阶段,虽然已经有一些网络直播新闻的个案出现,但由于智能手机还不普及,移动上网资费过高等原因,网络直播新闻的影响力还很有限,只是作为电视直播新闻的补充形式出现。

2. 扩张阶段

2016年,推出网络直播新闻开始成为传统媒体向互联网转型的一种尝试,一些个人和新闻机构也可以使用 UGC 平台推出自己的网络直播新闻。网络直播新闻进入了扩张阶段。

这一阶段的开启是由直播的突然流行和手机网络新闻用户的崛起带来的。2016年,网络视频直播产业迎来爆发式增长,"资本看好,技术发力,平台拥抱,用户消费升级",迅速进入产业布局期,直播平台总数在这一年内迅速增多[1]。据不完全统计,直到《互联网直播服务管理规定》发布前,在国内提供互联网直播平台服务的企业超过300家,且数量还在增长[2]。2016年也是用手机网络新闻用户数显著飞跃的一年。据 CNNIC 第39次《中国互联网发展状况统计报告》统计,截至2016年12月,网络新闻用户规模为6.14亿,网民使用比例为84%。其中,手机网络新闻用户规模为5.71亿,占移动

---

[1] 阳美燕、周晓瑜、刘厚:《2016年中国网络直播业发展报告》,载唐绪军主编:《中国新媒体发展报告》,社会科学文献出版社2017年版,第61页。
[2] 网信办:《网信办〈互联网直播服务管理规定〉发布》,《中国信息化》2017年第3期。

网民的 78.9%[①]。

早期网络直播新闻引起热议的一个标志性案例是"快播案"直播。快播案的第一次公开庭审是在 2016 年 1 月,因此被称为"2016 年互联网开年第一案",北京市海淀区人民法院借由官方微博"北京海淀法院"在微博上进行了 20 多个小时的视频直播。最高峰时段 4 万人同时在线,累计超过 100 万人观看了这次网络直播。同时,法院还在 1 月 7 日至 8 日先后发布了 27 条长微博,对该案庭审进行了全程图文报道[②]。在当时,这种形式也带来了一定的争议,但其带来的社会影响力巨大。"快播案"的直播反映出扩张阶段网络直播新闻的特征:直播者愿意播新闻,观众对直播有兴趣,开放的直播平台也愿意为新闻提供直播的机会;但是评论区缺少引导,不乏低质量的弹幕。这样的问题并不是网络直播新闻的孤立问题,而是当时直播平台普遍出现的问题。直播平台监管的需要和网络直播新闻技术的进一步成熟,开启了网络直播新闻的下一个阶段。

3. 沉淀阶段

2017 年,网络直播新闻从扩张阶段走向沉淀阶段。根据《中国新媒体发展报告(2018)》,2017 年有大量直播网站在竞争中被淘汰,纷纷关闭。资本对直播的热情也开始下降。"2017 年网络视频产业进入深度调整和良性治理的发展平缓期","是直播行业回归理性、价值沉淀和转型定向的关键一年"[③]。

与此同时,《互联网直播服务管理规定》(以下简称《规定》)的出台是沉淀阶段的重要标志。《规定》要求发布新闻的直播平台必须具备"双资质",因此大多数平台不再具备新闻报道的资格;之后"先审后发"的规定又进一

---

① 网信办:《第 39 次中国互联网络发展状况统计报告(全文)》,中国网信网,2017 年 1 月 22 日,http://www.cac.gov.cn/2017-01/22/c_1120352022.htm,最后浏览日期:2019 年 4 月 24 日。
② 王瑞奇、王四新:《"快播"案直播传播效果分析》,《现代传播(中国传媒大学学报)》2016 年第 8 期。
③ 王建磊、吴越:《2017 年网络视频直播发展报告》,载尹韵公主编:《中国新媒体发展报告 2018》,社会科学文献出版社 2018 年版,第 310 页。

步将网络直播新闻规范化。这使得我国的网络直播新闻走向了生产的专业化、职业化。下文将对这一《规定》进行更为详细的介绍。

四、网络直播新闻的内容生产

（一）内容生产者：以专业生产为主

网络直播新闻的内容生产者主要有三种身份：传统媒体的新媒体部门、商业网站新闻频道、自媒体。《规定》出台以后，在网络直播新闻这一领域，传统媒体新媒体部门的优势开始显现，新闻生产模式迅速专业化。

上述网络直播新闻的三类主要直播者，彼此之间存在较为明显的差异。传统媒体的新媒体部门在新闻内容方面的专业素养较强，但是目前平台自身运载能力有限；商业网站则可以承载较大的访问量，一些集成社交功能，如新浪微博、腾讯微信等App，是新闻投递的主力，但缺少一些新闻类型的报道资质；自媒体难以独立制作、发布新闻，需要寻找平台进驻，近来流行以多频道网络公司(Multi-channel Network，简称MCN，相当于为自媒体提供资金、流量、变现方式的经纪公司)为中介寻找合适的平台发布直播新闻产品的方式。例如，澎湃新闻与"一直播"合作，《新京报》与"腾讯视频"合作，推出了具有特色的网络直播新闻品牌；在"梨视频""风直播"等平台上，也可以看到不少传统媒体、自媒体开设"专栏"，投放直播视频。

（二）当前国内主要的网络直播新闻平台

目前，国内发展得较为完善的网络直播新闻平台有"人民直播""我们直播""梨视频直播""风直播""看看新闻"等。

"人民直播"是《人民日报》在其网站与App上增设的直播栏目(图5-3)，由人民日报社新媒体中心与新浪微博、一直播合作建设而成，上线于2017年2月19日，在其App中呈现为独立的一栏。"人民直播"将自己定位为全国移动直播平台，新闻直播的来源包括国内百余家媒体机构、政府机构、自媒体等。"人民直播"的直播间设计为不能同时呈现的两页：一页是直播视频和图文主持人间歇发布的图文梗概，梗概按照时间正序排列，起到引导作用;另一页是"大家聊"网友评论页面。直播间没有设置评论弹幕,页面中呈现的视频较少,不能观看已经播出了一段时间的节目。由于《人民日报》在国内外重大事件报道中的优势,其推出的直播较为全面地覆盖了国内重大会议、突发灾害等新闻的报道。此外,还有《大咖有话》等访谈节目。

"我们"是《新京报》视频报道部的视频产品,上线于2016年9月11日,由《新京报》与腾讯新闻联手出品。"我们"里节目分为视频节目与直播节目两类,可以在腾讯新闻客户端、《新京报》客户端上观看。其中,第一时间连线报道国内热点事件的《连线》和与国内志愿者组织合作的直播亲人团聚感人故事的《回家》是两档上

图5-3 "人民直播"在《人民日报》App上的界面

线较早的直播栏目。"我们"是专业新闻媒体与互联网巨头公司合作的有代表性的范例。腾讯为直播在大流量下平稳运行提供了优秀的技术支持,而《新京报》发挥其一贯的报道特色,有深度,有人情味,报道专业。两者合作,相得益彰。

"梨视频"是建立在庞大拍客团队基础上的视频发布服务提供者,其短视频广为人知,同时设有直播栏目(图5-4、图5-5)。"梨视频"的直播频道在电脑端上呈现为一个单独的栏目,在手机上则折叠为"频道"页中的子栏目。"梨视频"的直播栏目主要呈现"ing现场"提供的直播新闻节目。节目

图 5‑4 "梨视频"直播的预告视频

未开始直播时,会提供一个 56 秒左右的视频预告,由一些与直播主题相关的素材拼接而成,呈现直播新闻最主要的看点。"梨视频"的直播选题比较生活化,以反映各地风土人情、庆典活动为主。

"凤直播"是凤凰网旗下的新闻直播平台(图 5‑6),其最大的特色是有强大的回看功能,设立以来的所有直播节目都可以回看。在这一平台发布的直播来源比较多元,包括凤直播的原创节目、其他媒体的直播的转载、对凤凰卫视电视节目的网络直播等,同时也包括自媒体入驻,这些都以"栏目"的形式呈现。

"看看新闻"也是具有特色的直播平台(图 5‑7、图 5‑8),善于按照主题组织直播。如 2019 年春节期间,"看看新闻"设计了"中国年味"专题,将国外如悉尼龙舟赛、海牙春节庆祝活动、阿根廷春节庙会、联合国中国新春音乐会、香港农历新春烟花汇演、

图 5‑5 "梨视频"App 的直播栏目

图 5-6 "凤直播"的驻法主播来到巴黎香榭丽舍大街为观众直播巴黎"黄马甲"示威游行

武侯祠庙会、长沙工棚的农民工年夜饭、南京长江大桥纪念馆开放等一系列活动的直播组织在一起,形成一整个系列。除此之外,其首页设置了名为"上海这一刻"的 24 小时"慢直播",用于直播陆家嘴、黄浦江等景色,别具一格。

图 5-7 "看看新闻""上海这一刻"直播画面

图 5-8 "看看新闻"电脑版界面

五、网络直播新闻与《互联网直播服务管理规定》的出台

网络直播一直是相关部门监管的重点。《互联网直播服务管理规定》由国家互联网信息办公室公布于 2016 年 11 月 4 日。其发布背景是直播平台迅速增加,出现了一些"打擦边球""博取眼球""传播违法违规内容""违规开展新闻信息直播"的现象。规定出台的目的是加强互联网直播规范管理,促进行业有序发展。

网络直播新闻是网络直播的一种形式,因此也受到网络直播相关的法律法规的约束。与此同时,《规定》对开展互联网新闻信息直播服务特别作出了要求,与网络直播新闻有直接联系的,可以总结为以下三点。

第一,提出了"双资质"要求。《规定》第五条称,互联网直播服务提供者提供互联网新闻信息服务的,应当依法取得互联网新闻信息服务资质,并在许可范围内开展互联网新闻信息服务。开展互联网新闻信息服务的互联网直播发布者,应当依法取得互联网新闻信息服务资质并在许可范围内提供服务。

第二,提出"先审后发管理"。《规定》第七条规定,提供互联网新闻信息直播服务的,应当设立总编辑。互联网直播服务提供者应对直播内容实施先审后发管理。第十条规定,互联网直播发布者发布新闻信息,应当真实准确、客观公正。转载新闻信息应当完整准确,不得歪曲新闻信息内容,并在显著位置注明来源,保证新闻信息来源可追溯。

第三,要有"及时阻断"的技术。《规定》第八条规定,互联网直播服务提供者应当具备与其服务相适应的技术条件,应当具备即时阻断互联网直播的技术能力,技术方案应符合国家相关标准。

此外,《规定》第十一条对直播观看者也作了要求,要求互联网直播服务提供者应当加强对评论、弹幕等直播互动环节的实时管理,配备相应的管理人员。如果评论、弹幕中的内容偏离了主流价值观,直播平台就需要做好把关工作。

《规定》的出台给网络直播新闻带来了巨大的影响。从此,非专业新闻机构将不再具备进行新闻直播的资质,直播平台将集中化和规范化。网络直播新闻"先审后发"的制度出台对新闻媒体而言是新的挑战,使得网络新闻直播也增加了审核程序,审核速度要时刻跟上新闻发生的脚步。针对评论弹幕的管理要求,还应当配备相应的弹幕审核人员。

政府监管力度的提升是随着我国网络新闻直播蓬勃发展必然会出现的结果。媒体在积极创新,享受移动网络带来的极大机遇的同时,不能忽视自身的责任和义务,做好"把关人";追求新闻真、快、热的同时,还要遵守新闻伦理,维护公共利益[①]。

第二节 网络直播新闻生产的原则

网络直播新闻生产的原则主要包括基本要求和伦理要求两个方面。

---

① 黄妍:《网络新闻直播如何创新与规范》,《传媒》2017年第13期。

一、网络直播新闻生产的基本要求

（一）坚持新闻真实，杜绝一切形式的伪造现场或改变现场，一切摆拍都是假新闻

新闻报道必须要讲究真实性，网络直播新闻可以提供给观众最直接的现场感，因此，真实是网络直播新闻的优势，更是其安身立命的基础。一般来说，当前网络直播新闻中可能出现的影响直播新闻真实性的行为主要有以下三类。

第一类是利用直播故意传播假新闻。对于这种行为应该严格禁止，并且，传播假新闻的行为，情节严重的会造成犯罪，需要承担法律责任。例如，2017年7月18日，吉林市丰满区旺起镇一男子为了圈粉求打赏，在直播中捏造谣言称灾区死亡人数达到100多人，救灾物资、资金被公职人员私自发放。该直播共持续19分钟26秒，累计在线观看人数169人，最后该男子被刑拘[①]。

第二类是虽然没有直接捏造事实，但是利用一些特定的拍摄技巧，传递出引人误解的虚假信息，同样也是假新闻。例如，利用借位拍摄给人造成的距离、大小上的误解，改变取景故意隐蔽画面中的关键信息，刻意引导观众对现场的情况产生误解。有时，直播者为了吸引眼球，按照预先准备的剧本，表现出了违背常识的刻意举止，形成戏剧化效果，这种行为也应该杜绝。例如，2017年7月25日，《南方都市报》对广州横渡珠江活动的新闻直播报道中，南都记者为了证明珠江水质改善，直播喝珠江水三次，这一行为在网上引起争议。珠江的水质问题是历年关于此赛事新闻报道中都会提及的内容，虽然记者确实亲口喝下了珠江水，并没有弄虚作假，但是显然未经处理的珠江水并没有达到饮用水的标准，这样刻意的饮水行为对观看直播的观众而言，只会引起不适，并不会起到宣传治水效果的作用。

---

① 李金龙：《狂编滥造只为圈粉》，《人民公安》2017年第16期。

第三类是为了避免直播节目效果不佳,直播者有时会利用预先准备的素材剪辑成一条资料性质的短视频,用作节目预告或填补直播中的空白,诸如直播信号中断、画面长时间静止或镜头被遮挡等情况。对于这样的情况,应当在上述片段嵌入如"视频资料""往年画面"等醒目提示字样,避免观众将其与直播画面混同,产生误会。

(二) 强调受众代入感,一镜到底是常态

网络直播新闻的镜头运用以一镜到底为主,为了体现真实感、现场感,不宜使用过多花哨的运镜技巧。这种方式易于操作,不需要太多人手控制镜头,仅一到两个人即可完成新闻的直播。对观众而言,单一镜头可以让观众更快地代入直播者的角色,体验直播者经历的场景。对于直播者而言也节省了拍摄资源,可以较为灵活地行动,甚至单兵作战。

有时,为了增强观众的代入感,直播会在前往新闻现场途中就已经开启,换言之,连记者前往现场的全过程也在直播之中。例如,澎湃新闻报道北京降雪,拍摄雪天景山游人盛况的案例,直播记录了记者从景区大门到山顶的登山全过程。通过直播中的游人登山画面和记者的亲口讲述,观众可以对这一场景有更为切身的感受。

需要注意的是,在为仪式性活动如重大会议、阅兵式、开幕式等做直播时,由于要表现出隆重、盛大的场面,往往会使用与电视直播雷同的多机位、多角度直播,也会使用较多的辅助拍摄道具。如澎湃新闻对"复兴号"首发的两地同时直播就使用了多机位、多角度的拍摄方式,有时还将不同角度的画面同屏呈现。但是,如果直接将电视台的直播在网络上同步推出,本质上就是"电视直播上网",这需要与网络直播新闻加以区分。

(三) 新闻标题要简明扼要

网络直播新闻作为新闻,与传统新闻、互联网消息、短视频一样,标题决定了网友对直播的第一印象,至关重要。

网络直播新闻的标题应当包含事件发生的时间、地点和人物,同时内容应当尽量准确。直播间应当持续显示标题,方便在直播中间开始观看的观

众能随时了解情况。另外，还要规避标题前后不一致或与直播内容不符的现象。例如，澎湃新闻的一则题为《北京迎大范围强降雪，故宫雪景引来大批游客》的直播，画面上却显示了另一个标题《北京迎大范围强降雪，多高速临封各方应对保畅通》。这则直播的主要内容是主持人跟随大量游客一起雪中登景山眺望故宫，而交通状况仅在主持人闲谈时偶尔涉及，这种情况下，显然前一个标题更加符合实际。

直播如果跨越时间较长，可能会涉及不止一个话题。如果话题跳跃幅度较大，应当根据当时的内容，在画面上及时显示不同的标题，便于刚刚进入直播间的观众迅速跟上节奏。

网络直播新闻的标题要清晰、明了、直观，除此之外，还要有吸引力。与传统新闻、互联网消息不同，网络直播新闻的本体是直播视频流，真正的目的是吸引观众观看直播，而标题就像广告，能促使观众用宝贵的时间交换直播者提供的内容。

（四）直播间要开放评论，借助对评论内容的二次开发增强新闻的互动性与话题性

网络直播新闻直播间的评论管理十分重要，互动性是网络直播新闻相比传统电视直播最大的特点与优势。因此，直播间必须开放评论，允许观众随时发表观点。

对于媒体而言，观众在直播间发表的评论可以让媒体及时把握观众的感想，抓住观众的疑问，随时根据观众的反馈来补充信息，完善新闻报道。同时，与观众互动，回应观众的问题和需求，本身也可以成为直播节目的重要组成部分。例如，澎湃的网络直播新闻《深夜随警作战，直击抓捕入室盗窃犯》[1]，在制作节目的过程中，真正的抓捕行动不知何时才开始，前面必定会有漫长的等待。网友虽然对抓捕犯人的那一刻有期待，但等待的时间仍

---

[1] 澎湃新闻：《深夜随警作战，直击抓捕入室盗窃犯》，微博直播，2017年4月25日，http://live.weibo.com/show?id=1042097：397b030e5396bb53a06cf587c38e3b26，最后浏览日期：2019年4月20日。

是未知的,网友的耐心也是有限的,如何填充这么长时间的空白?这个时候,除了在直播前就对填补这样的时间空白有所设计,与网友进行密切的互动也是一种很好的方式。在澎湃对这则网络直播新闻的处理中,记者利用等待的时间采访民警关于抓捕准备、抓捕难点、此前破案的惊险等问题,同时也积极回答网友的质疑,如直播本身会否影响警方办案,警方为何会参与抓捕直播的策划等。而对于暂时离开的网友,澎湃通过图文直播的方式更新信息,以确保他们不错过核心信息。真正到了抓捕的高潮时,澎湃借助弹窗等方式,提示网友重新回到直播界面。这场直播的点击量最终以几百万收尾。事实证明,对于动态的、未知的甚至有争议的选题,网友是喜欢并且期待的①。

与此同时,在实际操作中,如何对评论进行引导与管理也是网络新闻直播的一大难点。具体而言,主要可以从以下四个方面入手。

第一,配置专人负责整理评论。许多网络直播新闻不仅在一家直播平台上播放,所以直播主持人、直播记者在进行直播时不能仅专注单个平台评论的进展,而是要同时关注多个平台。因此,网络直播新闻的制作还需要"直播内容助理"和"图文编辑"的配合。"直播内容助理"负责多个平台间的评论监管,梳理问题,让记者可以更好地与网友互动;"图文编辑"负责将互动过程形成文字问答模式,让之后的网友可以了解信息,增加互动踊跃性,从而形成一定用户黏性。

第二,及时关注评论中出现的尖锐问题,在直播中尽快进行解答。不论是谣言还是一般的异议,越早进行回应效果越好,最好的回应时间永远是当下。例如,上述的澎湃直播抓捕入室盗窃犯这一案例,有网友发表评论质疑直播是否影响警方办案以及警方为何会参与抓捕直播的策划。可以看到,澎湃通过对这些问题的及时回应,规避了选题争议性引起的风险。

---

① 忻勤:《移动新闻直播如何在深水区突围——以澎湃新闻视频直播为例》,《青年记者》2018 年第 10 期。

互联网新闻制作

第三，不断探索并完善直播流程与互动模式。直播者可以在直播中安排互动环节，视评论的丰富程度选择优质评论，与受众进行交谈和互动。因此，控场能力与应变能力将会是网络直播主持一个不可缺少的重要技能。

第四，培养愿意互动的固定观众群。发展固定观众群是一个长期的艰难过程，不能一蹴而就。其中，一些由传统媒体转型而来的网络直播媒体，尤其是地方媒体，由于其自有平台（网站或 App）的受众十分有限，互动也不够活跃，因此，其直播节目必须依靠互联网巨头社交媒体、视频平台进行分发，只有这样才能保证热度。目前，较为成功的专业网络直播新闻制作者往往会在社交媒体广泛建立账号，直播前积极预告，直播后及时总结，有针对性地发布后续报道，并积极与其他形式的报道进行联动，扩大自身知名度，提升品牌效应。

二、网络直播新闻生产的伦理要求

网络直播新闻必须要遵守新闻伦理，不得侵犯公共利益。但是，由于网络直播新闻本身的特性，直播者要在直播现场应对和处理各种复杂情况，因此在现实的操作中，时常要面对伦理上的诸多挑战。尤其是在直播灾难现场、暴力事件和交通事故的新闻时，一些非专业的直播者很容易迷失在对点击率的追求中，将一些未经处理的新闻现场直接上传播放，这些暴力、血腥的画面不仅影响观看者的体验，同时也会对受害者及家属造成二次伤害，造成不良社会影响。具体来说，网络直播新闻生产的伦理要求主要有以下三个方面。

（一）要保持镜头"干净"，回避暴力、血腥、恐怖的画面

具有强刺激性的画面会给新闻带来极大的关注度，但同时也会转移事件中真正值得关注的新闻点，造成新闻失衡。例如，2016 年纽约曼哈顿爆炸发生后，有记者通过移动直播软件对爆炸现场进行了直播，但是，直播中的镜头基本全部对准爆炸、烟火和伤者，少有记录爆炸源头、当事人和救援的画面。网友在评论中直呼"刺激"，甚至称"想去现场放把火直播"。又例如，

在 2015 年 11 月 13 日巴黎暴恐袭击事件中,枪手进入现场并扫射,几分钟后,袭击现场就在视频直播应用 Periscope 上得以呈现,体现出了无可比拟的即时性和现场感。蜂拥而至的用户甚至导致 Periscope 一度陷入瘫痪。但与此同时,现场混乱和爆炸的情况也引发了公众不必要的恐慌[①]。虽然刺激性画面会吸引受众关注,但过度强调视觉冲击会使新闻价值产生偏离,不仅给大多数观众带来不适,也会为价值观还在形成中的青少年和心理承受能力较弱的人群带来负面影响。

因此,在直播涉及暴力、血腥、恐怖画面的时候,要注意镜头的选取,控制报道比例,保持镜头"干净",适度运用延时直播等技术手段,同时加强评论的审核,避免让不恰当的言论和谣言借直播新闻大肆传播。

(二) 报道时要注意不能侵犯信息隐私权

网络直播新闻可以展示事件发生的全过程,开播又不受频道版面限制,因此用户几乎可以毫无阻碍地近乎同步浏览新闻现场的每一个角落。加之记者无法控制入镜的所有信息,相比其他形式的网络新闻报道,网络直播新闻导致隐私权受到侵犯的风险更高。

因此,在直播过程中要特别注意防范泄露机密,一旦发现,应当及时阻断直播。如果不恰当的隐私泄露已经在直播中发生,那么要主动排查相应的视频片段,对其进行处理,尽一切可能消除影响。

(三) 要避免对新闻中的受害者造成二次伤害

二次伤害指的是新闻报道中的再度伤害,即指在重大或严重突发事件,如地震、洪水、飓风、火山爆发等自然灾害,食物中毒、列车出轨等公共突发事件,以及枪杀、强奸、抢劫等犯罪事件的采访报道中,新闻记者因缺乏应有的同情心或保护受害者的意识而造成受害人及其亲属身心再次受到伤害的失德行为。

二次伤害在报道突发性犯罪新闻时是尤其要注意回避的。在时效性要

---

① 赵倩:《移动新闻直播中的媒介伦理道德失范及其重构》,《文化与传播》2017 年第 5 期。

求和独家新闻的利益驱动下,记者第一时间奔赴现场采访受害者,有时会忽略采访对象的感受。采访中,记者要求受害者讲述、还原受害场景,这是一种创伤提示或失落提示。受害者迫于媒体的压力,不得不频繁回忆往事,这对于受害人的心理健康是极大的威胁。在新闻报道过程中,对悲惨细节过于细致的描述会激发看客的兴趣,而看客无视受害人痛苦的反应又会给受害者及其亲属带来创伤。而在新闻报道后,由于报道的内容会在互联网上长期留下痕迹,有据可查,即便新闻热度已经过去,新闻本身仍然可能会在不经意间浮起,并对当事人的人生造成超乎想象的漫长影响。如果当事人是未成年人,还可能会对他未来的成长极为不利。因此,要特别慎重地对待突发性犯罪新闻的采访,尤其是涉及未成年人的案件。

第三节　不同类型网络直播新闻的生产

按照不同的划分标准,网络直播新闻可以分为不同的类型,与之对应,不同类型的网络直播新闻在生产过程中的注意事项也各不相同。当前,最常见的对网络直播新闻进行分类的方式主要有两种:以直播开启方式分类和以直播内容分类。

一、以直播开启方式来分类

(一)常规网络直播新闻

常规网络直播新闻指的是互联网上最常见的,以专业生产为主的网络直播新闻,通过有周期性的选题策划,经数人分工合作协同完成。此类网络直播新闻需要维持一定的发布频率,并确保内容专业性,同时要具备相应资质。

常规网络直播新闻大多数配有一名专门的出镜主持人,有时称其为主播或记者。主持人的工作内容是引领观看直播的观众了解直播内容,包括介绍现场情况、新闻背景、调查采访与网友互动等。

常规网络直播新闻往往以栏目和系列的方式进行组合。为了突出品牌,会在直播标题和画面中持续显示栏目名称,采访话筒上也会显示网站图标,这是它与电视直播的类似之处。

常规网络直播新闻内容多样,不同内容的节目有不同的制作要点,具体将在下一小节中分类介绍。

(二)"网红"网络直播新闻

"网红"网络直播新闻是指突然在短时间内爆发强大传播力的直播新闻。制作者很可能并非严格意义上的专业人士,其新闻内容具有一定的突发性和极高的话题性,题材通常是非主流的,表达手段也较为活泼,但是符合大众的心理预期,因此可以在互联网上迅速传播开来。

"网红"新闻适合使用网络直播的方式传递。2018年6月,美国明尼苏达州一只浣熊攀上了一座23层高的摩天大楼,最终成功登顶。当地众多媒体和个人对这一事件进行了网络直播,引发极大的关注。这一事件本身属于趣味新闻,在传统媒体中它只能占据边角的位置,但由于网络没有版面限制,"浣熊爬大楼"可以成为一场长达数小时的直播新闻接力赛。

"网红"新闻不是严肃新闻,因此制作形式可以活泼、多样。在上述"浣熊爬大楼"的案例中,大量直播同时出现,手段五花八门,有当地电视台开设在Facebook Live的专门直播,有来自个人主播的直播,甚至有网友为这只浣熊开设了Twitter账号,以第一人称的口吻来实时更新浣熊的处境,连街道电子屏都参与了新闻的实时播报,形成了全覆盖、多媒体、多样态、融入场景的网络直播新闻。在这样的运作下,这只浣熊成为Twitter上当日最热的话题。

恰当报道"网红"新闻,选取合适的角度,可以带来积极的价值。例如有关"浣熊爬大楼"的新闻报道中,媒体联系动物学家对浣熊的行为进行了专业解释,使公众免于陷入动物异常行为带来的猜疑和恐慌;对浣熊救援的报道也增强了人们的环境保护意识。在这则新闻的传播过程中,浣熊爬大楼的行为变成了勇敢实现目标的诗意表达,缓解了都市生活给人们带来的精神压力。

互联网新闻制作

（三）摄像头自动直播新闻

摄像头自动直播新闻有时被称为"慢直播"，是一种特殊的视频直播形式。比较早的例子是"慢电视"，始于挪威 NRK 电视台的尝试。该电视台曾经尝试直播织毛衣等生活内容，效果平平，很难被称作新闻。真正开始用这种方式制作新闻报道是在挪威最长铁路开通纪念日当天，电视台使用固定镜头长时间直播铁路沿线的自然风光。这在当前动辄数小时的网络直播新闻中或许不算特别"慢"，但在节目时长有限的电视时代，这种长期定格的直播的确是别具一格的。

到了网络时代，摄像头自动直播的优势开始发挥出来。例如，《人民日报》制作了"熊猫频道"，长时间直播大熊猫和国内著名风光；"看看直播"推出了"外滩 24 小时"。从大众的角度来看，这一类直播的宣传作用大于新闻作用。但是，当这些地点一旦发生新闻事件，借助这些镜头记录的直播画面就可以及时地提取出新闻素材。与此同时，这种摄像头自动直播的形式也符合互联网新闻个性化的要求。例如，不少熊猫爱好者借助熊猫基地的直播密切关注熊猫动态，以获知他们需要的信息。

摄像头自动直播技术与传感器技术结合后，具有自动开启新闻直播的效果。例如，日本地震频繁，为了做好地震报道，全日本各地一些视角宽广的位置都安装了配备有传感器技术的摄像头，在地震灾害发生时，摄像头感知到震动就会自动开启，直播现场受灾情况。这一方法比传统的人工拍摄更为快捷方便。随着无线网络技术的发展，这种"传感器＋自动直播"的方式可能会为人们带来更多的惊喜。

二、以直播内容来分类

（一）仪式性活动的网络直播

仪式性活动的网络新闻直播，如国庆阅兵、"两会"、体育赛事等，在电视直播时代是最适合直播的题材，备受众人关注的法律庭审也属于这一范围。这类活动的特点是事件发生的时间、地点都比较明确，有充分的时间做好节目内容与技术手段的预先准备,为直播构建最合适的软硬件条件。

在实际操作中,网络直播新闻要做好这一类题材的新闻的直播,既要保证直播的质量,也要与传统媒体的新闻直播有区分。具体而言,当前的成功尝试主要包括以下三个方面。

第一,为确保直播顺利进行,要预先进行周密的测试和演练。在移动网络新闻直播刚开始成为专业媒体的常规报道类型时,各方都还在探索当中,测试和演练是获取经验的重要途径。2016年全国"两会"召开,《新京报》进行了持续16天,累计98.5小时的直播报道。在这次报道以前,《新京报》预先利用北京市"两会"、春运摩托车大军返乡来做准备,测试设备、后台编导、直播软件和信号传输。记者用手机安装了Live Stream作为直播主力,"看直播"和移动直播台作为备用。通过手机拍摄,后台编导,4G或Wifi传输,直播视频最终呈现在移动终端和PC端。通过这两次"演练",《新京报》获得了设备条件和风险把控两方面的提升,为2016年全国"两会"的网络直播做好了准备。其中,在设备条件方面,《新京报》采购了能保持手机稳定的手持移动直播云台,以及新型手机、移动直播后台软件、雷达收音话筒等;而在风险把控方面,《新京报》提前准备了十几页的脚本和预案,对每一场直播都事先制订了细致的计划,包括直播开始时间、安排几个直播机位、每个人播什么内容和画面如何切换调度等。在"两会"正式直播开始前,前方记者和后方编导团队一起反复讨论推演,制订方案,现场勘查踩点。在"两会"直播过程中,《新京报》派出了20名上会记者,后方编导和审核团队随时监看后台,根据各个机位拍摄的场景和画面质量,调度视频画面[1]。

第二,仪式性活动的网络新闻直播特别需要重视真实性与现场感,特殊活动尤其要注重配套报道技术的先进性。2017年5月5日,C919大客机试飞,首飞仪式在网络上进行直播,吸引了全网累计破亿的访问量。此次直播播放了驾驶舱内的画面,这是此前任何一家飞机制造企业都没有尝试过的。

---

[1] 戴自更:《使命:〈新京报〉为什么行?》,中央编译出版社2017年版,第272页。

驾驶舱内画面与外部画面同步直播,同屏显示,展现了C919试飞的全过程。与此同时,直播还涉及一些在传统媒体报道中不太会被关注的细节,如C919的伴飞飞机、试飞控制中心的无线电对话等。这些设计增强了新闻的透明度,给观众带来了无与伦比的现场感和真实感。而这一切的背后都是由丰富的技术准备支撑的。例如,通过给伴飞拍摄飞机加装卫星通信系统,以实现C919空中飞行姿态的图像信号传输;将试飞视频监控系统与电视直播系统整合,以调取机上实时画面;架设地面直播机位等。技术上的充分准备为实现高透明的首飞直播报道奠定了基础[1]。

第三,利用用户生产内容的短视频平台公众号,鼓励用户、业余主播参与仪式性活动的网络直播,在热门直播网站上形成系列直播,以有效提升新闻事件本身的关注度。2018年上海召开进博会,除了东方卫视组织了现场的电视直播报道外,多个网络视频平台都参与了报道。人民网打造了"进博外传""'细'说进博"等多款新媒体栏目;抖音提前对进博会进行预热,设置了"相约上海进博会"等话题,鼓励用户上传与进博会相关的作品。截至2018年11月9日,进博会系列短视频在抖音、快手等平台的人民网公众号上的总阅读数达7 725万,转评赞达376.2万。《人民日报》现场记者说自己5天做了7场直播,"最忙的一天只睡了1个多小时,凌晨4点爬起来收拾一下赶班车又奔向上海国际会展中心"。超过2 000万人次在《人民日报》客户端和《人民日报》微博观看了直播,近距离感受了进博会[2]。

此外,直播新闻报道可以与短视频新闻报道联动制作,视频直播记者获取的信息流可以在后方进行编辑后发布在合作平台上,从而将视频素材高效率地转化为传播力。2016年《新京报》对"两会"进行实时直播之后,快速将精彩的直播内容同步精编剪辑为120条视频新闻,累计播放点击量达到

---

[1] 微信公众号"航空物语":《中国C919直播首飞,外国网友喊波音空客学学商飞》,观察者网,2017年5月6日,https://www.guancha.cn/Industry/2017_05_06_406980.shtml,最后浏览日期:2019年4月14日。
[2] 《进博会,这些感触最深刻》,人民网,2018年11月10日,http://finance.people.com.cn/n1/2018/1110/c1004-30392630.html,最后浏览日期:2019年4月14日。

了一个多亿。

（二）突发性新闻的网络直播

能够随时直播报道突发性新闻是网络直播新闻的极大竞争力。2015年11月13日，法国巴黎发生暴力恐怖袭击，在枪手闯入现场并扫射几分钟后，袭击现场的视频就在直播应用Periscope上出现了。2018年，第二十八届中国新闻奖首次设置了"媒介融合奖"，在移动直播的初评结果中，入围作品《四川九寨沟发生7.0级地震》《江苏丰县爆炸案件最新报道》都属于突发性新闻直播作品。

突发性新闻一般指突然发生的灾难、犯罪等事件。这类新闻对直播者的洞察力与应变力要求很高，而硬件条件如画面清晰度等则不是必备条件。拍摄过程中，拍摄者要善于发现现场有感染力、能让人身临其境的画面。在具体操作中主要包括以下四个要点。

1. 时效性

突发性新闻的网络直播对时效性要求最高。传统突发新闻的报道是现场采访记者将采访内容传至后方，由后方记者发布报道。伴随着互联网的发展，对新闻时效性的要求越来越高。对网络直播新闻记者来说，记者必须随身携带直播设备，根据受众的关注点，实时将受众最关注的内容以直播的方式传播出去。对于自然灾害事件如洪水、地震等，灾情实时共享还可以利用网络信息传播的速度与灾害自身演化的速度打出时间差，发挥一定的防灾、救灾作用。

与此同时，直播的时效性和透明性对及时遏制谣言也有一定的作用。例如，2016年《新京报》对华北地区暴雨的报道，当时网上谣传北京市西三环的路被水淹没了，记者到达现场发现是假的，随后通过网络直播立刻进行了辟谣。

突发性新闻的直播直接嵌入社交软件，可以有效提高传播效率。当下，大流量的视频直播平台多依托于社交软件传播，比起原有的链接方式跳转节省了大量的时间，一定程度上避免了用户因跳转而放弃阅读的情况出现。

互联网新闻制作

对于传统媒体的新媒体部门来说,与社交媒体进行直播合作则进一步实现了平台与入口的融合。通过具有社交性的视频直播,用户能够即时与直播者进行互动。与此同时,同一新闻事件总是存在多个直播者,他们以不同视角对事件进行报道,能在最大程度上还原现场。

2. 后台编辑

对于突发性新闻,万全的准备是不可能的,这就需要后台编辑及时、有效地补充信息给前线记者和直播观众。尤其是某些灾难事件因为特别受到关注,后台编辑团队要及时对网络上的一些不实言论进行汇总,以便前线记者在直播中有针对性地进行回应。例如,在2016年7月北京暴雨事件中,《新京报》对暴雨的报道就收集、核查了网络上的各种传言,准确地进行了信息辟谣的工作。而这些信息搜集和核查的工作主要由后台编辑团队来实现,前线记者主要负责将观众最关心的问题形象地呈现出来。

3. 以公共利益为准则,遵循新闻职业道德规范和新闻伦理要求

2010年8月23日,菲律宾发生一起劫持香港人质事件,人质解救最终失败。菲律宾方发出的事件调查报告中称,采访劫匪的棉兰网和其他三家电视台的报道让劫持者了解到解救方的全部情况,使人质的处境更为艰难,加剧了解救人质工作的难度。类似的情况在电视时代也曾经发生,1997年,台湾知名艺人白冰冰之女白晓燕遭绑架,媒体的报道也曾酿成悲剧。

任何一种现场直播的目的都应该将公共利益放在首位。《国际新闻道德信条》提到,职业行为的崇高标准是要献身于公共利益。对于网络直播新闻来说,选取观众关心的选题进行报道是获得收视率、提升平台关注度的重要手段。但是,在直播过程中,也一定要遵循新闻的职业道德规范和新闻伦理,对于一些突发性事件,要衡量报道是否会对当事人造成伤害或二次伤害。此外,对于未成年人等弱势群体,要注意保护其个人隐私;对于突发事件中的一些血腥、恐怖、残忍的场面,需经处理后选择播放或不播放。

4. 关注动态信息和静态信息的处理

视频直播直接记录了现场状况,因此会出现针对血腥画面未经处理的

争议。绝大多数拍摄者也没有对画面进行选择的意识。事实上,直播者对现场的展示,在确保新闻真实、杜绝摆拍的前提下,仍有可操作的空间,即对动态、静态信息进行处理。

例如,在澎湃新闻《江苏启东海域浅滩发现座头鲸,三次搁浅三次救援》的报道中,当地民警和渔民在救援时一起挖坑引海水,座头鲸死亡后民警又跟渔民一起用吊车运送座头鲸尸体。现场画面以动态为主,同期声丰富,直播时以集中拍摄为主。当出现静止画面,比如座头鲸静躺不动、救援陷入僵局时,记者借机向观众普及背景知识,回溯对渔民的采访、海洋专家的判断等。这种对动态和静态景别的处理使整个新闻直播的内容更加丰富多样。

又如,2019年3月21日下午4点左右,江苏响水县生态化工园区发生爆炸事件,"红星直播"在当天晚上十点对爆炸现场进行了约半小时的直播,这则新闻直播通过"人民直播"发布,观看数量累计达到70多万次。由于现场危险与交通管制等原因,记者和现场保持了一定距离,直播开启在距离爆炸现场不到一公里的位置。由于直播在夜晚进行,在前往现场的过程中,因为拍摄条件的限制,画面仅能显示远处冒火的化工厂、浓烟和车辆的灯光,无法从中直接获得太多信息。但由于事件本身具有话题性,人们急于了解现场情况,因此,在直播中,记者通过解说补充了画面提供的有限信息。

(三)调查性网络新闻直播

调查性网络新闻直播即对某一话题进行调查,将调查全过程展示给观众的新闻直播,既包括对新闻现场的记录,同时也会涉及对现场人物的随机采访。在进行调查性网络新闻直播时应注意以下四个方面。

第一,调查性网络直播最适合民生议题,选题往往需要贴合当下的热点。例如,"梨视频"在"十一"黄金周期间,针对当时的旅游热,推出了"黄金周旅游城市的东西有没有提价""济州岛实测 中国人点菜价更高""游客不识习俗 泰国庙前常争执"等一系列网络直播新闻。直播展现了记者前往各个旅游景点进行调查的全过程,记者通过调查在直播中回应了上述问题,引发了网友的关注。

2019年春运期间,澎湃新闻进行了题为《澎湃中国年,直击Z112列车上的春节归家旅程》的直播。在长达两天三夜的直播中,以"海口—哈尔滨"的列车Z112为舞台,这班列车运行时间为48小时,移动距离长达4 311公里,气温由暖入寒,沿途山川地貌丰富多变,经过琼州海峡时还要被拆成四截从海上运输,是一班"有看点"的列车。而选取春运这一牵动人心的主题,直播这趟列车运行的全过程,共吸引了3 100多条评论,5 300个点赞。

第二,调查性网络直播必定含有采访环节,寻找合适的采访对象和采访时机十分关键。调查性网络直播主要使用手持摄影,因为调查性网络直播往往发生在人流较为密集的场所,手持摄影较为灵活,方便寻找调查对象,边走边拍。记者要有能力找到可以提供解说的对象,将看点挖掘出来。例如澎湃新闻《澎湃中国年,直击Z112列车上的春节归家旅程》的列车直播,在列车经过琼州海峡时被拆分成四段运输,直播记者采访了乘务员,请乘务员解释列车具体要如何渡海。在广州、赣州、阜阳更换机头时,记者也采访了铁路工作人员,了解列车更换机头的原因。在直播间的图文主持区域还配套用图文形式进行了说明,方便观众随时了解情况。

第三,调查性网络直播可以发掘网友互动里的线索,及时调整直播内容,增加互动感。例如,在《澎湃中国年,直击Z112列车上的春节归家旅程》直播期间,评论区有人留言说"我老公就是这趟列车的驾驶员,很骄傲自己是名铁路职工家属"。直播记者注意到之后,立刻寻找到了这位评论者的丈夫,列车值班员倪九龙,并对他进行了采访。倪九龙在采访里表达了"舍小家,保大家"的高尚铁路精神,听说妻子一直在关注直播,便借由直播表达了对妻子理解自己工作的感谢之情,他的妻子也在评论区留言进行了回应。

第四,调查性网络直播,要注意维持信息量,也要注意视频节奏的把握,不能过于拖沓。例如《澎湃中国年,直击Z112列车上的春节归家旅程》是一个长达48小时的直播,为了保持直播的信息量,记者和形形色色的北上归乡者进行攀谈,发掘出乘客各自的故事。由于列车由南向北开,旅客在车上的装束由厚到薄,这也成了报道的一个关注点,体现出了此趟旅途之

"奇",这对于没有乘过这趟列车的观众而言十分具有吸引力。到了夜晚时分,车厢渐渐安静,可供直接采访的乘客较少,而没有座位的乘客倚靠车门入睡的细节被直播记者捕捉下来,让观众直接看到了他们旅途的艰辛。这一直播虽然漫长,但有动有静,纵使观众暂时离开一段时间也不影响回来继续观看。

(四)人物访谈类网络直播新闻

人物访谈类网络直播新闻即对一个或几个人物围绕某个话题进行深入访谈的网络直播新闻。在人物访谈类网络直播新闻中,主要应注意以下三个方面。

1. 访谈场景的设置和管理是基础

不同于前面几种类型的直播,人物访谈类的网络直播新闻往往需要一个合适的访谈场景,通常是一块类似演播厅的场地。演播厅可以使观众注意力不受杂乱环境的干扰,同时保持拍摄画面干净,声音清晰,更好地集中在访谈内容上。访谈场景可以是由两把椅子构成的单一场景,也可以在不同场景间进行切换。

例如,2015年3月6日,凤凰卫视联手凤凰新闻客户端主办了一场网络直播新闻谈话类节目《中日电饭锅大PK,煮饭技术哪家强》,针对中国游客赴日争相抢购电饭锅这一当时的热点来设计选题,具有话题性。节目设计了主会场与分会场。主会场为6位评审对不同电饭锅进行盲测,同时对中国游客抢购电饭锅的现象进行分析。其中有一位主持人控制进度,对嘉宾进行访谈,活跃气氛。分会场作为网友观看直播和发表评论的端口,有三位互动主持人跟进节目进度,通过与观众的互动提升参与感。这种双重主持、嘉宾畅谈、观众参与的形式是其创新之处[①]。

在具体操作中,不论是单一场景还是多个场景,都必须重视对访谈场景

---

① 李萌萌:《网络直播型新闻谈话节目可行性研究——以〈凤凰直击〉节目为例》,《西部广播电视》2015年第13期。

的现场管理和安排,保证摄像、拾音设备正常工作,画面、声音清晰可辨。虽然网络直播相比电视直播有很大的自由度,但它仍然是直播,不允许后期剪辑,一旦开播就没有回头路,访谈嘉宾的配合与网友的期待也计算在成本之内,因此在访谈前必须对访谈场景与设备进行再三确认,以免功亏一篑。

图5-9为某直播节目的回放画面。可以看到,节目已经开播四分钟,一个工作人员仍然在调试设备。经过长达五分钟的设备调试,主持人和访谈嘉宾才就位,但此时他们仍没有发现直播没有声音的问题。主持人与嘉宾侃侃而谈,着急的网友通过留言板反映听不到声音。他们最后不得不草草结束了直播。

图5-9 因设备故障匆匆结束直播,主持人向观众挥手致歉

2. 事先准备是关键

人物访谈类网络直播新闻中,出镜主持人准备采访稿的环节至关重要。人物访谈类网络直播新闻要特别避免低质量、无营养的提问。一般情况下,观众是基于自己的兴趣来选择观看网络直播的,当他们观看一档网络直播时,往往对网络直播的相关议题具有一定的知识储备,甚至是所邀嘉宾的"粉丝"。因此,主持人要选择这些观众迫切想要知道的问题,选择有深度、能够挖掘出故事的问题,而不是一些基础性的问题。

以《望江驿·遇见》对京剧演员王珮瑜的采访《京剧其实很好玩》为例。案例中,由于专业主持人迟到,因此临时安排了另一位工作人员充当主持人。迟到是主持人的大忌,却使这一案例显示出事前准备的重要性。临时主持人对王佩瑜提出了三个问题,分别是"为什么选取这个题目""什么是俞派京剧,俞派京剧有什么特色""是什么时候开始接触京剧艺术"。第一个问题被嘉宾抛了回去:"这个题目好像是你们定的";后两个问题被她称为"傻傻的问题"。

3. 直播过程中与网友进行互动

人物访谈类节目可以适当与网友进行互动。前文提到的节目《中日电饭锅大 PK,煮饭技术哪家强》体现出了早期这种形式的特征。节目中对网友评论的呈现进行了专门的设计,安排了专属的网络演播厅。但因为前期准备不足,嘉宾明显具有倾向性的发言引起了网友的不满,而当时对网友评论还没有建立起成熟的过滤机制,最终对直播效果造成了一定的负面影响。目前,随着网络直播节目形式的逐步稳固,专门为网友互动设立直播间的直播很少见,通常直接借助主持人与网友留言、弹幕评论的互动来实现,一般不会进行专门的互动环节设计。

除此之外,还有专门的网络互动访谈节目,网友在这类节目中可以感受到自己做"主持人"的乐趣,互动性最强。这类节目可以再分为两种类型。

一种是让嘉宾直面网友,选取网友的提问进行回答。娱乐新闻性质的直播节目经常采用让嘉宾直面网友、让镜头对准嘉宾的形式,形成在线回答的气氛。这类节目最能刺激网友的观看欲，他们会十分积极地留言，目不转睛地观看，期待自己的问题被选中（俗称"被翻牌子"）。但因为网络环境中鱼龙混杂，如果对网友留言不作遴选，可能会破坏节目气氛，对嘉宾造成伤害，因此在流程上要注意对评论的筛选和管理。

另一种是主持人和嘉宾同时在场，主持人从网友提问中实时选取问题，交给嘉宾回答。某些娱乐节目和政论节目的直播会采用这种形式，这样的节目形式可以较好地兼顾网友参与度和节目稳定性，但是这类直播要求主持人把注意力放在网友和嘉宾两个线程上，对主持人的控场技术和嘉宾随机应变的能力要求相对较高。

第六章　VR 新闻和 AR 新闻

近年来,以虚拟现实(VR)和增强现实(AR)为代表的新媒介技术迅速发展并席卷新闻业,通过提供新的新闻体验,推动了新闻业从原来的"看新闻"向"沉浸新闻"(immersive journalism)发展。

与此同时,恰逢国内外主流媒体正处于探索媒体转型的关键时期,面对 VR 技术和 AR 技术可能带来的技术机遇,包括《纽约时报》、《华盛顿邮报》、《泰晤士报》、BBC 等在内的国际主流媒体和新华社、《人民日报》、中央电视台等国内主流媒体都积极试水 VR 新闻和 AR 新闻,带来了上述两者在世界范围内的迅速发展。

当前,在众多媒体的积极探索中,VR 新闻和 AR 新闻都已呈现出基本的形态。但由于设备、成本等方面的限制,总体而言,上述两种新闻形态仍然处于探索阶段,尚未有主流媒体将它们作为核心的新闻报道范式。但是,各大主流媒体仍然保持高度热情,持续关注 VR 新闻和 AR 新闻,并且坚持不懈地展开各种探索。随着技术的不断发展以及 VR 和 AR 新闻展现出的对新闻生产的颠覆性改变,这两种新闻形态在未来的发展十分值得关注。

第一节　沉浸新闻概述

一、沉浸新闻的内涵

在传统媒体时期,纪录片以影像方式试图真实地呈现世界,带给受众关于新闻事件在视觉和听觉上的全面感知,尽可能还原事件本身。然而,无论纪录片对现象和事件的还原度多么高,记者和编辑在拍摄和剪辑的过程中,总会选择性地舍去一些内容,而受众也总是在屏幕前观看纪录片。在这个过程中,受众必须要跟随记者和编辑设置的叙事线索去感知纪录片的内容。总体而言,受众与纪录片所呈现的内容之间泾渭分明,两者存在显著的割裂。

伴随着 VR 技术和 AR 技术的发展,VR 新闻和 AR 新闻为人们提供了一种较纪录片而言与新闻事件更加贴近的体验,可以说是对纪录片的一种延伸。其中,VR 新闻是纵向推进,带给了人们更加身临其境、深入现场的实景体验;AR 新闻则是横向延伸,带给人们更加全方位的、多场景叠加的新闻体验。

在目前的研究中,根据 VR 新闻和 AR 新闻的特点,学界和业界将 VR 新闻和 AR 新闻归于沉浸新闻的范畴。具体而言,对沉浸新闻的定义较为多样化。例如,VR 新闻的实践者诺尼(Nonny de la Peña)认为,沉浸新闻指的是用户可以以"第一人称"来体验新闻故事的场景。沉浸新闻的基本理念是让用户真正地进入一个真实再现的新闻故事场景,从而构建用户与新闻故事之间的紧密连接[1]。李沁认为,沉浸新闻是基于沉浸传播的一种模式,而所谓的沉浸传播是一种全新的信息传播方式,它是以人为中心,以连接了所有媒介形态的人类大环境为媒介而实现的无时不在、无处不在、无所不能的传

---

[1] Nonny de la Peña, P. Weil, J. Llobera, et al., "Immersive Journalism: Immersive Virtual Reality for the First-Person Experience of News," *Presence Teleoperators & Virtual Environments*, 2010, 19(4), pp. 291-301.

播。它是使一个人完全专注、也完全专注于个人的动态定制的传播过程。它所实现的理想传播效果是让人看不到、摸不到、感觉不到的超越时空的泛在体验[1]。杭敏认为,沉浸式报道聚集海量信息,综合运用多媒体的互动式呈现方式,为受众营造了第一视角的阅读氛围[2]。

综合上述对沉浸新闻定义的讨论,本书认为,沉浸新闻是一种密切勾连用户与新闻,并以用户为中心的,强调用户新闻体验和新闻参与的新的新闻样态。其中,"用户体验"与"用户参与"是沉浸新闻的关键词。

用户体验指用户不再通过编辑部对新闻的再现去获取新闻相关信息,而是通过自身对新闻的体验来获取新闻信息。在此,体验替代了传统媒体时代的阅读和观看,成为沉浸新闻传播新闻信息的一种重要方式。例如,用户可以通过对新闻所在的空间、新闻事件所处的大环境和氛围、新闻事件推进过程中的细节的体验来感知新闻信息,甚至获得比阅读文字报道、观看电视更多的信息。

用户参与指用户不再是处于新闻之外的旁观者和被动的接收者,而是主动地参与了新闻,并且可以决定新闻叙事的顺序和内容。例如,在沉浸新闻中,用户通过选择新闻界面上不同的按钮或扫描特定的物件,个性化地创造新闻叙事的开端和发展,并且可以选择自己喜爱的内容进行体验;而用户本身所处的场域也会影响其新闻发现,不同的场域会带来不同的新闻效果。

可以说,沉浸新闻是一种全新的新闻样态,而非对传统新闻样态的一种补充。当前,沉浸新闻的表现样式不仅限于 VR 新闻和 AR 新闻,还包括 3D 数据可视化、多媒体技术融合等能够呈现沉浸效果、鼓励用户体验和参与的新闻样式。作为一种技术创新的方式,沉浸新闻在前期制作中融合了文字、图片、音频、视频等复合新闻素材,并在建模的基础上进行动态捕捉,构建虚

---

[1] 李沁:《沉浸新闻模式:无界时空的全民狂欢》,《现代传播(中国传媒大学学报)》2017年第7期。
[2] 杭敏:《融合新闻中的沉浸式体验——案例与分析》,《新闻记者》2017年第3期。

拟环境①。因此,从技术层面来看,沉浸新闻实际上是以沉浸的理念为核心,通过多种新老媒体技术融合的技术手段来实现的一种新闻方式。

相较于以往报纸、广播、电视等媒介技术深耕对现实世界的复刻与再现,沉浸新闻重置了现实世界与虚拟世界之间的关系,为用户带来了一种崭新的、截然不同的体验,也对新闻业产生了巨大的影响。

二、沉浸新闻对新闻业的意义

当前几乎所有国内外主流媒体都在尝试沉浸新闻。沉浸新闻对新闻业的发展到底具有什么样的意义?

从历史的维度来看,新闻从报纸新闻、广播新闻再到电视新闻的发展史,实际上是一部新闻越来越"逼近现场"的历史。通过报纸的文字描述,人们可以了解新闻的 5W 要素,然后凭借自己的生活经验和想象力在脑海中勾勒出整个新闻事件的发展过程;广播通过声音的方式使新闻现场的声音可以直接被听众听见,给听众带来一种"声临其境"的体验;电视为观众提供了新闻现场的动态视频,因此,相对于单一的文字或声音,观众更能够"眼见为实"。而沉浸新闻则在"逼近现场"的方向上又向前跨了一大步。通过沉浸新闻,人们与新闻现场之间的"距离"更近了,人们仿佛来到了新闻现场,可以看到新闻现场中的每个细节,听到新闻现场中的所有声音,感受到新闻现场最真实的氛围。上述沉浸新闻对场景"零距离"的呈现以及对细节的表现力使其在战争、灾难等重大突发事件,选举、游行等直播事件,以及科技、文化等题材的新闻上都具有无可替代的优势。

从新闻创新的角度来看,新媒介技术的发展和自媒体的层出不穷对主流媒体造成了巨大的冲击。主流媒体如果继续依托传统的新闻模式,没有创新,其影响力将迅速衰退。面对这样的情况,主流媒体开始积极地寻求媒介转型和新闻创新,而技术创新则是它们在转型中关注的一个重要维度。

---

① 张春海:《沉浸式新闻重在价值表达》,《中国社会科学报》2017 年 8 月 14 日,第 2 版。

对主流媒体来说,将沉浸新闻作为转型和创新的方向,具有两大优势:一方面,沉浸新闻与传统的报纸、电视等新闻样态具有很大的差异,其强调体验和参与的核心特质能为新闻用户提供截然不同的新闻产品,带给用户全新的新闻体验;另一方面,无论是什么形态的沉浸新闻,其研发和制作都需要较高的成本,这就意味着依托于规模宏大的新闻集团的主流媒体,相较于自媒体和小型新兴媒体,它们在财力、人力和物力方面都占据领先地位,因此在沉浸新闻的制作上具有较大的优势。

从新闻实践的角度来看,作为一种与传统新闻截然不同的新闻样态,沉浸新闻的意义体现在对传统新闻生产理念的重构。就目前的实践而言,这种重构至少表现在以下四个方面。

其一,如何给用户带来更好的新闻体验,成了新闻策划的一大核心关键词。因此,传统的以新闻价值为核心的新闻策划理念开始受到威胁,继而转向一种重视用户体验的新逻辑。常江以 VR 新闻为例,指出 VR 新闻生产的出发点与核心诉求在于"体验价值",而非传统意义上的"新闻价值"[①]。也就是说,具有强烈的感官刺激或是能激起用户强烈体验欲望的新闻题材,将成为沉浸新闻选题的一大新方向。虽然说这样的新闻可能也具备传统意义上的新闻价值,但在沉浸新闻的考量过程中,对其体验价值的关注必然大于其新闻价值。匡文波指出,收看新闻与观看影片的诉求点不同,观众的需求点到底是什么,是报道的题材、事件真相,还是现场体验,这是制作沉浸新闻时需要考虑的一个重要的问题[②]。本书认为,沉浸新闻若要成为一种成熟的新闻样态,就必然要在发展中考虑传统意义上的新闻价值。用户对一则新闻的体验应该也包含获取新闻的基本要素。如果是过分强调感官体验而忽略了新闻价值,用户很快就会对沉浸新闻的形式感到无聊,进而放弃沉浸新闻。因此,在新闻策划中,探索如何平衡体验价值和新闻价值非常重要。

---

① 常江:《蒙太奇、可视化与虚拟现实:新闻生产的视觉逻辑变迁》,《新闻大学》2017 年第 1 期。
② 张春海:《沉浸式新闻重在价值表达》,《中国社会科学报》2017 年 8 月 14 日,第 2 版。

其二，沉浸新闻建构了一种全新的传者与受者之间的关系。传统媒体报道中，报纸的订阅者和电视新闻的观看者被统一称为"受众"，这当中实际上暗含了主客体之分的隐喻。在阅读报纸和观看电视的过程中，阅读和观看的一方是在"接受"作为传者的新闻编辑部的传播。而沉浸新闻强化了观看者的新闻体验和新闻参与。因此，观看者不再是被动的"受者"，在观看新闻的过程中，他们通过自己的体验来理解新闻。在一些新闻中，他们还能通过点击按钮、对话等方式来自行设计新闻的叙事流程和叙事内容。在沉浸新闻中，用户的主观能动性得到了空前的提升。

其三，沉浸新闻促使我们重新去思考真实性、客观性等传统的新闻理念。以新闻的真实性为例，在传统的对新闻的认知中，真实是新闻的生命。但是，在沉浸新闻中，究竟什么是真实？沉浸新闻带来的"真实"体验到底意味着什么？例如，VR新闻为用户创造虚拟的新闻体验，而这种虚拟的界面是否违背了传统意义上的新闻真实？与此同时，沉浸新闻提供给用户的过于逼真的沉浸体验，是否又会影响用户解读新闻的客观性？以上这些问题都值得我们去探索。

其四，沉浸新闻在新闻伦理上提出了新的议题。以体验和参与为主要特征的沉浸新闻，由于其提供的新闻体验相较于传统的新闻报道更加身临其境，这使一些血腥、色情、恐怖、暴力的场景在沉浸新闻中具有更强的冲击力。因此，在传播过程中必须要考虑到用户对上述场景的接受程度，并且要遵守基本的新闻职业规范和新闻伦理。

三、VR新闻和AR新闻

当前，VR新闻和AR新闻是沉浸新闻最主要的两种形式。其中，AR技术的产生比VR技术要晚，也有人认为，AR技术是在VR技术的基础上发展而来的。总体而言，VR新闻和AR新闻的共同点在于，两者都通过技术为用户构建出更为全面的新闻场景，从而提供给用户更加丰富的新闻体验，并吸引用户参与新闻叙事。用户通过体验新闻和参与新闻叙事，可以获取丰富的新闻信息。

VR新闻和AR新闻之间的区别主要表现在以下三个方面。

(一)新闻呈现的形式不同

新闻呈现形式的不同是两者之间最显著的区别。VR技术是通过计算机生成的三维虚拟环境或全景视频来呈现新闻,而AR新闻则通过与报纸、电视画面、手机视频等的叠加来呈现新闻,或通过扫码、扫特定的符号等行为触发。在新闻形态上,VR新闻往往采用动画或视频的方式来呈现,而AR新闻则往往由多种媒介结合,呈现方式更为丰富。AR新闻的丰富性主要表现在两个维度:一方面,被叠加的实体媒介可以是传统的报纸、电视,也可以是网络直播、短视频等;另一方面,在AR新闻中,使用AR技术呈现的部分可以是文字、图标、动画、视频等多种形式。

(二)构建的虚实关系不同

VR新闻通过构建一个虚拟的新闻环境让用户沉浸其中,这实际上是将用户从现实世界中抽离出去,沉浸在通过VR技术构建的另一个时空中。因此,用户越沉浸于虚拟空间,就与现实世界越脱节,其对VR新闻的体验也越深刻。而在AR新闻中,用户仍置身于现实的物理世界,所有依托于现实物理世界的感官依然存在,AR新闻创设的虚拟要素往往与用户置身的现实场域叠加在一起,或与用户所在的现实场域有着密切的勾连。因此,AR新闻的意义是对现实物理世界的一种增强和改变[1],可以帮助用户更好地理解现实社会中的新闻事件和新闻现象。

(三)用户使用新闻的方式不同

这主要表现在设备层面的不同。一般来说,用户观看VR新闻时虽然也可以直接使用手机或电脑,但如果要获取更具沉浸体验感的效果,一般就需要佩戴头显;而AR新闻一般只需要一部带有摄像头,可以连接网络,并且可

---

[1] [美]海伦·帕帕扬尼斯:《增强人类:技术如何塑造新的现实》,肖然、王晓雷译,机械工业出版社2018年版,第10页。

以安装相应的 App 的智能手机即可。

第二节 VR 新闻实务

2016 年,联合国推出 VR 新闻纪录片《锡德拉上空的云》(Clouds Over Sidra),影片通过 VR 将人们置身于叙利亚难民营,让他们观看一位 12 岁的少女在难民营的生活。人们在逼真的场景中对难民的艰难生活有了切身感受,深刻地体会到了战争的残酷。这部影片引起了世界对难民问题的关注,在影片拍摄地科威特举行的为叙利亚难民募捐的活动中,募集到了高达 38 亿美元的善款,其很大原因就是这部 VR 纪录片给人们带来了特有的、不同于传统媒体技术的巨大震撼力。

一、VR 新闻的发展历程

哥伦比亚大学新闻学院发布的《VR 新闻学》(Virtual Reality Journalism)将 VR 技术定义为:"VR 是一种沉浸式的媒介体验,它复制的世界可能来自现实环境也可能来自想象空间,用户与 VR 世界的互动方式是身临其境。"①

VR 新闻,顾名思义,就是运用 VR 技术实现的新闻,它通过塑造新闻事件发生的场景带给新闻用户仿佛身临其境般的新闻体验。麦克卢汉在《理解媒介:论人的延伸》(Understanding Media:The Extension of Man)中指出,媒介技术是人的感官的延伸。根据这一理论,VR 技术带来的沉浸式的体验,实际上是继报纸、广播、电视和互联网之后对人类感官的再次延伸。

早在 19 世纪,国外就已经有关于 VR 的畅想;20 世纪以来,VR 技术已经出现在众多科幻小说和电影之中,同时 VR 技术开始在小范围的科研项目内

---

① 刘义昆:《重构新闻业的想象:虚拟现实新闻的创新价值与实践困境》,《南京社会科学》2018 年第 7 期。

被运用;20世纪80年代后,VR技术开始在商业领域得到运用,但它价格昂贵,大众无法承担,也无法普及;近年来,VR技术日渐成熟,相关设备的价格也逐渐大众化,开始为人们熟知,并且运用于游戏、视频、新闻、设计、医疗等众多领域。

2013年,美国传媒巨头甘内特集团旗下的《得梅因纪事报》(The Des Moines Register)推出大型VR新闻项目《丰收的变化》(Harvest of Change),引发传媒界的广泛关注,同时开启了媒体探索VR产品的大门。随后,国际主流媒体纷纷尝试将VR技术运用到新闻生产当中,例如,《纽约时报》推出了VR新闻专用的新闻客户端"NYT VR",ABC设置了专门的VR栏目"ABC News VR",BBC成立了VR工作室"BBC VR Hub"。而在我国,新华社、财新等媒体也先后展开VR新闻的探索,如《人民日报》制作了"9·3"阅兵全景视频、财新传媒制作了VR纪录片《山村里的幼儿园》等。与此同时,不仅业界通过新闻实践探索VR新闻,学界也将研究的视野转向了VR新闻,学者围绕"VR新闻"出版了多部专著,发表了多篇论文。2016年,中国传媒大学新媒体研究院举办了首届CHINA VR新影像奖,评选出了13部VR新闻作品和VR纪录片。毫无疑问,VR新闻已经成为当前新闻业深受关注的热点,来自BBC、《纽约时报》、美联社等不少知名新闻机构的媒体人都将VR新闻视作未来新闻业发展的一大趋势。

当前,VR新闻主要以视频形式呈现。从技术层面来看,VR新闻主要分为三类[①]。第一类是直接观看无需VR眼镜的全景视频,这类视频不用佩戴VR眼镜,通过屏幕和鼠标的移动来改变视角,实现全景观看。第二类是需要佩戴VR眼镜才可以观看的全景视频,由于佩戴了眼镜,观看效果优于前者。当前绝大多数的VR新闻都属于这两类,例如《纽约时报》的"NYT VR",同一条新闻会同时提供上述两种观看方式,用户可以根据自己的情况进行

---

① 参见苏凯、赵苏砚:《VR虚拟现实与AR增强现实的技术原理与商业运用》,人民邮电出版社2017年版,第79—80页。

选择。第三类是用VR眼镜观看的VR视频。这一类视频也需要佩戴VR眼镜,但除了可以上下左右改变视角之外,还可以移动观看,因此带给用户的交互性更强。相较于第三类沉浸式的VR视频,全景视频虽然缺乏使用户完全沉浸其中的体验,但是在目前的阶段,全景视频也能够为用户营造一种相较于传统媒体而言与新闻现场更为贴近的新闻体验。并且,由于肉眼可以观看,全景视频的出现使用户更易接触到VR新闻[1]。

伴随着VR新闻的发展,新闻媒体在组织机构层面也发生了一定的变化。其中一个最显而易见的趋势,是从"记者+编辑"的专业生产模式转向了多学科团队协作模式。在传统媒体时期,记者负责新闻采写,编辑则负责最终确定版面,这种"记者+编辑"的新闻生产组织结构几乎是所有新闻机构的惯用模式。VR新闻的制作团队与传统新闻的制作团队之间存在很大的差异。根据BBC编辑齐拉·沃特森(Zillah Watson)在其对VR新闻的研究中指出,当前VR新闻的制作团队往往由一个多学科的团队来提供制作过程中的决策、委托、编辑和内容发布。这个团队的规模通常有2～10人,成员包括编辑部的决策者、软件开发人员、产品开发人员、设计师、动态图形程序员以及记者和摄影师,有时还包括业务开发的支持人员来管理与外部的合作关系[2]。

二、VR新闻的特征

VR技术的核心特征被广泛归纳为3I,即沉浸(immersion)、互动(interaction)和想象(imagination)。运用到新闻报道中的VR技术使VR新闻有什么样的特征呢?本书认为,VR新闻绝不是单纯的"VR+新闻",而是重构传统的新闻生产模式和生产理念所产生的一种新的新闻类别。综合当前

---

[1] 参见 Zillah Watson, "VR for News: The New Reality?" *Digital News Publications*, 2017, http://www.digitalnewsreport.org/publications/2017/vr-news-new-reality/#references。

[2] 同上。

的 VR 新闻生产实践，本书认为 VR 新闻在新闻呈现、新闻结构和用户体验三个方面呈现出新的特点。

（一）全景式的新闻呈现

所谓全景式新闻呈现，主要涵盖两层意思：一是新闻场景的全景呈现；二是对新闻事件的全景呈现。

新闻场景的全景呈现是一种横向全景，指的是 VR 新闻采用 360 度的视角，立体地展现新闻场景。也就是说，新闻场景的任何一个角度都能够通过 VR 技术呈现出来。在传统媒体时代，无论是报纸的文字报道、图片新闻还是电视新闻，对新闻场景的呈现往往是局部性和平面性的，记者和编辑根据新闻场景的重要性来呈现最具新闻价值的新闻场景。而 VR 的技术特性使 VR 新闻可以对新闻场景全景式地予以呈现，从而给用户带来更为贴近新闻现场的新闻体验。

新闻事件的全景呈现是一种纵向全景，指对新闻事件发生的全过程进行完整呈现。在传统媒体时代，对新闻事件的呈现往往经过记者对新闻事实的选择。为了凸显最重要的新闻价值，强化新闻的可读性，记者通过特定的某个线索将新闻事件串联起来，新闻事件中不太重要的支线可能就会被省略。例如，受众看到的图片新闻是从几十张甚至几百张围绕新闻事件的照片中选出来的；而视频新闻也是在现场拍摄的基础上通过剪辑和拼贴制作而成的。VR 新闻的生产虽然事实上也经过了记者和编辑部对新闻素材的选择，但由于 VR 新闻生产的理念是希望用户能够全面地体验新闻，同时，VR 技术也使 VR 新闻能够容纳新闻事件的全貌。因此，相较于传统新闻模式，VR 新闻对新闻事件的呈现更加全面，用户仿佛成为新闻事件中的一员，完整地参与和感受到了整个新闻事件的全过程。

（二）非线性的新闻结构

传统媒体的新闻叙事往往采用线性结构，记者按照新闻事件发生的 5W 要素交代新闻事件的来龙去脉，著名的金字塔结构就是媒体线性叙事的一个典型代表。

在 VR 新闻中,为了给用户带来更加良好的沉浸式体验,其新闻叙事往往采用非线性叙事,用户通过移动屏幕或鼠标来决定观看新闻场景的哪个部分。在一些 VR 新闻中,还设置有各种图标和按钮,进一步加强了用户在新闻叙事中的参与感。例如,在美国《得梅因纪事报》的 VR 新闻《丰收的变化》中,用户进入虚拟农场后,既可以在 360 度全景视角的场景中自由走动,同时也可以通过点击各种提示标志来了解这个农场的相关信息[1]。在这个过程中,新闻叙事的流程变得随机而不确定,以往传统媒体时代固定的线性叙事模式被打破了。同一个 VR 新闻,在不同用户的参与下会呈现出截然不同的样子。"每个人观看过程不同,体验也不同,有人从左边看起,有人从上面看起,有人转着圆圈看。你观看的过程,就是你解读新闻的过程。"[2]

(三)用户"第一人称"的新闻体验

在传统媒体时代,记者和编辑通过文字、视频等方式对新闻现场进行再现,新闻受众手捧报纸阅读新闻或坐在电视机前观看新闻。记者、编辑通过自身对新闻现场的"在场"和"体验"将信息传递给受众。受众虽然获知了新闻事件的相关信息,但是他们与新闻现场是隔绝的,只能从文字、图片和视频中接收新闻的信息,无法直观地、沉浸式地感知新闻现场的热烈、残酷、哀伤或震撼等任何一种氛围和情绪。

VR 新闻让用户沉浸其中,自主地以"第一人称"的方式去感受新闻,通过自己的感知融入新闻现场。正如徐英瑾所言,VR 专家关心的是如何让人类主体在真实客观环境缺乏的情况下,依然觉得自己处于客观环境中[3]。在 VR 新闻中,用户可以如同新闻事件中的一个参与者一样"经历"事件,或者

---

[1] 俞哲旻、姜日鑫、彭兰:《〈丰收的变化〉:新闻报道中虚拟现实的新运用》,《新闻界》2015 年第 9 期。
[2] 李沁:《沉浸新闻模式:无界时空的全民狂欢》,《现代传播(中国传媒大学学报)》2017 年第 7 期。
[3] 徐英瑾:《虚拟现实:比人工智能更深层次的纠结》,《人民论坛·学术前沿》2016 年第 24 期。

就像新闻现场的围观人群一样,观看新闻事件的发生过程,不受任何打扰。通过这个方式,用户能够体验到他们"认为的故事"[1],并凭借自己的观察和判断来接收新闻信息,对整个新闻事件形成自己的认知[2],这是一段真正的个性化新闻体验。

通过这种"第一人称"的体验,用户对新闻的理解更为深刻和具体。在一篇对《丰收的变化》的评论中这样写道,"只有穿上农民的鞋子——真实的或是虚拟的——人们才会懂得农民劳动的价值"[3]。这种体验和融入正是VR新闻不同于传统新闻的重要特性,体验新闻进而融入新闻,这也是VR新闻希望能够为用户实现的效果。

三、VR新闻面临的发展困境

当前,虽然国内外各大主流媒体都积极探索VR新闻。但是,VR新闻的发展依然面临一系列的问题。具体而言,VR新闻的发展困境主要可以归纳为以下四个方面。

(一)盈利模式陷入困境

广告和用户付费是传统新闻最主要的两大盈利模式。VR新闻的制作费用相较于传统的视频新闻高得多。例如,财新制作的VR纪录片《山村里的幼儿园》,国内版本的制作成本达到数十万元,国外版本的制作成本可能达到数百万元[4];美国《得梅因纪事报》制作的《丰收的变化》不仅在制作上耗

---

[1] 参见 Natalya Pomeroy,"Virtual Reality Might Be the Future of Journalism,"*Study Breaks*,2018,https://studybreaks.com/news-politics/vr-journalism/。
[2] 高婷:《虚拟现实新闻融合发展研究》,《编辑学刊》2017年第6期。
[3] 参见 Katie Woods,"Harvest of Change:Oculus VR Creates Virtual Reality Farm Experience,"*Farm and Dairy*,2014,https://www.farmanddairy.com/news/harvest-change-oculus-vr-creates-virtual-reality-farm-experience/221464.html。
[4] 石亚琼:《想用VR技术报道新闻?或许我们可以先看下财新这一年的经验》,36氪,2016年3月31日,https://36kr.com/p/5045324.html,最后浏览日期:2019年6月27日。

时 3 个月之久,而且耗资高达 5 万美元①。在如此高昂的制作成本面前,VR新闻在盈利模式上却并没有呈现出其优于传统新闻的特征。在各大媒体围绕 VR 新闻的探索中,《纽约时报》和《今日美国》宣称自己已经从 VR 新闻中盈利。其中,《纽约时报》为广告商制作 VR 广告,进而为广告商提供一种新的广告方式,由此博得广告商对媒体的投入。而《今日美国》的方式也类似,它们在工作室中增加了一个新部门"Get Creative",在原本的虚拟现实新闻网站"VRtually There"中创建了一个 VR 广告单元,以此来服务广告商②。但是,人们愿不愿意主动观看 VR 广告,以及 VR 广告是否能得到市场的认可进而成为一种稳定的盈利来源,尚待进一步探索。

(二) 新闻内容创新尚存在严重不足

VR 新闻因为提供沉浸式的新闻体验而受到关注,但是,在技术飞速发展的今天,技术的更新无比迅速,光靠用户对 VR 技术的新鲜感,VR 新闻的生命力必将短暂。对于任何一种新闻来说,好的新闻内容依然是这个时代最能打动人心的东西。但事实上,由于当前 VR 新闻实践还处于探索阶段,大多数 VR 新闻作品以呈现 VR 技术的形式,即为用户提供全景式或沉浸式的新闻体验为主要考量目标,在新闻内容的呈现上则较为欠缺。正如美联社一篇评论文章指出的,当前,VR 软件的发展远比不上其在硬件上的发展,文中援引了高德纳公司的分析师阮同(Tuong Nguyen)将现阶段的虚拟现实产业发展现状与高清电视产业发展初期展开的对比,指出人们最初购买高清电视机时没有任何可以用来观看的新的内容,这让他们感到很失望。而对于虚拟现实而言,当前内容的广度和深度都还不够③。

---

① 葛明驷、沈阳、李祖希:《媒介融合时代中国电视 VR 应用多维分析》,《现代传播(中国传媒大学学报)》2017 年第 4 期。
② 参见 Zillah Watson,"VR for News: The New Reality?," *Digital News Report*,2017,http://www.digitalnewsreport.org/publications/2017/vr-news-new-reality/#references。
③ 参见 Mae Anderson,"Remember Virtual Reality? Its Buzz Has Faded at CES 2019",*AP News*,2019 - 1 - 9,https://www.apnews.com/d18312074e174602801a74fcac2c186c,最后浏览日期:2019 年 6 月 27 日。

（三）配套设备仍未普及

当前，由于 VR 设备尚未普及，为了加强 VR 新闻的影响力，简化用户的使用，国内外主流媒体提供的 VR 新闻以裸眼观看的全景式视频为主。但是，这样的 VR 新闻观看体验以及用户对新闻的沉浸度尚有所欠缺。如果要获取最佳的呈现效果，就必然要使用沉浸式视频的方式来制作 VR 新闻，用户观看时必须佩戴 VR 头戴式设备。2015 年，《纽约时报》推出 VR 新闻应用"NYT VR"，并且给周日版的用户赠送了 100 万个谷歌纸盒 VR 眼镜，让他们体验沉浸式新闻的乐趣。但事实上，依靠向用户赠送 VR 设备的方式来推广 VR 新闻，一方面，受限于经济问题，赠送的 VR 设备一般较为简陋，体验一般；另一方面，这种赠送方式在受众方面有一定的局限性，无法将 VR 新闻推向普及。上述问题将直接影响 VR 新闻在未来的发展。

（四）对传统新闻伦理的挑战

作为一种新型的新闻形态，VR 新闻在实践过程中也涉及新闻伦理方面的新问题。例如，《卫报》推出的《6*9》模拟一个正常人在狱中的场景，让用户通过这则 VR 新闻体验身处监狱的孤独感，希望由此唤起用户对收监人员的同情和对监狱体制的反思[1]。在这个过程中，沉浸式的体验让用户对身处监狱的孤独感感同身受，而这种过于真切的体验反而会影响他们对监狱制度的客观思考。有学者指出，VR 新闻让用户更深入地体验新闻事件可能会造就另一种不真实和不客观，因为如果用户不具备跳出现场和平衡事件的能力，反而可能会产生偏见，无法对新闻事件产生更全面和客观的认知[2]。因此，如何在体验新闻与客观认知新闻之间寻求平衡，是 VR 新闻从业者需要关注的一个问题。此外，VR 新闻在给用户提供逼真的新闻体验的同时，还应该杜绝暴力、血腥、色情等内容，这也是 VR 新闻在新闻伦理方面应该关

---

[1] 常江：《蒙太奇、可视化与虚拟现实：新闻生产的视觉逻辑变迁》，《新闻大学》2017 年第 1 期。
[2] 喻国明、谌椿、王佳宁：《虚拟现实（VR）作为新媒介的新闻样态考察》，《新疆师范大学学报（哲学社会科学版）》2017 年第 3 期。

注的问题。

第三节　VR新闻的生产

一、VR新闻的选题

总体来说,"场景"和"感受"是 VR 新闻选题的两大关键词。本书对国内外主流媒体的 VR 新闻的实践经验进行分析后认为,当前 VR 新闻的选题主要包括以下五类。

（一）重大突发事件新闻

以灾难、战争为主的重大突发性事件,由于其场景往往较为宏大,采用 VR 新闻的方式能够提升用户对新闻场景的代入感,从而加深用户对于新闻事件的体验,因此,这一类的新闻题材是当前 VR 新闻非常关注的一个领域。在财新新闻总监邱嘉秋看来,较大场面的事故或灾难突发事件是 VR 新闻报道必考虑的选项①。而在国外的新闻实践中,《哥伦比亚新闻评论》的一项研究表明,战争题材的 VR 新闻最能刺激用户,并且给予他们难忘的体验②。这与战争题材新闻所特有的强烈的视觉和心理冲击具有非常密切的联系。在当前的 VR 新闻实践中,重大突发事件新闻较多,比较有代表性的有《纽约时报》对巴黎恐怖袭击的报道、财新对深圳山体垮塌事故的系列报道等。

但是,在采用 VR 新闻方式报道这一类新闻的过程中,对于一些暴力、血腥的场面,要适度回避。切不可为了追求冲击性的视觉效果,而忽视新闻伦理。

---

① 石亚琼:《想用 VR 技术报道新闻？或许我们可以先看下财新这一年的经验》,36 氪,2016 年 3 月 31 日,https://36kr.com/p/5045324.html,最后浏览日期:2019 年 6 月 27 日。
② 参见 Natalya Pomeroy, "Virtual Reality Might Be the Future of Journalism," *Study Breaks*, 2018, https://studybreaks.com/news-politics/vr-journalism。

（二）探索性话题

探索性话题也是 VR 新闻选题的热点。由于 VR 能够通过虚拟技术模拟各种图像，例如，外太空、高精尖科技、纳米等一些在现实生活中很难拍摄到的题材都能够通过 VR 技术呈现，而人们在日常生活中对这样的题材缺乏体验的机会，因此很愿意通过 VR 技术来体验太空遨游、参与科技畅想、触摸纳米分子等。与此同时，根据美联社的一项研究，当用户沉浸在 VR 新闻中时，他们对所看到的问题有着高度的开放性。这就意味着，与传统媒体相比，VR 新闻更加适合表现探索性话题，例如科学和自然[1]等。

当前，这一题材的 VR 新闻的典型代表包括《纽约时报》的《火星探索》(Life on Mars)、《在欧洲离子研究所的大型强子对撞机中》(Inside CERN's Large Hadron Collider)等。

（三）大型赛事和活动直播及相关新闻报道

VR 新闻的另一个思路是进行大型赛事和活动的直播及相关赛事的新闻报道。例如，VR 技术可以让用户"亲临"明星红毯和总统选举的现场，或是亲自"在现场"观看一场球赛等。根据已有的探索，乐视体育首席内容官刘建宏提出，"VR 技术的引入可以在很大程度上提升用户观看体育直播比赛的体验感"。

（四）深度报道

VR 新闻也适合对一些强调场景、关注空间变化的题材展开深度报道。不同于传统媒体的深度报道，VR 的优势在于，通过对新闻场景的细腻呈现，一方面，能够加深用户的体验，另一方面，细节的呈现使整个新闻更加真实而生动。

例如，财新 2016 年 12 月发布的 VR 新闻《命运的赌局》，讲述了贵州丹寨这样一个国家级贫困县的手工艺创业者，借助电商平台艰难创业改变命

---

[1] 参见 Natalya Pomeroy, "Virtual Reality Might Be the Future of Journalism," *Study Breaks*, 2018, https://studybreaks.com/news-politics/vr-journalism。

运的故事。通过全景式的场景对贫困县以及创业者的家进行细节化呈现，体现出了创业环境的艰难，这让用户对新闻报道的内容有了更加深刻的认知。

（五）新闻游戏

开发新闻游戏，让用户不仅体验新闻，还深度参与新闻，这也是当前 VR 新闻的一种思路。新闻游戏一般采用用户第一人称的视角，例如让用户扮演记者的角色，通过采访周边的民众和探索现场，来获得相关的新闻信息，通过更强的参与式体验，让用户更为深入地理解新闻。例如，BBC 在 2015 年推出的新闻游戏《叙利亚之旅》(Syrian Journey)，通过新闻游戏的方式，让用户更加深刻地感受"流亡之旅"。

又比如，财新 VR 报道的选题是在原有新闻选题基础上结合 VR 的视觉呈现特点而综合确定的。遵循"文字报道—视频报道—VR 报道"三步走的逻辑路径①。通常情况，选题的第一轮评估会从题目的价值、典型性、重要性、稀缺性、社会焦点、新闻热点、趣味性及报道对象影响力，集合其背后意义、自身资源与可操作性来判断合格选题，之后挑选可以进行视频报道的，最后聚焦最适合 VR 呈现的题目进行讨论。

在此阶段，还需考虑早期 VR 技术一般不善于表现细节，并对任务呈现有特殊要求，且拍摄设备对拍摄条件有特别限制。另外，视频时代可以推拉摇移以及快速剪辑完成镜头语言式的叙事，而在 VR 时代，这种惯性思维往往会成为阻碍，效果不尽如人意。因此，适合传统视频新闻报道的题目，并非一定就比文字报道更容易转化为 VR 报道。有些情况下，部分题材会从文字报道直接过渡到 VR 报道。因此，VR 选题筛选，要求记者和编辑具备较高的视听语言基础与影视背景。

---

① 参见邱嘉秋：《财新视频：利用虚拟现实技术（VR）报道新闻的过程及可能遇到问题辨析》，《中国记者》2016 年第 4 期。

二、VR 新闻的制作

明确了选题之后,在 VR 新闻的新闻生产中,主要应该注意以下三点。

(一) 重视新闻场景

VR 新闻的一大特点,就是全方位地对新闻场景进行呈现,这种全景呈现相较于传统媒体的平面式呈现,更加能够加深用户对新闻的理解,激起用户的情感共鸣。换言之,VR 的呈现形式使得新闻与新闻场景之间的关系变得无比紧密,对于"场景"的充分表达,成为 VR 新闻最鲜明的特色。

学者常江对《纽约时报》围绕埃博拉疫情制作的 VR 新闻片《慈悲为怀》进行分析后认为,该新闻片通过埃博拉幸存者的口吻讲述自己从患病到康复的故事,通过全景视频还原了疫情肆虐时的病房、村庄以及疫情结束后正常居民生活的真实场景。而传统媒体在报道埃博拉时,则较多报道最新死亡人数、疫情扩散情况等。两者对比后发现,VR 新闻片的全景式呈现,其带来的真实感和震撼感相较于传统媒体报道的冷冰冰的数字,更能激起用户对患病群体的同情与关怀[①]。

当前,为了能够保证为用户提供更加逼真的新闻场景,一方面,是 VR 新闻在拍摄、制作等方面日渐精细化,对新闻的还原度越来越高,越来越逼真;另一方面,VR 新闻的制作者应尽力摒除新闻现场以外的附加因素。例如,为了尽可能降低场外因素对新闻体验的影响,很多 VR 新闻没有出镜记者,仅仅是通过对新闻现场进行全景式的呈现,让用户以一种"第一人称"的方式去感受新闻。

(二) 把握叙事节奏

VR 新闻作为一种新的新闻类型,一开始往往能够通过技术层面的新鲜感,吸引用户的眼球。但是,如何能够在一条新闻播放的过程中,始终抓住用户的注意力,这就需要把握好叙事的节奏。

---

① 常江、杨奇光:《重构叙事? 虚拟现实技术对传统新闻生产的影响》,《新闻记者》2016 年第 9 期。

一方面,VR新闻要尽量短小精悍。VR新闻全景式的演绎方式,使得新闻的信息量很大。用户通过移动屏幕、点击鼠标等方式观看新闻,如果观看时间过长,很容易引起用户的视觉疲劳。

另一方面,要提升新闻叙事的效率,把握好细节与核心之间的关系。全景式的报道也会带来过多的冗余信息,不仅消散了用户的注意力,也使得新闻想要表达的核心无法被感知。因此要重点突出地进行新闻的全景式呈现,避免过多冗余信息。

(三) 正确处理新闻编辑部与用户之间的关系

在传统新闻报道下,新闻编辑部与用户之间是传者与受者的关系,新闻编辑部向用户提供新闻信息,用户在编辑部的引导下获取新闻信息。而在VR新闻中,为了能够保证用户对于新闻的沉浸,新闻编辑部在处理与用户之间的关系方面会产生一些变化。例如,用户在体验新闻的过程中容易因无法把握新闻的叙事逻辑而感到索然无味。这就要在VR新闻中适当加入一些字幕和操作提示,既不影响用户体验新闻,同时也对用户加以适当的引导。

三、VR新闻的实务案例

本节选取《纽约时报》的纪录片《流离失所》(The Displace)和"财新视频"系列报道"深圳光明新区山体垮塌事故"两个新闻案例展开案例分析,以更为直观地展现当前VR新闻实践的面貌。

(一)《纽约时报》VR纪录片《流离失所》分析

《流离失所》是《纽约时报》在2015年发布的第一部VR纪录片。这部纪录片总时长11分12秒,采用VR技术制作是这部纪录片当时引发人们关注的最大亮点。纪录片发布后,获得了戛纳金狮移动媒体奖、荷赛多媒体创意故事奖等奖项。纪录片主要围绕三个孩子的故事展开(图6-1)。

第一个主人公是11岁的男孩奥列格(Oleg)。故事发生的空间是乌克兰战争后被毁坏的村庄。2014年,因为乌克兰战争的爆发,奥列格和他的父母被迫离开了原来居住的村庄。在战争结束后,他们又重新回到了自己的村

第六章　VR 新闻和 AR 新闻 >>>

图 6-1　VR 纪录片《流离失所》中的画面

庄,但他们家乡的房屋、道路,包括原来的学校都已经变成了一片废墟。

第二个主人公是 9 岁的男孩丘尔(Chuol)。故事发生在夏天,丘尔居住的位于南苏丹的村子在战争中被攻击,为了躲避战争,他和他的祖母只能逃到沼泽地上的一个小岛生活,沼泽里有会攻击人类的鳄鱼。

第三个主人公是 12 岁的女孩哈娜(Hana)。2012 年,哈娜和她的父母离开了叙利亚,他们居住在位于贝卡的黎巴嫩难民营。黎巴嫩人民对他们并不友善,她每天早上 4 点就要起床去田里摘丝瓜,以此来帮补家计。

《流离失所》通过描述这三个由于战争而流离失所的孩子的故事,展现了战争给他们带来的恐惧以及丧失童年、失学等各种不幸。

在对 VR 新闻的理解和实际的操作中,纪录片呈现出的以下四个方面值得关注。

第一,在选题上,纪录片《流离失所》聚焦战争导致人们失去家园、被迫在异乡谋生的问题,具有强烈的人文关怀。影片的一开头即指出,"当前,世界上将近 6 000 万人因为战争而被迫离开自己的家园,其中有一半是儿童。这个数字是二战以来的最高值"。由此交代了纪录片选题的新闻价值。与此同时,与一些突发新闻不同,这一选题对新闻时效性的要求不是很高,比较契合 VR 的技术特征。在选题的呈现上,《流离失所》通过重点讲述三个孩子在战争中家园遭到毁坏、被迫离开故土的故事,引发人们对战争带来的伤

209

害的深度思考。"孩子为世界提供未来感,孩子象征着希望",《流离失所》的创作团队成员之一杰克(Jake Silverstein)说。这种通过具体个案展现某个宏大议题的方式与以往传统媒体深度报道视频的制作思路是一致的。

第二,根据用户自身设备的情况,《流离失所》为用户提供了纸板眼镜观看和手机360度全景观看两种方式(图6-2)。从效果来看,显然观众使用纸板眼镜观看更能体验到VR技术带来的沉浸感,手机360全景则只能通过上下左右移动手机的形式,粗略地体验VR技术。但无论是哪一种形式,VR的呈现方式都使纪录片的表现力和感染力有了很大的提升,搭配略显沉重的背景音乐和当地语言的旁白,带给了用户相较于传统视频新闻更具真实感的体验。当纪录片的画面切换到奥列格重返家乡后,在轰炸中被毁坏的房屋、道路和学校,地面上随处可见的子弹壳,丘尔在沼泽地中孤寂地划着船,飞机向黎巴嫩难民投放食物等,这一系列的全景场景带给人们一种身临其境般的触动和震撼。

图6-2 VR纪录片《流离失所》提供两种观看方式

第三,作为VR新闻,整个纪录片最为显著的特征是对全景式场景的突出和对用户沉浸式体验的关注。具体而言,主要体现在以下三个方面。首先,相较于传统的深度报道视频新闻,可以明显发现《流离失所》的节奏较为缓慢,画面停留时间较长,这主要是为了让用户更好地进行全景式的观察。

其次,《流离失所》中的旁白和字幕都比较少,旁白主要集中于对三个主人公日常生活的简单呈现,而字幕则主要是对三个主人公基本信息和背景进行交代。可以看出,相较于语言和文字,编辑部更希望通过 VR 画面的方式来提供更多的信息。最后,《流离失所》没有出镜记者,三个故事之间的切换通过镜头的直接组接来实现。这种切换方式较为自然,同时也不会打断用户的沉浸感。

第四,作为对 VR 新闻的一次尝试,《流离失所》也存在一些问题。这主要表现在:一方面,作为一个 11 分 12 秒的视频,对比长度相近的传统视频新闻,它提供的信息偏少;另一方面,由于整个纪录片为了保证用户的沉浸体验感,文字和出镜记者的引导较为缺乏,因此也带来了一定程度上的叙事线索不清和用户理解上的困难。

(二) 财新 VR 系列报道"深圳光明新区山体垮塌事故"分析

2015 年 12 月 20 日,深圳光明新区发生山体垮塌事故,财新视频团队围绕事故制作了 VR 系列报道。这也是财新视频的第一个 VR 系列报道。该系列由 6 个短片组成(表 6-1)。

表 6-1 财新视频"深圳山体垮塌事故"VR 系列报道

视频标题	时长	主要内容
深圳垮塌事故现场黄金 72 小时营救	1 分钟	事故现场救援情况
深圳垮塌事故救治医院探访	35 秒	医疗救治情况
暂居安置点的灾民生活	52 秒	灾民安置情况
生死线上的人家	38 秒	周边受灾人群情况
深圳垮塌始发地周边多个项目受影响	55 秒	周边项目受影响情况
深圳的伤恸	2 分 22 秒	整个事件时间线梳理

"深圳山体垮塌事故"VR 系列报道属于突发性事件报道。突发性事件报道最重要的要求就是时效性。但是,VR 新闻由于制作流程复杂,要实现

时效性非常困难。"深圳山体垮塌事故"VR 系列报道制作团队在三天内完成 6 个 VR 短片，可以说是倾注了大量的心血。而"山体垮塌"又是一个非常需要从空间、场景的角度去表达的新闻选题，使用 VR 新闻来呈现这个议题，可以让用户对垮塌现场有更加切身的体验，从而更深刻地感受这次事故造成的严重毁坏，引起用户对受灾人民的同情。

从整个系列报道的编排上来看，6 篇报道从事故时间线、现场救援、医疗、灾民安置、受影响人员情况和受影响项目情况 6 个不同的角度、不同的场景展开，对事件的覆盖较为全面，不同的场景也使 VR 技术更有用武之地，强化不同场景的区分度。同时，选用"72 小时营救"、医疗、灾民安置等议题，使 3 天后推出系列报道合情合理，弥补了在时效性方面与传统媒体新闻的落差。

系列报道当中的每个报道基本都采用"画面＋画外音＋字幕"的方式展开。其中，画面主要通过全景方式，增强用户对新闻现场的体验，用户可以通过移动鼠标观看新闻现场的全景；画外音与传统的电视新闻报道类似，主要以记者对新闻的解说为主，这一点与纪录片的画外音以新闻场景的声音为主不同；字幕则提供了一些补充的新闻信息。

总体而言，VR 新闻可以在很大程度上提升对垮塌现场的新闻场景的表现力，但系列报道也存在一定的不足。例如，在画面的呈现上，由于过于注重对空间、场景的表现，使整个系列影片的空镜较多，提供给用户的更多是新闻体验，而非新闻的信息量。不同镜头给用户带来的体验有好有坏，对室外空间总体的体验要好于医院、病房等室内空间的体验。另外，场景与场景之间的切换也较为生硬，缺乏衔接。

第四节　AR 新闻概述

2016 年，任天堂公司开发的游戏《精灵宝可梦》受到热捧，在短短一个月内下载量过亿，来自世界各地的玩家拿着智能手机在日常生活中的各个地方捕捉小精灵。这款游戏实际上就是通过 AR 技术实现的。在影视剧中，AR

技术更是随处可见,《阿凡达》《钢铁侠》《生化危机》等电影中的一些高科技场景都有 AR 技术的参与。支付宝近年来在每年春节都会推出的"集福字"活动同样也应用了 AR 技术。

当前,关于 AR 定义的论述颇多,例如,列夫·曼诺维奇(Lev Manovich)认为,AR 是将动态的、情景化的信息叠加在用户的视觉域上。海伦·帕帕扬尼斯(Helen Papagiannis)则指出,AR 在真实世界中的数字化叠加由计算机图形、文本、视频和音频组成,并且可以与人们进行实时互动[1]。上述定义在表述上各有不同,但可以发现,虚实互嵌是它的技术核心,通过 AR 技术,图形、音频、感官、触觉、嗅觉和味觉等数据嵌入现实环境,相互融合[2]。

从新闻传播学角度来看,海伦·帕帕扬尼斯称 AR 是一种超级媒介,可以与同时发展的其他新兴技术结合。她将 AR 的技术演进分为两次浪潮,目前较为成熟的是 AR 发展的第一次浪潮,称为"叠加",即在现实之上叠加数字虚拟层;当前我们正在 AR 发展的第二波浪潮中,其强调"代入",这一阶段将会努力为用户提供更加逼真的、与环境集成的互动体验[3]。

伴随着手机、平板电脑等智能终端的迅速发展,人们想要体验 AR 已经变得越来越容易,只需要用手机摄像头扫一扫有 AR 标签的文字或图片就可以观看 AR 内容。这也是 AR 的一大优势,即人们可以利用已有的设备体验 AR,这使 AR 这项新技术具备了日后推广的物质基础。

一、AR 新闻的发展历程

2011 年,增强现实公司 Blippar 与《地铁先驱》(*Metro Herald*)和都柏林当

---

[1] [美]海伦·帕帕扬尼斯:《增强人类:技术如何塑造新的现实》,肖然、王晓雷译,机械工业出版社 2018 年版,第 10 页。
[2] Donggang Yu, Jesse Sheng Jin, Suhuai Luo, Wei Lai, Qingming Huang, "A Useful Visualization Technique: A Literature Review for Augmented Reality and Its Application, Limitation & Future Direction," *Visual Information Communication*, Springer, 2010, pp. 311-322.
[3] [美]海伦·帕帕扬尼斯:《增强人类:技术如何塑造新的现实》,肖然、王晓雷译,机械工业出版社 2018 年版,第 10 页。

地的电视节目 FYI 合作，推出了"世界上第一家全面增强现实的报纸"。在 AR 版本的《地铁先驱》中，AR 技术主要被运用于广告和其他部分内容，通过 Blippar 应用，用手机摄像头对准报纸上某个品牌的图片时，"品牌图片就会鲜活地出现在手机屏幕上，就像一个 3D 网站从静态标签或海报上跃然而出一样"①。

AR 新闻真正迎来快速发展是在 2016 年。2016 年开始，AR 技术受到业内外的强烈关注，带来了主流媒体中 AR 新闻的迅速发展。当前，《纽约时报》《华盛顿邮报》、BBC、日本经济新闻公司等国际主流媒体都已经开始尝试 AR 新闻。在国内，自 2012 年起，每年的春节联欢晚会直播中都有 AR 的身影。2016 年，央视首次在新闻制作中使用 AR 技术，在《南海仲裁案 FAQ》《故宫端门数字馆》《World Innovation》等多个节目中都应用了 AR 技术②。2018 年，新华社客户端在"两会"期间发布《AR 看两会｜政府工作报告中的民生福利》，采用 AR 新闻的形式呈现政府工作报告，带给用户别出心裁的阅读体验，增强了用户在阅读过程中的交互性，获得广泛关注和好评。当前，新华社客户端已经将"AR 扫描"功能固定在客户端上，不定期推出不同主题的 AR 新闻。此外，《成都商报》《洛阳晚报》等地方报纸也纷纷探索 AR 新闻。

约翰·V. 帕弗里克(John V. Pavlik)和弗兰克·布里奇斯(Frank Bridges)根据 AR 新闻的发展和运用于新闻业的历程，结合相关理论，将其分为四个阶段③。

第一阶段主要是 AR 技术在新闻业之外的初步发展，包括 AR 技术的开发以及对 AR 技术内涵的界定等。这个阶段从 1990 年开始，持续了 4 年

---

① 《Blippar 联合传统媒体推出"增强现实报纸"》，腾讯科技，2011 年 9 月 20 日，http://net.chinabyte.com/22/12163522.shtml，最后浏览日期：2019 年 4 月 24 日。
② 《央视新闻报道首次探索运用 AR 技术》，中央电视台官网，2016 年 7 月 1 日，http://www.cctv.cn/2016/07/01/ARTIwdqaCnSeWxH3d9pJrOJn160701.shtml，最后浏览日期：2019 年 4 月 24 日。
③ J. V. Pavlik, F. Bridges, "The Emergence of Augmented Reality (AR) as a Storytelling Medium in Journalism," *Journalism & Communication Monographs*, 2013, 15 (1), pp. 4 - 59.

左右。

第二阶段是 AR 技术的早期进化，在这个阶段，AR 技术开始形成一种可被应用于人类其他领域的范式，其中也包含将 AR 技术用于新闻业的早期尝试。这个阶段大约持续了 8 年。在这个阶段，AR 主要是一种用于研究的技术，其成本非常高昂，设备也非常笨重。

第三阶段是我们目前所处的阶段，围绕 AR 技术出现了大量的新闻和媒体应用程序，特别是在具有空间定位特征的移动环境中。这个阶段具有以下三个重要特征：AR 设备的小型化、AR 的商业化和 AR 技术在移动设备上的运用。在这一时期，大量媒体机构开始使用 AR 技术进行新闻报道和战略传播。

第四阶段是未来的发展方向，在这个阶段，媒体将更加有效地利用 AR 技术。首先，新闻媒体会将 AR 作为一种讲故事的媒介，与原有的媒介形态进行充分整合。其次，AR 将成为一种常规的工具出现在新闻中，就像摄影和图表一样。

由此可以看到，AR 技术在新闻业中的运用承载着新闻业对未来发展的预期。AR 新闻是要将 AR 发展为一种新的叙事工具，整合新闻信息、用户位置信息等多个层面的信息，从而形成一种新的新闻叙事模式。当前，AR 在新闻业中的运用还处于早期探索阶段，它被视为一种新媒体技术，大量的尝试和探索采用"AR ＋"的模式，如"AR ＋ 报纸""AR ＋ 电视""AR ＋ 社交媒体""AR ＋ 短视频""AR ＋ 游戏"等各种与 AR 相关的新闻产品层出不穷。上述各种探索可能未必一一成功，但它们对整个新闻业的发展以及寻求 AR 在新闻业中适合的运用模式都具有重要意义。

二、AR 新闻的类型

根据目前的 AR 新闻实践，本书将 AR 新闻分为以下两个类型。

（一）叠加新闻

当前，AR 新闻最常见的一种表现方式就是与传统媒体融合，在传统报纸和电视上增加图片、文字、视频等数字层，形成叠加新闻。传统媒介的媒

介转型一直以来都是业界和学界共同关注的重要话题。其中,围绕技术转型的探索也一直持续着,上述采用 AR 技术实现的叠加新闻就是当前不少传统媒体在探索媒介转型中的一种尝试。

2013 年,日本的《东京新闻》推出了一款采用 AR 技术的软件,当用户通过智能手机扫描报纸上的版面时,手机屏幕中的报纸就会发生神奇的变化,新闻标题会通过动画的方式出现,有时还会出现卡通人物的形象[①]。《东京新闻》希望通过上述方式,将报纸变成家庭日常生活中父母与孩子可以共享的一件物品,并且在这个过程中,也能潜移默化地培养年轻读者。毕竟对于成长于数字化浪潮中的千禧一代,绝大多数人都没有读报的习惯,他们更习惯通过手机获取信息,而这种现象对于报纸来说则是一种危机。

2017 年,巴西环球电视台为招牌晚间新闻节目《全国新闻》(Jornal Nacional)打造了一个 AR 演播室,根据不同的新闻内容,主播台后的屏幕会展示不同的 AR 图像和文字,并且,当主持人连线场外记者时,演播室现场会出现场外连线记者的形象,犹如场外记者走进了演播厅一样。新的演播厅用光线、屏幕和 AR 技术打造出的高科技感给广大观众带来了耳目一新的感觉,并在很大程度上提升了晚间新闻带给用户的新闻体验和沉浸感。

AR 技术的叠加实际上也可以出现在新媒体上,形成更加丰富的新闻形态。以短视频为例,当前,包括 Snapchat、抖音等在内的国内外众多热门视频软件都已经加入了 AR 短视频功能。一批原生的 AR 短视频软件也已经出现,例如,美图秀秀旗下的公司推出了主打 AR 短视频的 PartyNow。纵观当前 AR 与短视频的叠加,基本上还停留在娱乐、休闲的维度,相信随着 AR 短视频的发展,其在新闻领域的潜力将得到更充分的开发。

在叠加新闻中,AR 技术的运用主要实现了两个方面的功能。

1. 作为"新闻体验"

将 AR 技术融入传统的报纸、电视等,可以提供给用户更好的新闻体验。

[①] 《〈东京新闻〉采用 AR 技术》,《青年记者》2013 年第 9 期。

上文的两个案例展现了 AR 技术是如何提升了用户的多元新闻体验。其中，巴西电视台的案例通过 AR 技术增强了用户对新闻的体验感，拉近了用户与新闻间的距离，使新闻更加真实；在日本《东京新闻》的案例中，报纸采用 AR 技术添加了动画，这考虑到了当前报纸受众流失和受众老龄化的现状，通过 AR 技术增加报纸的趣味性，以此吸引青少年读者。事实上，在传统媒体时代，报纸提供文字和图片，广播提供声音，电视提供动态新闻，每一种媒介都对应一种单一的新闻体验，而 AR 技术与传统媒体的叠加带来了传统媒体的"多媒体化"。在这个过程中，不同的媒体形式相互补充，营造了更加多元、立体化的新闻体验。

2. 作为"新闻注释"

AR 新闻的意义不仅在于它能给用户提供更好的新闻体验，它还能在内容层面对新闻的来龙去脉进行更加详细的解释，甚至介绍新闻制作的背景和幕后故事，从而提升新闻的深度和广度。由于传统媒体受限于版面、时长等，新闻编辑部必须选择一条新闻中最为重要、最具关键性的内容进行播出。因此，如何从众多材料中挑选一条新闻最精髓的部分，一直是传统媒体新闻编辑部记者应锻炼的能力。AR 新闻则使传统媒体突破了上述限制，AR 技术提供的多媒体、多层的叠加，无限拓展了传统媒体的叙事空间，使围绕一条新闻的新闻背景、新闻幕后等各种材料都能够全面地呈现，供用户选择。

(二) AR 定位新闻

第二类新闻是基于用户所处地理位置的 AR 新闻，本书称之为 AR 定位新闻。这类新闻依靠 AR 技术和定位技术获取用户所在的地点，然后提供在这一地点上发生过的新闻。

社区新闻或许是这一类型的 AR 新闻可以着重关注的发展方向。一个典型的例子是英国社区网络媒体 Talk About Local，该网站的创始人威廉姆·佩兰(William Perrin)宣布了他的"超本地增强现实"实验计划，他将网站的社区新闻与 AR 技术结合，"当你的手机摄像头对准一个社区街道时，就会将有关这条街道的报道信息都呈现在你面前"①。在这个个案中，可以发现，AR技术让社区新闻实现了一种"真正的社区化"，即让社区新闻与社区空间史无前例地紧密勾连。

另外一个更有趣的例子，是将用户自主内容生产和社交媒体等众多的新闻业热点与 AR 结合，这或许可以为 AR 新闻朝 UGC 和社交化方向发展提供思路。例如，移动 AR 浏览器 Layar 允许用户通过定位功能对自己所在的地点插入描述。在这个过程中，地点的意义得到了极大的丰富，许多发生在特定地点的事件都被记录了下来。与此同时，Layar 的用户在围绕地方创建内容时，还可以与他人进行交流，从而构建社交关系②。

三、AR 新闻的主要特征

结合当前的 AR 新闻实践，主要呈现出以下两个方面的特征。

（一）虚实互嵌

在 AR 新闻中，虚实关系史无前例地紧密勾连，两者在互嵌中互动，从而提供给用户一种崭新的新闻模式。这主要表现在两个维度。

一是媒介介质上的虚实互嵌。在 AR 新闻中，用户在传统报纸的纸张实体上扫一扫就会形成一层新的虚拟媒介图层。在这个过程中，报纸这一媒介实体与 AR 形成的虚拟媒介图层叠加，用户要获取完整的新闻信息，就要同时阅读报纸和虚拟图层上的信息，穿梭在虚实之间。二是用户体验上的虚实互嵌。在一些 AR 新闻中，通过获取用户所在位置的定位信息，可以呈现与这一地点相关的新闻。在这个过程中，用户所处地点与在这一地点曾发生过的新闻事件勾连了起来，在阅读新闻时，用户身处在新闻发生的实体空间中，也更有代入感，从而实现了虚实互嵌。

---

① 张建中：《将场景置于读者手中：增强现实新闻报道的创新实践》，《新闻界》2017 年第 3 期。
② Tony Liao, Lee Humphreys, "Layar-ed Places, Using Mobile Augmented Reality to Tactically Reengage, Reproduce, and Reappropriate Public Space," *New Media & Society*, 2014, 17(9), pp. 1418 – 1435.

(二) 实时交互

在传统媒体时代,受众只能被动地接收新闻,而 AR 则为用户带来了一种交互式的新闻体验,即用户参与到新闻中时才能够观看 AR 内容。

例如,2019 年 2 月 18 日,新华社客户端推出元宵节 AR 新闻《月夜灯如昼》(图 6-3),用户点击新闻标题后,手机屏幕上就会出现一片放飞天灯的夜幕,叠加在用户所在的真实环境之上,看起来就像在自己家里放飞天灯一般。在画面上,用户面前的天灯上写着一句祝福语,点击画面上"圆月祈福"的按钮,还可以更换祝福语;点击"放飞天灯",天灯就高飞入天空。在这个过程中,用户的参与是推动整个 AR 新闻进展的重要因素。此外,在 AR 新闻中,用户可以通过扫一扫、点击按钮等方法选择观看新闻的某一部分,从而构建自己个性化的新闻叙事。在另一些 AR 新闻应用中,媒体还可以利用 AR 技术让同一个场景中的人物或叙事者直接与观众互动,从而为用户提供一种更加个人化和动态化的新闻体验[①]。

图 6-3 新华社客户端推出的元宵节 AR 新闻《月夜灯如昼》的页面

第五节 AR 新闻实务

一、AR 新闻的叙事模式

当一种媒介形式发展得比较成熟时,就会形成一种典型的叙事模式。从当前的情况来看,AR 新闻作为一种年轻的新闻样态,还不具备一个固定

[①] 张建中、彼得·苏丘:《增强现实正在改变读者阅读报纸的方式》,《青年记者》2018 年第 13 期。

图 6-4 Arc 创造的"三维动画（场景）+ 音频+ 文字"的 AR 新闻模式

的叙事模式。但在实践中，关于 AR 新闻模式的探索已经开始。具体而言，当前比较主要的有两种模式：Arc 模式和《纽约时报》模式。

（一）Arc 模式

Arc 公司创造了一种以"三维动画（场景）+ 音频 + 文字"为主体的 AR 新闻模式（图 6-4）。目前，通过运用这一模式，Arc 公司已经成功地与各大主流媒体合作制作 AR 新闻。典型的案例包括与美联社合作制作的《唐纳德·特朗普的帝国》，与《华盛顿邮报》合作的《弗雷迪·格雷被捕事件》，与 Positive Negatives 合作的名为《危险的旅程》的难民故事等。

这一模式往往将一个新闻事件分解成几个关键场景，用户在观看 AR 新闻时按照自己的兴趣，可以自行选择新闻事件发生的任意场景，赋予了用户从不同角度、不同进程观察和了解事件的可能性。与此同时，Arc 模式还非常重视提供与新闻事件相应的背景信息，实际上就是将用户置于一个更大的历史场景中来解释新闻事件发生的缘由。

2015 年 4 月 12 日,25 岁的非洲裔美国人弗雷迪·格雷（Freddie Gray）遭到巴尔的摩警方逮捕，随后在警车运送过程中昏迷，一周后死亡。这一事件引起了巨大的反响。2016 年 5 月 11 日,《华盛顿邮报》采用 AR 新闻的形式对这一事件进行了全面、深入的报道。这则新闻具体采用的就是 Arc 模式。

在这则新闻中，整个事件被分为 8 个三维立体场景，故事从格雷被警察追捕开始，到格雷心脏骤然停止结束。在 AR 新闻场景中，用户可以获得关于这一事件的音频叙事解释、文字解释和事发的位置信息[①]。与传统媒体通过新闻 5W 要素报道新闻事件不同,《华盛顿邮报》对格雷事件的报道运用 AR 技术串联起 8 个场景,用户可以通过场景拼贴的方式,对整个事件发生的具体场景、地理位置和事件过程都有更详细的感知。

相较于传统媒体,AR 技术在这则新闻中的意义主要有三个方面。第一,AR 形式提供了更大的信息量。由于突破了传统媒体严苛的叙事要求,AR 技术使整个新闻叙事更具有自主性,可以更全面地对事件进行展现,给用户提供有关事件的更多信息。第二,对事件的表现力更强。AR 新闻通过动画方式呈现事件,辅以对事件的音频叙事和具体发生的地点定位,上述元素使得虚拟动画与现实位置空间相互结合,更加清晰地向用户呈现整个事件的来龙去脉。第三,重视用户的参与和体验。在《华盛顿邮报》的这则 AR 新闻中,用户只需打开 App 扫描《华盛顿邮报》的报头,便会触发新闻,而在新闻叙事的过程中,用户通过按钮的方式可以选择自己关注的动画片段。通过上述方式,可以鼓励用户参与新闻,增加他们对新闻的沉浸感和新闻体验。

但是,上述这一模式也存在明显的不足,在这个个案中,AR 技术只用于串连新闻当中的不同场景,新闻内容仍然通过传统的动画、声音等模式来呈现。也就是说,AR 除了作为一个新闻触发器之外,并没有在内容呈现上产生任何意义。而 Arc 公司制作的另一个 AR 新闻《危险的旅程》也是如此,用户打开 App 扫描了作为触发器的图片后,界面迅速跳转到 YouTube,随后开始播放与该场景相关的三维动画或视频。由此可以看到,在这一模式中,AR 的嵌入实际上较为表面性,仅作为一种连接方式而非新闻叙事工具。

(二)《纽约时报》模式

在《纽约时报》的 AR 新闻实践中,AR 新闻作为一个栏目被设置在新闻

---

① 张建中:《将场景置于读者手中:增强现实新闻报道的创新实践》,《新闻界》2017 年第 1 期。

App 客户端中。在新闻叙事的呈现上,《纽约时报》的方式也与 Arc 模式有很大差异,其将 AR 技术作为一种等同于图片、文字、视频等的一种新的叙事工具,嵌入新闻报道,用以解释无法通过文字、图片和视频清晰表达的内容,并对新闻进行更加具象化的说明和补充。当前,《纽约时报》的 AR 新闻一般采用"文字+图片+视频+AR"的模式,用户通过观看 AR 新闻,能够更好地理解新闻内容。

《纽约时报》的 AR 新闻《探索 InSight:美国宇航局最新的火星任务》就是一个典型的采取上述模式的个案。这则报道主要讲述了美国 InSight 太空船到达火星及其在火星上展开探索的情况。在这则报道中,AR 技术穿插在文章中,作为一种解释和补充说明的叙事元素,让用户通过体验的方式理解火星探索的具体内容和步骤,感受火星探索的神奇之处。

具体而言,这篇报道有三处(图 6-5)运用了 AR 技术。第一处是使用 AR 展示 InSight 号在火星上的位置,以及它与美国其他两艘火星探索太空船 Viking 2 和 Curiosity 的相对位置;第二处通过 AR 展现了 InSight 太空船在火星上着陆的场景;第三处则利用 AR 呈现了一颗"湿火星",这是 InSight 探测

图 6-5 《纽约时报》AR 报道讲述美国 InSight 太空船的探索

到的曾经水在火星上的分布情况。这三处 AR 技术的呈现穿插在整篇报道之中,成为该新闻报道的一个重要元素。

　　以这篇报道为代表对《纽约时报》的 AR 新闻模式进行分析,可总结出以下三个特征。其一,AR 成为一种与文字、图片、视频等并列的叙事工具,是新闻报道叙事的一部分,并且体现了 AR 技术在内容呈现方面更加生动、更具参与性和更为直观的特征。这与在 Arc 的模式中 AR 仅作为一种串连新闻场景的手段截然不同。其二,在报道中采用 AR 技术加以呈现的三处确实有其独特且不可替代的意义,AR 并不是这篇报道的"噱头",而是实实在在地让用户清晰、直观地理解了新闻。例如,采用 AR 来呈现 InSight 号在火星上的位置以及其与 Viking 2 和 Curiosity 的相对位置,一目了然,无需更多的文字说明用户就能马上理解。对于 InSight 号登陆火星,展开太阳能电池板用机械臂将两个仪器放置在火星上的场景而言,由于普通读者对太空船缺乏概念,因此,使用 AR 来呈现这个场景可以将抽象内容变得形象,用户马上就能了解登录情况。与此同时,AR 也让远离普通生活的太空船造型嵌入用户的日常生活场景,拉近了抽象、高高在上的科学传播与用户之间的距离。模拟的"湿火星"同样也是一个较为抽象的内容,经过 AR 的呈现,用户看到了一个截然不同的、充满水的火星,生动、直观,也与人们印象中的火星形象形成鲜明的对比。其三,在这则新闻中,AR 技术的运用确实为用户提供了一种交互式的、更具参与感的新闻体验。用户拿起手机,对准一个平面,然后出现 AR 特效过程,这时用户不仅是新闻的阅读者,还是推动完整新闻叙事的参与者,用户与新闻之间产生了更加密切的交互关系。同时,借助 AR 特效产生的火星、InSight 太空船等出现在用户的家、花园、办公室等日常场景,这无形中给用户提供了一种"把火星带回家""把 InSight 号带回家"的体验。

二、AR 新闻适用的内容

　　在对已有的 AR 新闻进行归纳的基础上,本书认为,作为一种新型的新闻呈现元素，AR 主要适用于以下五类新闻内容的呈现。

（一）用以补充说明新闻的相关数据和图表等

随着大数据的发展，尤其是数据新闻越来越受到人们青睐的今天，数据和图表对新闻深层次的解释力越来越受到重视。但是，传统媒体和网络新闻受到版面局限，不可能穿插太多数据和图表，采用 AR 形式，用虚拟图层来呈现数据和图表，则可以突破传统媒体和网络新闻的这一局限性。

（二）呈现新闻中的具象化内容

在一些科技类、艺术类的新闻报道中，尽管记者已经竭尽所能去描述，但文字描述实际上依然是抽象的、难以理解的，尤其是一些用户在日常生活中不太容易接触到的事物，用户很难通过文字想象出真实的状况。而利用 AR 技术可以在用户所在的空间中生成一个具象化的物体，用户可以近距离观看每一个细节，或者仔细品鉴一件艺术品上的每一个部分。通过这样的方式，用户会对新闻描述的事物产生更加真实和具体的感知。

（三）补充与新闻相关的重要链接

AR 可以用以补充一些与新闻相关，能够帮助用户更好地理解新闻的重要链接。比如新闻的一些细节内容、对新闻中相关专业术语的解释、新闻人物和新闻事件的背景材料、帮助人们更好地理解新闻事件的周边新闻等，上述内容由于受到新闻报道篇幅和结构的限制，一般不适合放在新闻中详细说明，采用 AR 的方式来呈现，可以供有兴趣的用户深度阅读。

（四）呈现新闻制作的幕后故事

如果一条新闻在制作过程中发生了一些趣事，也可以以图片或视频的方式通过 AR 来呈现，这样既能使用户对新闻报道有更加深刻的理解，也能拉近新闻编辑部与用户间的距离。

（五）推动新闻周边产品

AR 新闻还可以运用在生产新闻周边产品上，以提升用户对新闻的参与感。例如，美国广播公司抓住 2018 年 5 月英国哈里王子大婚的契机，在其新闻客户端上利用 AR 功能让公众有机会使用皇家马车的 3D 模型拍照,并在女王的护卫旁拍照,读者可以在社交媒体上与家人和朋友分享这些照片[①]。此举成功地吸引了大量用户的关注和使用,产生了一定的影响力。

三、AR 新闻的实务困境

总结而言,AR 实际上是一种非常灵活的技术,它既可以通过文字、图片、视频等方式与传统媒介进行媒介融合,也可以作为一种独立的新闻表现形式。因此,AR 新闻适用的题材相当广泛,既可以用于严肃的政治新闻,也可以用于体育、娱乐新闻;既可以用于报纸、电视等传统媒体,也可以作为一种独立的媒介形态实现信息的传播。

但事实上,由于当前围绕 AR 的新闻实践尚处于早期的探索阶段,因此在实践中也存在亦步亦趋的现象。目前,AR 新闻主要存在以下两个方面的实务困境。

(一) 缺乏新闻内容层面的创新

纵观当前的 AR 新闻,有很大一部分都是依靠形式上的新颖或新奇感来吸引用户,而缺乏内容层面的创新。

事实上,AR 新闻的优势绝不仅限于新颖和有趣。依靠 AR 技术,一方面 AR 使新闻能够实现更为多媒体化的表达,补足了单一媒体形式在新闻事件呈现上的不足;另一方面,AR 通过叠加虚拟图层的方式,极大地丰富了新闻事件的信息量。参照博物馆对 AR 技术的运用可以发现,比如关于某个展品的一个肉眼难以识别的微小细节、与展品相关的某段历史的动态场景或某个故事的动态画面等一些内容只能通过 AR 获取。上述 AR 技术在新闻内容方面的表现力至今还未被很好地挖掘和运用。正如彼得·苏丘所说的,"推广增强现实新闻报道最大的一个诀窍是,让读者相信这不是一个'噱

---

① ARinChina 编译:《ABC News 为皇室婚礼推出 AR 应用,将现场直播哈里王子婚礼》,ARinChina,2018 年 5 月 15 日,http://www.arinchina.com/article-8964-1.html,最后浏览日期:2019 年 4 月 24 日。

头',要让他们相信在阅读报纸时,使用智能手机扫描会获得更多额外的有价值信息"[1]。因此,新闻编辑部在制作AR新闻时,一定要关注AR在新闻内容呈现方面的优势,不能仅仅将AR作为一种形式上的创新。

(二)用户使用AR新闻的操作较为繁琐

总体而言,当前用户使用AR新闻的过程较为繁琐,同时,在操作过程中对用户的指引也不够,导致观看AR新闻的操作难度较高,这会在很大程度上降低用户对AR新闻的使用意愿。

以《华盛顿邮报》与Arc合作的AR新闻《弗雷迪·格雷被捕事件》为例,要使用这一AR新闻,需要下载ARC Stories的App,随后打开App去扫描《华盛顿邮报》的报头,AR新闻才能呈现出来。在这个过程中,用户需要提前搜集《华盛顿邮报》的报头,并且下载ARC Stories的App,这无疑不符合以简化用户操作为核心的互联网新闻产品的设计原则。无独有偶,新华社旗下的新华网App内置了AR技术,但当打开"AR扫描"时,手机屏幕直接出现扫描框,这会让用户感到十分诧异——AR新闻的触发器到底是什么?随后,用户需要仔细观看屏幕才会发现一个"AR扫描攻略"的标签。这个攻略注明了AR扫描可以识别的图形包括100元人民币背面的人民大会堂画面、新华社社徽、新华社客户端LOGO等图形,但用户依然不知道识别这些图形后会观看到什么样的AR新闻,这无疑给用户带来了很大的不便。相较于上述两种方式,《纽约时报》App中的AR新闻获取界面无疑是比较友好的(图6-6),其中的每篇AR新闻前都注明了观看AR新闻需要的网络环境及App的版本更新信息等。当用户想要观看AR新闻时,只需点击新闻下方的AR按钮。在绝大多数情况下,扫描身边的任意一个平面后,AR新闻就会被触发。相较于固定的物体或固定的文字,《纽约时报》这种触发AR新闻的方式无疑简单得多,也容易操作,值得更多的媒体去借鉴。

---

[1] 张建中、彼得·苏丘:《增强现实正在改变读者阅读报纸的方式》,《青年记者》2018年第13期。

第六章　VR 新闻和 AR 新闻 >>>

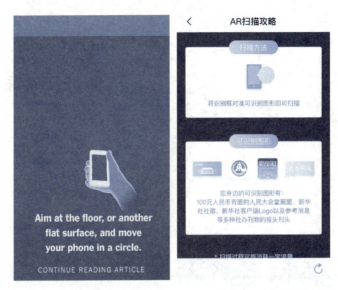

图 6-6　《纽约时报》App 和新华社 App 中的 AR 新闻获取界面

第七章 互联网新闻的编辑实务

互联网技术带来的媒介环境变迁改变了传统新闻媒体的业务实践。在传统媒体蓬勃发展的年代,从事内容生产的新闻记者是媒体的灵魂,新闻报道的方式、深度和角度是传统媒体竞争的核心。在此阶段,一般意义上的新闻编辑工作主要是对记者已成型的新闻报道进行"添彩",对稿件进行政策、政治方面的审读以及对文字的校对、修改和排版。在新闻编辑部中,新闻编辑的确在一定程度上可以对选题进行调整,但他们的工作很大程度上依赖新闻记者前方发回的新闻报道,对新闻生产流程的介入有限。

互联网时代强调媒介融合,融媒体新闻产品取代单一形式的新闻内容生产,新闻编辑的重要性随之凸显,开始深度介入新闻产品的全流程生产。在互联网时代,新闻的可选择性大大增加,传统媒体不仅要承受技术带来的调整,也要面对多元传播主体的挑战,只有改变编辑思路,重视信息整合创新,强化新闻产品运营,才能打造出符合互联网规律和人民群众喜闻乐见的新闻产品。

第一节　互联网新闻编辑的角色

互联网是继文字、印刷术、电报后人类的第四次传播革命。互联网技术的推广与使用,不仅在传播载体、传播介质上更加先进,实现了数字、语言、文字、声音、图画、影像等多种传播方式的数字化处理,更以其交互性的传播模式使传者与受众之间的传统关系面临巨变,传播权力也面临深层次的结构调整[①]。这种结构性调整迫使新闻编辑的理念、规范和作用都产生了相应的调整,新闻编辑的使命也从原本的稿件加工升级为信息整合创新。

一、互联网新闻编辑的理念变化

一直以来,新闻编辑都是新闻生产流程中的重要一环。在传统媒体时代,新闻生产流程是按照内容采集、生产、发布的线性流程来展开,新闻编辑主要在新闻记者完成新闻报道后介入新闻生产流程,通过对稿件的修改和发布,保障新闻报道顺利地传达给公众。在互联网时代,尤其是在融媒体产品的制作过程中,编辑的职能开始更加全方位地参与到整个媒体产品的生产中。

两相对比,传统媒体时代新闻生产的特色是"前宽后窄",大批新闻记者在第一线采访,后台编辑只是配角;互联网时代的新闻生产则是"前窄后宽",第一线记者的数量大大压缩,取而代之的是庞大的编辑队伍,通过团队协作的形式完成融媒体新闻产品的制作与运营。这种新闻编辑理念的变化是互联网时代媒介环境变迁的产物。

（一）新闻生产的效果改变：新闻编辑需重视"用户体验"以赢得市场价值

在传统媒体时期,媒体采用点对面的单向传播向大众传递大量的信息,

---

① 李良荣、郑雯:《论新传播革命——"新传播革命"研究之二》,《现代传播（中国传媒大学学报）》2012年第4期。

最大特点是遵循"大数"原则,根据有限的不精确的反馈信息、传者对公众需要的估测以及传播政策的要求,传播被认为是适合大多数受众需要的信息①。在上述过程中,传者与受者之间泾渭分明,只有传者传递信息,受者才能接收得到。尽管20世纪90年代以来,伴随着一大批市场化新闻媒体的崛起,"以受众为中心"成为媒介内容生产的核心理念,传媒业开始将受众视为消费者,通过满足受众需求来获得良好的传播效果。但是,由于信息渠道被传统媒体垄断,因此受众实际上仍然处于被动地位。

互联网的出现打破了大众传播点对面的单向传播模式,互联网既可以实现面对面的传播,也可以实现点对点的传播,形成了以网络节点为中心的散布型网状传播结构。这当中,任何一个网络节点都可以生产和发布信息。在这种新的传播模式下,每一个新闻产品都能够直接、迅速地得到受众的反馈信息。与此同时,受众也拥有了极大的自由度,可以主动选择自己感兴趣的内容。

在互联网技术的席卷下,"受众"成了"用户"。这种变化标志着媒体的内容生产在指导思想、工作流程和效果评定等维度的全方位变化。受众是被动的接受者,用户是主动的使用者和参与者;受众是相对类型化的概括,用户则是可以细分至个人的、区分度极大的个体;受众强调接受,用户强调体验和分享②。

"用户体验"(user experience,简称UE)这一概念,最早是由用户体验设计师唐纳德·诺曼(Donald A. Norman)在20世纪90年代中期提出,ISO 9241-210标准将其定义为"人们对于正在使用或期望使用的产品、系统或者服务的认知印象和回应"③。当前在新闻传播活动中,"用户体验"已

---

① 苏克军:《后大众传播时代的来临——信息高速公路带来的传播革命》,《现代传播(中国传媒大学学报)》1998年第3期。
② 林晖:《从"新闻人"到"产品经理",从"受众中心"到"用户驱动":网络时代的媒体转型与"大众新闻"危机——兼谈财经新闻教育改革》,《新闻大学》2015年第2期。
③ 蔡雯:《从面向"受众"到面对"用户"——试论传媒业态变化对新闻编辑的影响》,《国际新闻界》2011年第5期。

经成为口头禅,这个带有明显媒介经营色彩的概念告诉从业者,必须要重视用户在新闻获取、阅读、反馈等各个环节的体验,只有赢得用户,新闻生产才具备市场价值。

(二)新闻生产的流程改变:新闻编辑需从幕后走到台前引领新闻生产

正因为"用户体验"在新闻传播活动中日益受到重视,新闻生产流程也发生了巨大的变化。过去,在传统媒体时代,新闻生产流程是线性的,记者负责内容采写,编辑负责把关发布。在整个操作流水线上,编辑具有新闻生产中最重要的权力——信息控制权,作为"把关人"的编辑有权决定哪些信息可以进入报纸版面,哪些信息应该被删除。虽然拥有权力,但是新闻编辑仍然处在后台,承担的是新闻产品的加工和发布工作。

在互联网传播模式下,新闻编辑必须走到前台,过去"幕后把关人"的工作方式开始发生转变。在互联网时代,新闻编辑不仅要掌握传统的编辑业务,还要掌握互联网上层出不穷的新的表现形式。更加重要的是,编辑还要对互联网上的各类用户行为、用户言论进行分析,把握用户取向,以此来引导新闻生产。因此,在当前,新闻编辑是新闻生产的引导者、信息资源的整合者,也是用户市场的挖掘者。

二、媒介融合下新闻编辑的角色变化

面对传播革命,传统新闻媒体为应对互联网传播模式的挑战,开始了从报纸网络化、报网融合的数字化转型,再到如今媒介融合战略下各新闻媒体实现全媒体覆盖。全媒体新闻中心、"中央厨房"运作模式成为报业传媒集团的标准配置。

在这个过程中,新闻编辑的角色发生了翻天覆地的变化。在数字化转型的初期,新闻媒体"触网"仅仅是将线下新闻复制到互联网上,实现报纸、杂志等新闻的电子化;之后出现了全媒体新闻中心,新闻编辑要综合考虑不同终端的属性和用户黏性来分配新闻产品,对媒体集团的内部资源进行有效整合;而在"中央厨房"的运作模式中,媒体面对激烈的行业竞争,又对编辑提出了更高的要求——编辑不仅要重新挖掘媒体内部的资源潜力,更要尝试跨界资源的协作。

（一）"数字报业"下的新闻编辑：网络版的内容补充

作为一个新的传播渠道,互联网给传统新闻媒体带来了新的发展机遇。1994年,中国接入互联网;1995年,《中国贸易报》成为我国第一家上网的报纸;1997年,《人民日报》、新华社等一批主流媒体开通网站,带来传统媒体"上网"的一波浪潮;2005年8月,新闻出版总署发布《中国报业年度发展报告(2005)》[1],呼吁报纸出版单位要顺应发展潮流,树立"数字报业"战略,加快向数字内容提供商转型,发挥新闻和原创内容优势,占据新兴内容产业的制高点。

在这一阶段,新闻编辑首次"触网",其职业要求是要完成报刊内容的网络化,提高数字化装备水平和应用技能,并能够对新闻网站进行基本的运营维护。当时虽然已经有了新闻产品开发的概念,但在实践中,新闻编辑只要能够掌握互联网的相关编辑技能,实现网络版对印刷版的补充即可。与此同时,因为当时互联网尚未普及,依托传统主流媒体创建的新闻网站依然占据优势,其专业化的原创内容加上长期积累的公信力,使公众的目光依然聚焦在这些新闻网站上。相较于印刷版报纸,网络版新闻更新速度快,填补了报纸在新闻时效性上的不足,24小时滚动新闻的模式也由此开始。因此,在这一时期,报纸的网络版是对印刷版的补充,两者是一个功能相辅、价值互补的整体[2]。

除了网站之外,报业的数字化发展也延伸到了手机终端。在2005年5月,浙江日报报业集团联合浙江移动通信有限公司和浙江在线联手打造《浙

---

[1] 《王国庆解读2005〈中国报业年度发展报告〉》,人民网,2005年8月5日,http://media.people.com.cn/GB/40710/40715/3595542.html,最后浏览日期:2019年2月8日。

[2] 喻国明:《报网互动:从传统报业向数字报业的转型 当前中国传媒产业面临的三种转型(下)》,《中国传媒科技》2007年第4期。

江手机报》,该报的内容融合浙报集团全部新闻资讯的精华和浙江在线网站原创新闻集群,用户可以通过手机短信定制的方式获取自己所需的信息。

在手机报阶段,新闻编辑不仅要实现新闻报道在手机传输终端的覆盖,同时还比网络版承担了更多的改写功能。手机报的操作方式在业界默认有两种:其一,是通过彩信的方式进行传输,这也是最为多见的形式;其二,是WAP网站浏览模式,用户通过手机上网的方式进行新闻浏览。无论选择哪一种方式,新闻编辑都需要结合手机报的特殊形式对新闻进行改写,这主要包括两个维度:第一,由于当时的移动网络尚不发达,编辑要特别注意手机报中新闻图片的大小和格式;第二,要考虑手机屏幕窄的特性,对新闻进行浓缩凝练,凸显新闻的5W要素,并且报道的选题和篇幅要适合手机阅读。

在数字报业的驱动下,多种介质发展的传媒集团得以发展。以报纸为核心,传媒集团旗下拥有传统纸质报纸、电子报纸、PDF报纸、手机报纸、二维码等产品。在这种发展模式下,大型传媒集团在生产领域进行资源整合,实现资源共享。

不过,值得注意的是,虽然数字报业在一定程度上重构了传统新闻媒体在生产、传输、终端各个环节之间的秩序,但在这个过程中,新闻媒体还秉持着大众传播的理念,新闻媒体很少深入考虑不同终端间的特殊性,只是将新闻稍加修改后发布在不同的平台上。在这个阶段,媒体没有将受众视作用户的意识,也没有进行分众化的内容定制。

(二)"全媒体时代"的新闻编辑:集团内部的资源整合者

全媒体是中国新闻业应对西方学界提出的"媒介融合"(media convergence)概念的本土化策略。如果说数字报业的发展仍然是以报业为中心,那么全媒体是指媒体集团真正从报纸产业转型为内容产业,从报纸生产商转变为内容提供商。在这一阶段,传统媒体集团内部的资源得到真正的整合,从以报业为中心的独立作战变为全媒体整合运营。

在全媒体战略下,新闻编辑要充分考虑多种媒介的特性,实现相关内容在多种媒介上的嫁接、转化和融合,从满足数字化报业时期的多媒体要求转向创作真正的媒介融合作品。与此同时,媒介的多样性使传媒集团希望通过全媒体战略尽可能多地覆盖受众。因此,细分服务开始出现,这也是对新闻编辑的一大考验。新闻编辑要结合受众需求与渠道特点,针对相关新闻内容选择合适的媒体形式、发布渠道和互动方式,实现最佳的传播效果。

邰书锴曾对全媒体时代媒体内容生产流程进行总结,他认为全媒体内容生产遵循"一次生产、多次发布"的流程[①](图7-1),这充分体现了新闻编辑在全媒体时代的重要性。在这个过程中,新闻记者采集的新闻素材必须通过二次加工、二次编辑后才可能成为一件合格的新闻产品,记者提供的"初级新闻产品"在没有编辑的情况下无法进入前台。与此同时,全媒体的采编平台上开始沉淀出越来越多的待编稿件,除了设定保护期的特约稿件外,大量待编稿件进入稿件库,等待编辑各取所需,排列组合,为各种形态的终端新闻产品提供支撑。若要提高全媒体时代的新闻生产效率,需要新闻编辑走在新闻记者之前,主动参与新闻生产的全过程,提前策划选题,综合考虑多种媒介的特性,并确定不同形态的素材采集流程,与新闻记者统一行动,分工合作。

图7-1 全媒体内容"一次生产、多次发布"的流程

---

① 邰书锴:《全媒体时代我国报业的数字化转型》,浙江大学2010年传播学专业博士学位论文,第34页。

在全媒体战略下,各报业集团从组织内部进行调整,通过建立"全媒体中心"或"全媒体新闻部"的方式,打破过去条线清晰的采编界限,以内容的集约化生产和新闻信息的多级开发①带动新闻编辑的变革。下面以烟台日报传媒集团和宁波日报报业集团的全媒体战略为例进行分析。

烟台日报传媒集团从2008年开始在全国率先实施全媒体战略,将三张主要报纸《烟台日报》《烟台晚报》《今晨6点》的采访部门合并,组建全媒体新闻中心。该中心相当于集团内部的"通讯社",由总编室、采访部门、数据信息部和YMG特别工场组成。其中,总编室负责新闻指挥与协调;采访部门负责日常新闻采集;数据信息部负责稿件标引、背景资料搜集、针对大事件的前期资料整理以及对音频、视频素材的编辑整理;YMG工场是一个虚拟组织,在应对突发和重大新闻事件时,由全媒体中心牵头,其他各种形态媒体临时抽调人员组成②。

宁波日报报业集团于2009年年初成立全媒体新闻部和全媒体数字技术平台,展开了通过流程再造来促进媒体融合的全媒体实践。《宁波日报》的数字技术平台既包括内容生产平台这一核心部分,还包括业务处理、决策网络、客户服务和网络支撑四大平台。其中,内容生产平台把旗下《宁波日报》《宁波晚报》《东南商报》《新侨报》等新闻资源在中国宁波网融合,实现全集团所有编辑、记者对各种形式的新闻信息资源的实时共享和互动编辑,并在各种不同形式的内容间创造联系。与此同时,宁波日报报业集团要求所有记者重视多媒体采访方式的同时,也要求编辑以"聚合和互动"为重点,向全媒体编辑转型。全媒体编辑要把新闻事件更广阔、更深入地进行展示,在重要新闻发布时要配上新闻评论、论坛互动素材、相关图片视频,形成跟进式、互动化的新闻产品③。

---

① 新华社新闻研究所课题组、刘光牛:《中国传媒全媒体发展研究报告》,《科技传播》2010年第4期。
② 同上。
③ 田勇:《全媒体运营:报业转型的选择——宁波日报报业集团的全媒体实践》,《新闻与写作》2009年第7期。

互联网新闻制作

（三）"中央厨房"的新闻编辑：优质融媒体项目的孵化者和创新者

随着移动互联网的空前发展，我国新旧媒体融合的进程又向前推进。2014年8月18日，中央全面深化改革领导小组第四次会议审议通过了《关于推动传统媒体和新兴媒体融合发展的指导意见》，将媒体融合正式上升为国家战略。

2015年的"两会"报道中，《人民日报》推出"中央厨房"这一全媒体报道试验，取得良好的效果。同年7月，新华报业传媒集团也紧随其后，启动"中央厨房"式新型全媒体报道平台。2017年，时任中宣部部长刘奇葆同志在推进媒体深度融合工作座谈会上，将"中央厨房"建设定义为媒体深度融合的标配和龙头工程[①]。随后"中央厨房"火速在全国推进，截至2017年年底，全国有55家地市级以上各类媒体建立了"中央厨房"。

实际上，"中央厨房"的基本架构与前述的全媒体新闻中心本质上并无不同，但"中央厨房"的定位已经不满足于建立全集团的大编辑部，而是要建立新媒体项目孵化机制，通过项目引导，组建多个扁平化、项目化、模块化的团队，深耕垂直领域，真正打造超高细分、超强传播力和影响力的新闻产品。正如蔡雯所说，现在"中央厨房"的新闻编辑承担着资源开放、生产创新和理念升级的新任务，以协作共赢为目标，重新挖掘媒体资源潜力[②]，包括跨界资源的协作。

在具体实践中，经过"中央厨房"产出的新闻产品有严重的同质化倾向。在"中央厨房"模式下，编辑记者工作量大增，很多编辑为了省事会直接把传统媒体的内容复制、粘贴到新媒体上，同一集团的报纸、网站和客户端上经常能看到内容大部分相似甚至相同的产品，这种做法忽略了不同端口的属

---

① 刘奇葆：《推进媒体深度融合　打造新型主流媒体》，《人民日报》2017年1月11日，第6版。
② 蔡雯、邝西曦：《从"中央厨房"建设看新闻编辑业务改革》，《编辑之友》2017年第6期。

性特征①。目前各新闻媒体主要采取三种策略应对同质化现象,除了既有的新闻策划机制和媒体间的品牌竞争之外,还通过打造专业工作室,以专业项目孵化新闻产品。

以人民日报中央厨房打造"融媒体工作室"为例。2016年10月,人民日报社正式启动了"融媒体工作室"计划,鼓励编辑记者跨部门、跨媒体、跨地域、跨体制,按兴趣自由组合,按项目组织生产,激发他们的内容创新热情。仅运行两月,就已经成立麻辣财经、学习大国、新地平线、半亩方塘、2050、一秒世界、冷观察、一本政经、文艺九局、智理行间、碰碰词儿、国策对话12个工作室②。截至2019年1月,已经形成45个专业化、垂直化的品牌工作室③,内容覆盖时政、财经、国际、文化、教育、反腐、社会、健康、艺术等。《人民日报》的融媒体工作室不仅实现了内部组织架构的优化,还本着开放、合作、共享、共赢的理念,鼓励报社内外不同行业的人士自由结合、共同策划、协同生产。这种理念既考验新闻编辑的新闻专业能力,同时还关注他们开发社会资源和将新闻产品价值做深、做强的资源整合能力。

新闻编辑在专业项目的孵化和创新过程中,其新闻策划能力和资源协调能力是最重要的素质。编辑既要对社会潜藏的新闻热点精准预测,还要能整合新闻集团内外的各种社会资源,通过良好的沟通合作方式实现内容和技术上的互相支撑。此外,作为融媒体项目的孵化者和创新者,新闻编辑必须具备"十八般武艺样样精通"的本领,既懂新闻采写又懂技术原理,这样才能做好融媒体新闻报道,讲好"融故事"。例如,2017年全国"两会"期间,《人民日报》各融媒体工作室均承担了"两会"报道任务,工作室的新闻编辑需要同时为新媒体和报纸提供不同的产品。不但要采访代表委员,自己还

---

① 陈国权:《中国媒体"中央厨房"发展报告》,《新闻记者》2018年第1期。
② 李天行、周婷、贾远方:《人民日报中央厨房"融媒体工作室"再探媒体融合新模式》,《中国记者》2017年第1期。
③ 黄小希、史竞南、王琦:《守正创新 有"融"乃强——党的十八大以来媒体融合发展成就综述》,人民网,2019年1月27日,http://politics.people.com.cn/n1/2019/0127/c1001-30591719.html,最后浏览日期:2019年6月8日。

要当嘉宾解读政策;不仅要出脚本、写文案,还要配音、出镜。编辑们"上午可能还是一个交互式新闻的产品经理,下午就变成了视频导演"①。只有具备"融媒体意识",根据自身平台特点,整合渠道、共享资源,注重优质策划,才能做好优质的融媒体项目和产品。

目前学界对"中央厨房"有一个共识,即它的核心价值在于内容创新,而非技术在传媒转型中的重要作用,增设"中央厨房"并不能保证一定能增强用户黏度,只有加强内容的吸引力才能打造"爆款"产品,"刷屏"网络,提升媒体的影响力。"中央厨房"的建设是一个系统工程,要真正发挥它的优势,离不开新闻编辑对多层次产品的开发、运营,不仅要懂新闻、懂用户、懂技术、懂运营,更要对媒介自身的特色与特长有更深刻的把握。只有建立在既有品牌效应优势的前提下,才能比较轻松地运营"中央厨房",打造独特优质的新闻产品。

三、国家网信政策下的新闻编辑

自1994年中国接入互联网以来,有关网络新闻工作的相关政策法规也随之出台。随着国家对互联网新闻信息服务的逐渐明确,新闻编辑对相关内容的审核开始成为各互联网平台开展自我管理和自我规范的第一步。

(一) 原创采编权:新闻单位与非新闻单位的界限

20世纪90年代以来,中央一方面高度关注互联网新闻发展,制定相关政策鼓励重点新闻网络建设,另一方面也重视对互联网新闻媒体的规范化建设。这里所说的互联网新闻媒体不仅包括全国及地方新闻单位建立的新闻网站,还包括20世纪90年代起建立的综合性门户网站,以及其他传播新闻资讯或文化产品的互联网平台。

针对多种类型的互联网新闻媒体,国家对新闻单位与非新闻单位进行

---

① 《人民日报系媒体记者编辑两会手记:说说我的融故事》,人民网,2017年3月15日,http://media.people.com.cn/n1/2017/0315/c40606-29145529.html,最后浏览日期:2019年6月8日。

了泾渭分明的划分，以原创采编权作为核心业务区别二者。截至2019年年底，相关政策及核心内容如下。

1. 国务院新闻办公室和信息产业部发布《互联网站从事登载新闻业务管理暂行规定》(2000年11月)

该规定明确综合性非新闻单位网站只有满足下列条件，才具备登载新闻业务的资质：第一，有符合法律、法规规定的从事登载新闻业务的宗旨及规章制度；第二，有必要的新闻编辑机构、资金、设备及场所；第三，有具有相关新闻工作经验和中级以上新闻专业技术职务资格的专职新闻编辑负责人，并有相应数量的具有中级以上新闻专业技术职务资格的专职新闻编辑人员；第四，有符合本规定第十一条规定（即须同中央新闻单位、中央国家机关各部门新闻单位以及省、自治区、直辖市直属新闻单位签订协议，并将协议副本报相关人民政府新闻办公室备案）的新闻信息来源。

2. 国务院新闻办公室和信息产业部联合发布《互联网新闻信息服务管理规定》(2005年9月)

该规定进一步严格划分新闻单位和非新闻单位，若新闻单位与非新闻单位合作设立互联网新闻信息服务单位，新闻单位拥有的股权比例以51%为分界点划分是否属于新闻单位。与此同时，在新闻采编权上，依旧执行非新闻单位只拥有"转载权"，且强调"不得歪曲原新闻信息的内容"，从不得"自行采写"变成不得"自行采编"。不过其限制的新闻主要是"时政类通讯信息"，其他信息不在限制范围内。

3. 国家互联网信息办公室颁布《即时通信工具公众信息服务发展管理暂行规定》(2014年8月)

该规定明确新闻单位、新闻网站开设的公众账号可以发布、转载时政类新闻，取得互联网新闻信息服务资质的非新闻单位开设的公众账号可以转载时政类新闻。其他公众账号未经批准不得发布、转载时政类新闻。即时通信工具服务提供者应当对可以发布或转载时政类新闻的公众账号加注标识。

互联网新闻制作

此外,自 2014 年 8 月起,国务院授权国家互联网信息办公室(简称"国家网信办")负责互联网信息内容管理工作,负责监督管理执法。

4. 国家网信办颁布《互联网新闻信息服务管理规定》《互联网信息内容管理行政执法程序规定》和《互联网新闻信息服务许可管理实施细则》(2017 年 5 月)

这三份文件的密集出台明确了新形势下互联网新闻信息服务的管理要求,并对过去文件的重要定义进行了修正,具体包括:第一,对新闻信息进行修正,包括有关政治、经济、军事、外交等社会公共事务的报道、评论,以及有关社会突发事件的报道、评论;第二,对互联网新闻信息服务的形式进行扩充,包括通过互联网站、应用程序、论坛、博客、微博客、公众账号、即时通信工具、网络直播等形式向社会公众提供互联网新闻信息服务;第三,对互联网新闻信息服务的内容进行修正,包括互联网新闻信息采编发布服务(对新闻信息进行采集、编辑、制作并发布)、转载服务(选择、编辑并发布其他主体已发布新闻信息)、传播平台服务(为用户传播新闻信息提供平台)。

在这些文件中,不难发现在传统媒体中被视为灵魂的新闻采访在互联网新闻平台上受到了明确的限制。虽然 2015 年 11 月 6 日,国家互联网信息办公室和新闻出版广电总局联合发放首批网络记者证,第一次承认互联网新闻生产与发布机构具有与传统媒体同等的地位,但发放对象仅限于央广网、人民网、新华网、中国网、国际在线、中国日报网、中国网络电视台、中国青年网、中国经济网、中国台湾网、中国西藏网、光明网、中国新闻网、中青在线 14 家中央主要新闻网站。由此可见,绝大部分互联网新闻生产流程的核心被局限在编辑层面。

(二) 互联网新闻编辑:平台自我管理的内容审核者

互联网新闻编辑除了要保障内容来源,还有一个更重要的职责就是管理网络内容。随着网络新闻和网络舆论的影响力日益彰显,互联网新闻平台的自我管理成为规范网络、推动网络健康发展的重要力量。截至 2019 年年底,相关政策及核心内容如下。

1. 全国人民代表大会常务委员会通过《中华人民共和国网络安全法》(2016年11月)

2012年12月,全国人民代表大会常务委员会通过《关于加强网络信息保护的决定》。该决定指出,网络服务提供者应当加强对其用户发布的信息的管理,发现法律、法规禁止发布或者传输的信息的,应当立即停止传输该信息,采取消除等处置措施,保存有关记录,并向有关主管部门报告。这项原则在2016年11月7日通过的《中华人民共和国网络安全法》中被明确,要求网络运营者(指网络的所有者、管理者和网络服务提供者)建立网络信息安全投诉和举报制度,公布投诉、举报方式等信息,即时受理并处理有关网络信息安全的投诉和举报。

2. 国家网信办公布的各类部门规章和规范性文件(2015—2017年)

国家网信办明确要求互联网新闻信息服务提供者健全信息发布审核、公共信息巡查、应急处置等信息安全管理制度,具有安全可控的技术保障措施[1]。对于违反相关规定的互联网新闻信息服务单位,国家网信办和地方网信办可以约见其相关负责人,进行警示谈话、指出问题、责令整改纠正,约谈情况向社会公开,计入互联网新闻信息服务单位日常考核和年检档案[2],启动互联网新闻信息服务网络信用档案,建立失信黑名单制度[3]。

2017年10月,国家网信办颁布《互联网新闻信息服务单位内容管理从业人员管理办法》。该规定明确互联网新闻信息服务单位内容管理从业人员包括专门从事互联网新闻信息采编发布、转载和审核等内容管理工作的人员。规定要求从业人员应当恪守新闻职业道德,坚持新闻真实性原则,认真核实新闻信息来源,按规定转载国家规定范围内的单位发布的新闻信息,杜绝编发虚假互联网新闻信息,确保互联网新闻信息真实、准确、全面、客观。

此外,国家网信办还颁布了各类规范性文件,对互联网论坛社区服务、

---

[1] 参见国家网信办2017年5月颁布的《互联网新闻信息服务管理规定》。
[2] 参见国家网信办2015年4月颁布的《互联网新闻信息服务单位约谈工作规定》。
[3] 参见国家网信办2017年5月颁布的《互联网新闻信息服务管理规定》。

 互联网新闻制作

跟帖评论服务、群组信息服务、互联网用户公众号信息服务和微博客信息服务等进行规定,对于违反相关规定的内容也需要新闻编辑的实时审查,从而保障网络空间的清朗有序。

第二节 互联网新闻的编辑方针

我国新闻事业既具有上层建筑的属性,也兼具信息产业的属性。因此,互联网新闻的编辑方针要牢记政治导向,做好党和人民的喉舌,充分发挥舆论引导功能,保障民众的精神家园,塑造秩序良好、符合人民利益的网络生态;要继续坚持新闻专业主义导向,通过创作真实、全面、客观、公正的新闻产品履行媒体的社会责任;同时也要遵循市场导向,以传播效果为主要考量,生产符合新时代人民群众喜好的新闻产品。

一、政治导向:发挥舆论导向功能

习近平总书记在十九大报告中明确指出,要高度重视传播手段建设和创新,提高新闻舆论传播力、引导力、影响力和公信力。由此可见,互联网时代的新闻编辑依然要强调政治导向,坚持舆论引导。

(一)把握舆论多元与主旋律并重的关系

如前所述,新闻编辑的一个职能是平台的自我管理,这一方面体现在对不良信息的实时审查;另一方面,对具有原创新闻采编权的互联网新闻单位而言,更要积极发挥舆论引导作用。互联网时代打破了传媒业的信息垄断,曼纽尔·卡斯特指出,技术、社会、经济、文化与政治之间的相互作用重新塑造了我们的生活场景①。在这种新的生活场景下,每个人都可以通过网络表达自己的诉求,由此迎来了众声喧哗的个人表达与公共讨论。

---

① [美]曼纽尔·卡斯特:《网络社会的崛起》,夏铸九等译,社会科学文献出版社 2003 年版,中文版作者序。

在互联网进入中国的早期,网络民意使多元社会结构下的不同群体有了自己的表达渠道,为自己合理、合法的利益诉求直言声辩,有利于推动社会舆论的多元化和国家治理体系的现代化。然而,中国网民结构的不平衡与不均衡导致网络民意的代表性和真实性都有明显的缺陷,多元社会群体的网民及其代言人的情绪化和非理性言论脱离了舆论所要求的公共性,既无法形成真正持久的深度对话,也难以形成理性的社会共识。更重要的是,互联网既可以成为线上发表抗争言论的平台,也可以成为诱发线下集体行为的中介,因此更要重视对网络舆论的正确引导。

在这样的大环境下,互联网时代的新闻编辑既要时刻紧跟党中央和国家的最新形势,坚持正确的政治方向,重视主旋律的宣传效果,同时也要重视多元利益群体的意见表达。具体而言,主要包括以下两个方面。

一方面,要以主流价值观为核心,积极宣传正能量,加强网络文化建设。中国社会的发展既有不平衡的矛盾,也有互帮互助的温暖。因此,在重视与网民开展理性、平和的对话之外,还要善于捕捉人民群众中的正能量,积极弘扬社会主义核心价值观,以新颖的形式和手段用正能量宣传滋养社会。

另一方面,要鼓励多元利益群体进行表达,以理性、平和的姿态积极回应网民的情绪化表达。当下中国社会发展的不平衡、不充分是既定事实。在此前提下,多元群体必然有自己的多元利益诉求,若是依靠强制管理或控制的方式,不仅不能有效地引导舆论,反而会引起反效果。因此,互联网新闻编辑必须要为网民留出一定的话语空间,以沟通的姿态让网民对社会现状进行一定的评论,并且对之加以回应和引导。

(二)互联网舆论引导的"可信度""精度""高度"

互联网时代的新闻编辑在舆论引导上应当发挥新闻从业人员的政治素质与专业素养,组织各类评论,有理、有序、有节地回应网民的各类情绪化和非理性表达,引导网民建立理性认识。要做到这点,新闻编辑在组织评论时要把握"三个度"。

第一,可信度。新闻编辑组织的评论必须以真实性为第一准则,在典型案例、典型人物的阐释上既要主旋律响亮,同时也要符合人性、贴近人心。同时,针对热点舆情事件引发的各类言论,新闻编辑要及时鉴别真假,对真实但缺乏理性或较为负面的情绪表达要进行适当的引导,对虚假的谣言要进行甄别并及时辟谣,防止被谣言污染的评论在网络上持续发酵,影响舆论引导的正面效果。

第二,精度。这要求新闻编辑具有敏锐的洞察力,能够在相关事件、相关言论爆发的第一时间抓住问题的关键,把握主要矛盾,围绕主要矛盾展开舆论引导,帮助网民更好地认识事件的本质。

第三,高度。传媒业作为公共性的代表,要履行自己的社会责任,新闻编辑在与网民对话的过程中,要以形成合作信任机制为目标。要发挥传媒业公共性优势,通过对话与协商,消除分歧,达成共识,形成合意[①]。只有赢得了网民的信任,才能保证舆论引导的持续性和有效性。

二、专业导向:以新闻专业主义为立身根本

如果说市场化导向是传媒业应对市场经济要求和互联网变局下的改革,政治导向是党中央和国家对传媒业的要求,那么以新闻专业主义为根本专业导向则是新闻行业对自己的要求。

新闻专业主义都是传统媒体时代职业新闻人对自己的规范。然而,随着互联网技术带来的信息传播变局,职业新闻人被网民的"去专业化"包围,技术赋权下,人人皆可挑战职业新闻人的专业性。在以复制、改编和聚合为特征的网络内容生产方式下,情绪化、极端化、标签化的话语方式颠覆了过去严肃新闻的真实和客观。但是,只要社会还需要新闻,专业主义仍应该是新闻生产链条上的重要特质。

---

① 李良荣、方师师:《主体性:国家治理体系中的传媒新角色》,《现代传播(中国传媒大学学报)》2014年第9期。

（一）坚持新闻专业主义

互联网既带来了海量的信息，也带来了信息碎片、网络谣言和虚假新闻等问题。对中国网民来说，他们对互联网的需求是获得公共信息，参与公共讨论。只要他们对互联网仍有公共性的期待，那么他们必然也离不开专业化的新闻生产，互联网时代的新闻编辑也仍要以专业主义自律。

互联网新闻编辑应做到以下三点：第一，不盲目追求互联网新闻的热点，坚持新闻的公共性，并在新闻策划及后续内容生产的各个环节中践行它；第二，明确新闻的界限，以严肃新闻的生产为追求目标；第三，对网络热点新闻线索进行及时判断，对符合公共性的选题进行追踪，以准、深、狠为要求，组织部门记者进行原创报道，并对网络热点进行积极回应。可以说，新闻专业主义的坚持需要新闻编辑在新闻选择、新闻确认、新闻整合、新闻策划、新闻延展等环节一一体现。

（二）以较高的媒介素养引导用户

媒介素养是指人们对各种媒介信息的解读和批判能力，以及使用媒介促进个人生活和社会发展的能力。哥伦比亚大学自由论坛媒体研究中心执行董事埃弗里特·丹尼斯(Everette E. Dennis)称，"媒介文盲"即不具备媒介素养的人，对人类精神具有潜在的破坏作用，就像被污染的水和食物对肉体的损害一样[①]。在传统媒体时代，媒介素养一般针对的是受者。

网络时代，传者素养的重要性尤其需要关注。在互联网时代，新闻编辑获取的信息中很多是互联网上由非专业人士生成的新闻线索甚至新闻产品。媒介素养决定了如何处理互联网信息，决定了其生产的新闻产品的水平。

三、市场导向：以获取显著的传播效果

自从中国传媒业走向市场以来，政府的财政拨款日益减少，传媒业必须依靠自身的经营求生存、谋发展。这使互联网时代的新闻编辑必须具备两

[①] [美]詹姆斯·波特：《媒介素养》，李德刚译，清华大学出版社2012年版，第6页。

种思维：一是用户思维；二是新闻运营思维。

（一）用户思维

用户思维主要包括两个方面。一方面，互联网新闻编辑要改变原有的以媒体为中心的编辑思维，要明确用户特征，并对用户需求进行细致分析。大数据提供的用户画像可以精准地捕捉用户，新闻编辑可以通过对用户性别、年龄、学历、媒介使用时间、使用场景、使用行为、关注焦点等信息进行分析，在挖掘用户人口特征、媒介行为、情境空间和社会心理的前提下发掘新闻的新价值，引导用户持续接触相关信息，甚至进一步消费相关信息，达到传播效果的最大化。

另一方面，互联网新闻编辑要将自己作为所在媒体单位、所在频道或栏目的用户，去思考自己生产和运营的新闻产品对用户是否具有吸引力。一般情况下，新闻编辑的自身素质与其所在新闻单位和频道提供的新闻类型具有较大的契合度。因此，新闻编辑自己的兴趣很可能也是其所服务的用户的兴趣所在。在新闻产品的运营过程中，新闻编辑可以将自己代入用户的角色，从新闻内容、表现形式、投放方式等多个方面编排和呈现新闻产品，提升产品对用户的吸引力。

（二）新闻运营思维

传统媒体时代，"生产"新闻是传媒业的核心；互联网时代，"生产"新闻只是第一步，"运营"新闻对传播效果具有至关重要的意义。这就使编辑的工作在互联网时代显得尤为重要。"运营"新闻是指将新闻当作一个特殊的产品来经营，在充分理解新闻内容的基础上，将其在各个层面的价值充分挖掘出来[1]。新闻编辑的运营思维主要体现在以下四个方面。

第一，产品的传播渠道。目前新闻产品的传播渠道多样，比较常见的有新闻网站、移动客户端、微博、微信等。新闻编辑要根据新闻产品的特质，选

---

[1] 彭兰：《从网络媒体到网络社会——中国互联网 20 年的渐进与扩张》，《新闻记者》2014 年第 4 期。

择与产品最为契合的一个或多个传播渠道,从而实现传播效果的最大化。

第二,产品的表现形式。传播渠道的多元化决定了新闻产品表现形式的多元化,这也是互联网新闻的发展对编辑提出的新要求。例如,对同一个新闻产品,新闻网站可以综合文字、图片、视频,尽可能多地呈现产品信息;而依托移动手机的"两微一端"则要考虑小屏幕的传播效果,在屏幕尺寸限制的条件下带给受众良好的阅读体验。

第三,产品的社交功能。互联网时代,双向传播取代了过去的单向传播,如何在新闻产品中插入与用户互动的板块,也是编辑在运营新闻的过程中要考量的重要环节。一方面,可以通过互动环节的设置建立新闻传播者与用户的平等地位;另一方面,这种互动形式可以通过社交媒体的分享渠道传递给更广大的用户群,形成"一传十,十传百"的效应。目前,互联网新闻产品的诸多爆款基本都离不开媒体和用户的互动。其中,比较常见的是将新闻产品与用户个人信息(如照片)融合,进一步生成独属于用户的个性化产品,让他们能够在微博平台和微信朋友圈"炫耀"一番。例如,人民日报社政文部军事室"金台点兵"工作室联合《人民日报》客户端在建军 90 周年前夕推出的创意 H5 产品《快看呐!这是我的军装照》,其全球访问量突破 11 亿次,成为当年的现象级爆款产品。

第四,产品的可持续性。互联网时代,新闻编辑对每一个新闻产品都要实时评估,结合市场反馈和专业反馈,扬长避短,进一步凝练融媒体思维与选题判断能力,把握当下最先进的技术方式,分析不同特点的内容分发渠道,将垂直分发做深、做实,为下一个爆款做铺垫。

四、 不同性质的互联网新闻媒体的编辑方针

目前,我国互联网新闻媒体种类多样,国家网信办 2017 年 5 月发布的《互联网新闻信息服务管理规定》明确规定,通过网站、应用程序、论坛、博客、微博客、公众账号、即时通信工具、网络直播等形式向社会公众提供互联网新闻信息服务,应当取得互联网新闻信息服务许可。所谓的互联网新闻

信息服务包括互联网新闻信息采编发布服务、转载服务和传播平台服务。

截至 2019 年 9 月 30 日,经各级网信部门审批的互联网新闻信息服务单位总计 999 家,具体服务形式包括:互联网站 975 个,应用程序 747 个,论坛 137 个,博客 5 个,微博客 4 个,公众账号 3 082 个,即时通信工具 1 个,网络直播 14 个,其他 20 个,共计 5 005 个服务项①。

国家网信办公布的互联网新闻信息服务单位名单主要分为两类:一类是各报业集团、传媒集团在探索媒介融合战略时建立的各种网站、应用程序、论坛、博客、微博客、公众账号、即时通信工具、网络直播等;另一类是原生的互联网科技公司建立的互联网站、应用程序、论坛、博客、微博客、公众账号、即时通信工具、网络直播等。还有一类是由资深媒体人个人创办的互联网资讯类信息传播平台。由于上述三类媒体各自的特性不同,它们的编辑方针在政治导向、专业导向和市场导向上呈现出不同的偏向。

(一)依托各报业集团、传媒集团建立的互联网新闻信息服务单位:以政治导向和专业导向为主

各报业集团、传媒集团的任务是要在互联网生态下站稳脚跟,逐步扩大主流媒体在网络上的优势。因此,通过市场竞争锻造适合互联网传播规律的新型主流媒体,是这类媒体的主要目标。"新型主流媒体"既要"新型",即培育"互联网思维",也要"主流",即以严肃新闻为主要报道内容,具有专业理念和文化自觉精神,着力弘扬主流价值观,在社会中勇于担当社会责任②。

从宏观层面来讲,该类平台内容建设的基本目标可以概括为"四全",最低要求可以概括为"四不"③。

"四全"内容分别如下。全时段:监测社会环境的实时变动,在以秒为单

---

① 国家互联网信息办公室:《互联网新闻信息服务单位许可信息》,中国网信网,2019 年 10 月 11 日,http://www.cac.gov.cn/2019-07/11/c_1124405702.htm,最后浏览日期:2020 年 3 月 17 日。
② 强月新、陈星、张明新:《我国主流媒体的传播力现状考察——基于对广东、湖北、贵州三省民众的问卷调查》,《新闻记者》2016 年第 5 期。
③ 李良荣、袁鸣徽:《锻造中国新型主流媒体》,《新闻大学》2018 年第 5 期。

位的竞争中,争取首发权、议程设置权;全方位:涵盖国内外重要领域的重大事件,既有动态追踪,又有深度解读;全媒体:采用最新的传播技术手段,结合多元传播形态,提升用户新闻体验;全覆盖:覆盖全媒体公众,既有大众传播,又有小众化、个性化的分众化传播。

"四不"内容分别如下。不失真:新闻报道必须真实,在公众中建立"只要上了主流媒体,那就可以相信"的信任感;不失语:对公众关心的一切大事件,决不回避,迅速出击,增强在热点事件中的议程设置能力和舆论引导能力;不失品:坚持严肃媒体的特性,内容生产方式的创新逻辑以增进社会效益为第一考量;不失位:宣传党和国家的方针政策,培育主流价值观,方法可以灵活多变,但弘扬正能量的基本原则绝不动摇。

(二)依托原生互联网科技公司建立的互联网新闻信息服务单位:以市场导向为主,加强专业导向

这类互联网新闻信息服务单位主要由互联网科技公司建立的具有新闻登载资格的综合性商业网站和专业化商业网站演变而来,具有较大影响力的包括新浪、腾讯、网易、搜狐、百度、和讯财经、天天在线等。此外,还包括部分具有较大影响力的互联网内容分发平台和集成网站,比如一点资讯、观察者网等。它们的先天优势是具有广泛的用户基础。它们的内容建设目标是满足用户便捷获取生活资讯和休闲娱乐等的信息需求。因此,它们的编辑方针以市场导向为主,锁定目标用户。

为了实现用户效益的最大化,该类新闻信息服务平台大多采取机器算法技术进行用户信息抓取和平台内容分发,从而精准地实现新闻信息的个性化推荐,以期有效地实现内容与用户的准确匹配。与此同时,它们还充分考虑到节点效应,网罗大批自媒体账号进驻,完善自己的平台化战略。

不过需要注意的是,该类平台在追逐市场效益时往往容易忽略对新闻质量的把关,导致新闻信息的质量良莠不齐。因此,在新闻编辑方针上,要加强对专业导向的坚守。例如,内容编辑不能过度依赖机器算法的分发系统,应该加强人工编辑筛选,避免新闻内容泛娱乐化,要通俗而不媚俗,有人

互联网新闻制作

情味而不滥情。

（三）由资深媒体人创办的互联网资讯类信息传播平台：以专业导向和市场导向为主，加强政治导向

这类互联网资讯类信息传播平台具有一定的特殊性，它们的创办者大多是从体制内的主流媒体走出来的，大多数都是媒体精英。他们的专业素质极强，拥有一批忠实的粉丝。他们在新闻领域的长期实践和名记者光环为他们的创业奠定了基础。

这些平台往往风格鲜明，主要用户大多是需要获取高质量专业信息的中青年高学历人士，因此市场价值较高。这些平台关注的领域以商业和科技为主，对自己的定位不仅是要成为用户认可的内容工匠，还要通过自身的创造力和前瞻性为用户创造更多的价值。除强调内容的优质性外，这些平台也毫不回避市场导向，大多通过广告、付费订阅等方式来获取经济效益。可以说，这类平台在专业性上保持了传统媒体机构的优势，同时又兼具市场媒体的灵活。它们的新闻产品部分来自自身记者的原创新闻，另一部分则邀请一批在商业、科技领域从业多年的专业作者进行新闻产品撰写，保障内容既具备前沿优势，又能提供深度分析视角。

虽然这类平台的专业导向和市场导向都比较清晰，但是在政治导向上仍需加强。目前，这些平台都尚未获得国家网信办许可的互联网新闻信息服务许可，在相关信息服务提供方面存在一定的风险。比如"梨视频"和《好奇心日报》就曾分别于 2017 年 2 月和 2018 年 8 月因未取得互联网新闻信息服务资质和互联网视听节目服务资质情况下开设原创栏目而被责令整改。对于此类媒体而言，新闻编辑的首要职责是把握政治导向，在新闻生产中坚守底线，以不违规为基本原则，以保障持续的信息生产。

第三节　互联网新闻编辑的基本流程

互联网新闻编辑的工作核心是要让用户阅读到有新闻价值，同时又契合他们兴趣的新闻信息。在这个过程中,如何凸显信息重点是新闻编辑的工作重心,主要包括新闻选择、新闻核查、新闻整合、新闻策划和新闻延展五个环节。

一、新闻选择

互联网新闻编辑是信息的把关人,承担着新闻信息的筛选与价值判断的职能。

(一)新闻来源的筛选与判断

互联网新闻稿件的来源对用户来说具有重要意义,信源的权威与否关系到新闻产品的可信度与权威性。一般来说,专业新闻机构生产的新闻大多真实可靠;来源于网民个人或一些自媒体的新闻,则需要对其真实性进行仔细核查。

真实是新闻的生命,无论是在传统媒体时代还是互联网时代,编辑都要练就一双火眼金睛。对互联网新闻编辑来说,既要具备传统新闻编辑的专业素养,同时也要能对虚假新闻线索进行甄别。

(二)衡量互联网时代的新闻价值

新闻价值是编辑衡量、选择新闻事实的依据,新闻价值越高越能引起公众关注。在传统媒体时代,新闻价值的五要素分别是时新性、重要性、接近性、显著性、趣味性。在互联网时代,新闻价值的要素没有发生变化,但在优先性上有所调整,依次为重要性、时新性、接近性、趣味性和显著性。

重要性,指的是与当前社会生活及广大群众的切身利益有密切关系,一定会引起人们关心的事件。自Web2.0诞生以来,传统媒体在新闻生产中的垄断局面被泛社会化的全民性生产(即UGC)挑战,新闻传播速度也精确到了0.01秒甚至是0.001秒的程度。对新闻编辑来说,在无法"抢首发"的情况下,需要通过提升新闻重要性来弥补时新性的不足。在衡量互联网新闻价值时,首要考虑的是从海量的用户生产内容中筛选出最能反映社会公共诉求的新闻事实,以达到最佳的传播效果。

时新性指的是实时跟进新闻的最新进展,尤其是对发酵时间较长的新闻事件,要在第一时间更新它的最新进展,引导用户正确认识新闻事件。虽然互联网时代热点新闻的快速传播只需要几秒钟的时间,但要认识事件背后的真相和探知事件发生的深层次原因并不是短时间内就能完成的,这考验的是媒体的专业化水平。尤其是近年来"后真相"时代来临,网络上出现了大量的反转新闻,只有尽可能快速地提供权威信息,纠正谬误,才能将用户从"后真相"的漩涡中解救出来,赢得用户信任。

接近性指的是地理上的接近性和心理上的接近性。移动传播时代的互联网强调垂直细分,只有掌握了用户诉求才能增强使用黏性,提升新闻产品的运营效果。目前,诸多媒体在既有"编辑分发"的基础上增加了"算法分发",对用户的年龄、性别、地域、职业、兴趣爱好等进行定位,并将优质内容上传至诸如"今日头条"等平台媒体,扩大传播效果。

趣味性指的是开发形态多样、手段先进的新闻产品,使新闻内容更具有生活气息。近年来,互联网新闻报道有效结合了图片、文字、音频、视频、动漫等元素,推出 Vlog、直播、VR 等报道模式,受到网民的一致好评。需要注意的是,趣味性程度应考虑新闻事实的性质,守住严肃不失活泼、趣味不失雅正的原则,避免因煽情化、夸张化造成的反面传播效果。

显著性指的是新闻事实中具有高知名度的人物、地点等要素,与趣味性一样,主要是满足公众休闲娱乐的需求。但需注意的是,互联网新闻在强调显著性的同时,要守住就事论事的底线,同时对人物报道应以涉及社会公共利益的内容为主,避免对个人隐私的窥探。

二、新闻核查

事实核查(fact-checking)作为行业规范,一直以来都是新闻生产中一个必不可少的环节,是传媒机构内部用以保障新闻的真实、客观、公正的业务实践。事实核查一方面要求记者在新闻采访过程中,获得的新闻素材必须要经得起至少两个信源的检验;另一方面,在后期的新闻编辑中,编辑应该再次对新闻进行事实核查,保证报道中的事实准确无误。

与此同时,在互联网新闻生产模式下层出不穷的虚假新闻促使西方媒体开始着力将事实核查从幕后推向台前,创造了事实核查类新闻这一创新的新闻样式。目前在西方享有盛誉的事实核查类新闻项目包括《坦帕湾时报》(Tampa Bay Times) 2007年创立的"PolitiFact"网站、《华盛顿邮报》2007年创立的"Fact Checker"栏目、宾夕法尼亚大学安娜伯格公共政策研究中心建立的独立网站"FactCheck.org"等。此外,在欧洲,英国广播公司BBC新闻编辑成立了专门的"事实核查团队";德国《明镜周刊》(Der Spiegel)拥有全球媒体最大的事实核查团,具有事实核查功能的档案部有100人之多,其中35人做资料归档工作,65人兼做研究与事实核查工作。

此外,西方的新闻事实核查还产生了"结构性转变":核查主体在专业新闻从业者的基础上增加了普通用户;核查的时间在新闻发布之前拓展到了新闻发布之后;核查的内容和结果也由限于编辑部内部变为公之于众。新闻事实核查逐渐从从属地位脱离出来,形成独立的新闻样式[1]。

这些实践为中国互联网新闻编辑工作提供了重要的参考。首先,必须重视事实核查的重要性,尽可能在新闻发布之前完成事实核查;其次,对于其他媒体平台发布的具有较大"虚假性"可能的新闻,可以通过事实核查的方式来进行新闻再生产,发布事实核查类新闻;最后,要学会借助网民的力量共同进行事实核查,加速事实核查的进程,并通过事实核查强化与网民的互动。

三、新闻整合

互联网时代的媒体竞争是新闻挖掘方式与新闻深度的竞争,而这种竞争往往是通过新闻整合来实现的。在整合新闻的过程中,具体要从以下三

---

[1] 周炜乐、方师师:《从新闻核查到核查新闻——事实核查的美国传统及在欧洲的嬗变》,《新闻记者》2017年第4期。

个方面入手。

（一）以"关系"为核心视角，发掘新闻间的内在联系

美国《华尔街日报》资深头版撰稿人威廉·E.布隆代尔（William E. Blundell）曾这样说："一个擅长综合的记者,能够在几件看似不相关的事情中找到联系。他从成堆的零部件中组装出具有希望的故事构想。他之所以能够这样,正是因为他能够在阅读的过程中,以及与信息源谈话的过程中,找到不同信息之间可能存在的共性。"[1]互联网时代,发掘新闻之间内在联系,继而整合新闻产品,成为新闻编辑的重要工作之一。

编辑可以围绕新闻 5W 要素,以"关系"为视角展开深入发掘,具体包括拓展新闻事件当事人的社会关系网络、对事件涉及的相关地点的深入挖掘、对同类新闻事件的横向比较、对事件发生原因的深入推敲等。

（二）重视互联网新闻的逻辑整合与形式整合

在完成对新闻事件的深入挖掘后,接下来就是对新闻进行整合。整合既包括逻辑上的整合,也包括形式上的整合。

互联网新闻要有"逻辑树"的概念,在每一个节点上为受众准备可能的路径转向入口[2]。新闻编辑要从挖掘到的核心要素出发,将核心内容与其他相关内容主次分明地整合起来。若考虑整个新闻产品的完整性,需要呈现大量内容的,可以以新闻专题的方式予以呈现。

在挖掘新闻的过程中,不仅要注重文字、图片素材,还要考虑其他多媒体呈现形式,尽可能以最简短的篇幅和最适宜的形式呈现优质的新闻产品。尤其是在移动互联网普及的当下,还要考虑用户的媒介使用习惯及不同终端的呈现效果等。

（三）明确整合新闻和原创新闻的区别

原创新闻是专业新闻从业人员通过亲自采访获取第一手新闻资料后制

---

[1] ［美］威廉·E.布隆代尔:《〈华尔街日报〉是如何讲故事的》,徐扬译,华夏出版社 2008 年版,第 7 页。
[2] 黄芝晓:《现代编辑学》,复旦大学出版社 2012 年版,第 153 页。

作成的,对新闻媒体来说,原创新闻是生命之魂。而整合新闻的价值则在于新闻编辑对一手新闻的二次开发。整合新闻的出现,一方面是因为在互联网时代,面对重大事件时,并不是所有媒体都有前往现场采访的采编权,而为了要抓住热点,一些不具备采编权的媒体只能通过整合其他媒体的报道在重大事件报道上发出声音;另一方面,互联网搜索的便利性又使获取公开信息的成本越来越低,角度新颖的整合新闻在一定程度上也能与原创新闻一样,获得很高的关注度,因此越来越多的媒体尝试整合新闻。

整合新闻主要考察的是新闻编辑的业务能力和媒介素养。一方面,编辑要对事件本身和事件发生的社会背景有很强的把控力,能够透过现象看本质,在已有的原创新闻中挖掘出新颖的、有价值的角度,在此基础上进行创新;另一方面,编辑要有很强的维护原创新闻版权的意识,对个人及机构生产的原创新闻要有充分的尊重。具体操作上,就是要在整合新闻中注明原创新闻的出处,并提供可以跳转至原创新闻的链接路径。

四、新闻策划

新闻策划是新闻编辑充分发挥主观能动性的体现,通过对社会形势、用户定位、新闻事实的充分把握,开发新闻资源,创作对用户具有吸引力的新闻产品。当前,在互联网上传播甚广的爆款产品都离不开新闻编辑的精心策划。

一般来说,对于重大突发事件、可预知重大事件这样的新闻题材而言,新闻策划要突出重点,并能够通过创新出奇制胜。此外,互联网新闻编辑还要回应社会关切,综合考量用户的需求,主动进行新闻策划。

(一) 重大突发事件

新闻编辑在面对重大突发事件时,要从报道角度、报道内容等方面进行策划,并且还要对其他媒体的报道策略有所预判,避免同质化竞争。在这个过程中,要注意对重大突发事件涉及的各个维度都进行全面的呈现,形成有深有浅,有报有评的新闻组稿,帮助受众更好地理解新闻事件。

例如,《人民日报》在 2015 年应对重庆东方轮船公司所属旅游客船"东方之星"在长江水域倾覆的突发报道时,在 6 月 2 日至 8 日的舆情高峰,利用新浪微博和报纸进行配合报道,体现了以人为本、生命至上的温情。有研究显示,《人民日报》的新浪微博账号在 7 天时间内共发布 147 条微博,其中来自《人民日报》记者的报道 40 条,其他媒体报道 45 条。新闻编辑在发布形式上结合标注、使用@、可视化信息图和长微博四种形式保障了新闻的可信度和专业度。具体而言,《人民日报》首先以"零时差"呈现该事件的进展态势,将若干信息碎片通过时间轴纵向连接起来,并利用微博的多媒体性质发布具体细节信息(包括现场图片、视频、失踪人员名单),补充了纸媒报道的不足;其次,补充背景知识,以 6 月 4 日报道的"船体扶正"新闻为触发点,将交通运输部发言人、监利县县长、遇难人员家属安抚、遇难人员 DNA 采样等信息有序呈现,并邀请专家释疑,回应社会热点,既延伸了信息的深度和广度,也起到了科普作用;最后,利用中央权威媒体的优势,新闻编辑将有温度、有力量的新闻评论在《人民日报》微评等渠道进行发布。在 7 篇评论中,有 4 篇评论以"生命"为题(《没有什么比生命更可贵》《江流中守望生命》《用行动照亮生命的希望》和《记取生命换来的教训》),既表达了从中央到地方各级实施救援的坚定信念,同时也对救援官兵致以敬意,对逝者表达了哀思和缅怀[①]。

(二) 可预知重大事件

可预知重大事件的新闻策划比突发事件有更为充足的准备时间。在具体策划过程中,要综合考量新闻产品的发布时机、规模、角度和手段。

过去,对可预知重大事件的新闻策划主要是两类:先发式的新闻策划和同步式的新闻策划。前者力求达到先声夺人的效果;后者力求出奇制胜。由于在互联网时代,用户的注意力停留相当短暂,因此新闻策划的竞争主要集中在可预知重大事件发生的当下,如何通过创新在众多相同内容的新闻

---

① 石磊、雒成:《突发事件的报微互动——以〈人民日报〉"东方之星"翻沉事件报道为例》,《新闻界》2015 年第 17 期。

第七章　互联网新闻的编辑实务 >>>

策划中脱颖而出,对于媒体提升影响力非常重要。

例如,2017年全国"两会"召开期间,各大媒体展开了激烈的新闻大战,利用各种技术手段打造"两会"融合产品,最终形成了多种多样的刷屏爆款。其中,在《人民日报》客户端推出的"全国两会喊你加入群聊"融媒体产品中,用户点开链接只需输入"0305"这一密码就可以加入"2017两会"的微信群聊界面(图7-2)。群聊参与者包括国务院总理李克强和参加"两会"的各部委领导,用户进入群聊后,有模拟的李克强总理的问候、政协主席的开幕致辞以及各部委领导对网民的热切询问。其中,针对"希望工资能再高点和假期能再长点"的网民心声,李克强总理直接发了一个"要让人民过上好日子"的红包,用户点击红包即可进入朋友圈拉朋友一起群聊。这个交互式的微信操作使这款融媒体产品成为当年的爆款。同时,人民日报中央厨房还推出了另一款H5产品"2017两会入场券",用户可以点击H5页面上的抢票按

图7-2　《人民日报》客户端及中央厨房于2017年"两会"期间推出的H5爆款产品
　　　　《全国两会喊你加入群聊》(左)和《2017两会"入场券"》(右)

互联网新闻制作

钮,通过抽奖的方式来获得"两会入场券",经过虚拟在线选座就可以"进入"人民大会堂观看全国人大的开幕式直播。

(三)聚焦社会关切,拓宽新闻资源

除了对重大新闻事件进行策划,新闻编辑还要通过长期的知识积累和对社会形势的深刻把握,主动挖掘用户价值和隐性新闻线索,以拓宽新闻资源。业界普遍公认的新闻资源有四类:第一类是新闻环境资源,包括政策环境、经济环境、文化环境;第二类是新闻信息资源,包括新闻提供者、新闻合作者、新闻线索、新闻稿件、新闻资料;第三类是新闻受众资源,包括事实受众和潜在受众;第四类是新闻媒介资源,包括资金、人才、设备、技术、载体、品牌等。

对新闻编辑来说,在新闻策划过程中,首先,要借助多样化的新技术对受众资源予以开发,使其与新闻信息资源的开发形成更大的合力,产生更好的效益,拓宽看不见的用户市场,并不断将用户转化为新的资源。不仅要借助技术和市场调研做好潜在用户的画像,实现新闻产品的精准定位与升级换代,还要着力于培养新的用户,并对他们的潜在创造力加以激发,以用户资源反哺媒体。其次,新闻编辑要对新闻媒体依存的社会环境进行综合判断,对相关资源实现更加充分的挖掘和利用[①]。一方面要结合记者采访及平时对不同时期的用户关切的综合观察、分析;另一方面要积极寻找志同道合的合作伙伴,拓展新闻产品的面向并强化新闻产品的效果,以应对融媒体生产的现实需要。

五、新闻延展

网络新闻的延展有微观和宏观两个层次的含义。从微观来说,是指对单一新闻报道的拓展,比如通过评论、互动及博客等多种手段的有机结合,

---

① 蔡雯、李婧怡:《"非虚构写作"对新闻编辑业务改革的启示》,《当代传播》2018年第4期。

来解读、延伸与发展新闻报道,形成一个更加完整、丰富的网络新闻传播体系;从宏观来说,是指新闻编辑工作的延展,如有效开展网络新闻评论的组织、网络新闻论坛的管理、网络受众调查的实施、网络新闻传播效果的评估、博客与网络新闻的互动等[①]。互联网时代的新闻产品形态发生了变化,新闻生产者成为"以受众需求为中心"的信息处理者与聚合者[②]。因此,新闻延展的意义在于充分发挥互联网互动传播的特性,将用户的心理需求和新闻需要纳入新闻平台,而这些用户数据可以为新闻编辑策划下一个新闻产品提供决策基础。

(一) 组织评论:鼓励用户发言

评论是对事实性报道的一种扩展[③]。目前,评论主体包括新闻组织自身发布的评论、邀请的专家评论以及用户意见的自由表达。这三类评论主体构成网络评论的圈层,彼此补充,相互交融。因为有了用户评论,才创造了互联网新闻不同于传统新闻的互动价值。组织用户评论的好处主要有两个方面。

一方面,组织用户评论可以将用户的反馈集中在自己的平台,为深入挖掘用户反馈提供数据基础。一般来说,愿意表达的用户往往是对媒体黏性较高的一群人,搜集他们的评论,对之进行分析,有助于新闻编辑对新闻选题、新闻表现形式等进行调整与优化。另一方面,组织用户评论是媒体展现平等姿态,并通过诚恳的对话获取用户增量和扩大新闻传播范围的重要方式。在互联网时代,新闻编辑和用户的对话是新闻的延续,也是用户关注的焦点。因此,新闻编辑要重视与用户的交流,通过对话博得用户的好感,加强用户黏性。

(二) 用户调查:重视用户行为

除了鼓励用户评论以外,还要重视用户的浏览、转发、收藏等隐性表达

[①] 彭兰:《网络新闻编辑教程》,武汉大学出版社 2007 年版,第 19 页。
[②] 陈力丹、胡杨、刘晓阳:《互联网条件下"新闻"的延展》,《新闻与写作》2016 年第 5 期。
[③] 彭兰:《网络新闻编辑教程》,武汉大学出版社 2007 年版,第 317 页。

互联网新闻制作

行为,不同程度的行为显示出信息的不同传播效果。

浏览是最基本的用户行为,说明用户在接触新闻的第一时间有阅读的欲望。在这之后,还要衡量用户的停留时间,时间越长,说明该新闻对用户的吸引力越大。

转发是第二层次的用户行为,说明用户在阅读完新闻之后有分享的欲望。这种分享可能是表达赞同,也可能是提出批评。编辑应该重视那些针对新闻报道在形式、内容、选题等方面的批评性观点,作为后期新闻策划的重要参考依据。

收藏是第三层次的用户行为,大部分选择收藏的用户是基于对新闻的高度认可。对于收藏数量高的新闻,编辑应该对其主题、内容和表现形式进行多维度的分析,对成功经验进行总结归纳。

第四节 互联网新闻编辑的要素调配

互联网新闻编辑的要素调配主要是指在新闻加工的过程中,综合运用多媒体手段,使互联网新闻产品的长度、形式、张弛程度符合事件特点。这要求新闻编辑在加工过程中综合考虑软硬搭配、品种搭配、表现形式搭配以及界面艺术四个方面。

一、软硬搭配

根据新闻题材的不同,新闻可以分为硬新闻和软新闻。其中,硬新闻指的是题材较为严肃的新闻,大多是与国计民生及民众切身利益有关的政治、经济、社会新闻,为人们的政治、经济、工作及日常生活提供决策参考;软新闻指的是题材较为活泼、注重趣味的新闻,包括社会民生新闻、娱乐新闻、体育新闻等,满足人们的休闲娱乐需求。

软硬搭配不仅是指硬新闻和软新闻要互相搭配,在编辑互联网新闻时,还要注意对硬新闻的软处理以及对软新闻要适当增加硬成分。软硬搭配的过程是新闻编辑结合用户网络使用习惯,通过适当增加网络用语、网络表现形式等各种互联网要素,来拉近用户与新闻之间的距离,强化用户对新闻信息的接收的过程。

(一)硬新闻的软处理

硬新闻的软处理指的是通过对新闻表现形式的改进,使新闻报道更加贴近群众、贴近生活、贴近实际,增强新闻作品的说服力和感染力。一般来说是通过标题软化、背景软化和角度软化来实现的。

1. 标题软化

标题是新闻产品的起点,过去硬新闻的标题强调的是新闻事实的完整,而互联网新闻标题强调的则是引人关注,将严肃新闻也适当软化。目前,标题软化主要是借助网络热词和新闻事实中的金句等,使标题尽可能清晰、简短和活泼。例如,2018年"两会"期间,澎湃新闻的融媒体产品《为祖国打CALL,要幸福就要奋斗》的标题既运用了"打CALL"这个人们耳熟能详的网络用语,还用了习近平总书记在全国"两会"闭幕式上重要讲话中提到的"要幸福就要奋斗"的金句,表达了中央精神的同时,也让读者觉得十分生动。

2. 背景软化

对于硬新闻来说,相关事件的背景大多具有强烈的政治化色彩,若按部就班地进行新闻产品制作,会降低人们的阅读兴趣。因此,对于这一类硬新闻的生产,可以采用去政治化的背景包装,找到既与新闻主题相匹配,同时也与人们关注的热点相契合的切入点。例如,人民日报中央厨房青创营工作室在十九大到来之前发布的融媒体产品《燃爆!史上最牛团队这样创业》,将中国共产党比喻成一个创业团队,以快闪形式将中国共产党的"创业史"呈现在用户面前,既拉近了与年轻用户的距离,同时也回顾了历史,振奋了人心。

3. 角度软化

面对同样题材的不同作品,新闻编辑要重视对新闻作品的角度选择。角度选择的恰当与否,在一定程度上决定着新闻产品的成功与否。对于硬新闻来说,大部分新闻都以正面报道为主,往往千篇一律,缺乏新意。新闻编辑若要取得良好的传播效果,必须改变新闻报道的固定模式,将用户思维纳入新闻产品的制作当中。在十九大期间,新华社在新闻产品制作上,十分注重用户的参与式体验。其中,新华社自 2017 年 10 月 13 日起就推出了"点赞十九大,中国强起来"系列公益互动活动,并在会议开幕后,接连发起"进入新时代,点赞好声音"和"用声音致敬新时代,我是报告诵读者"的新闻产品,取得了良好的传播效果,成为首个创造"30 亿级"的国民互动新闻产品(图 7 - 3)。

图 7 - 3　澎湃新闻《为祖国打 CALL,要幸福就要奋斗》(左)、人民日报中央厨房青创营工作室《燃爆！史上最牛团队这样创业》(中)、新华社《点赞十九大,中国强起来》(右)

(二) 软新闻的硬成分

相较于硬新闻,软新闻因为讲究人情味和趣味性,在情感上与用户心理更容易亲近。但由于软新闻的选题一般都比较小,大多数软新闻的新闻价值不如硬新闻那么显著,因此也很难获得用户的注意力。面对软新闻,新闻编辑要着手提升软新闻的新闻价值。软新闻的报道策略主要是通过纠正导向和补充背景两个方面体现。

1. 纠正导向

纠正导向是指将软新闻与民生热点、社会形势结合起来,在讲求趣味性的同时,也要重视媒体的导向功能。比如,近年来受到热议的"广场舞大妈"形象就是一个典型的反面教材。相关新闻编辑在"广场舞"这个软新闻处理上过度重视娱乐化、消费化,对"广场舞大妈"进行"污名化"。例如,不少新闻放大了"广场舞大妈"在公共空间里的各种搞笑和搞怪动作,制造新奇的符号刺激大众感官,甚至戏谑地称"南京一动物园熊猫'心律不齐'大妈广场舞惹祸"。这样的新闻显然偏离了真实、客观、全面、公正的新闻原则。

2. 补充背景

独立篇幅的软新闻的社会价值往往较小,但是软新闻并非不可转化。新闻编辑如果能对软新闻进行仔细推敲,将其与读者普遍关注的社会现象、社会氛围和社会热点等结合起来,就能实现软新闻在新闻价值上的提升。过去在互联网平台上传播较广的"郭美美事件""我爸是李刚"等都是从软新闻向硬新闻转化的成功案例。因此,编辑要善于在软新闻中找到那些具有普遍性、关注度高的情感共振点,延伸软新闻的生命力。

二、品种搭配

互联网时代各种各样的技术使新闻的表现形式不再单一。因此,互联网时代的新闻产品不单要考虑新闻本身的价值,还要考虑新闻产品的艺术性。互联网新闻编辑要打破传统媒体时代表现形式的单一化,融合文字、图片、音频、视频、FLASH 动画、H5 等多种报道手段,善用技术来增强新闻产品的吸引力。综合多种技术手段的融媒体产品,可以起到化繁为简和增强交互性的作用,从而强化新闻产品的情感张力和现场感受。

在互联网时代,常用的媒体技术手段,主要分为以下三类。

(一) 可视化新闻图片

人脑处理图片的速度比阅读线性文字的速度要快,因此视觉化的新闻叙事作为新闻产品的新样式,是开辟用户市场的利器。信息可视化滥觞于2009年,英国《卫报》推出数据博客(Guardian Datablog),利用谷歌电子表单分享的完整数据,将其进行可视化处理,通过挖掘和展示数据背后的关联与模式,为报纸和网站提供新闻产品。随着大数据时代的到来,数据可视化成为风靡全球的新闻报道"升级版"。英国《泰晤士报》、《卫报》、路透社和美国《纽约时报》《华盛顿邮报》等纷纷组建新视觉新闻团队、数字新闻部等机构,将有价值的信息转化为可视化的新闻产品[1]。

随着大数据时代的到来,网络空间中沉淀的各类开放数据(如政府公开数据、咨询公司报告数据、学术研究数据等)为编辑提供了更多的素材。目前,国内多家媒体在自己的网络平台上推出了数据新闻栏目。其中,财新数据新闻中心团队于2018年6月荣获2018年全球数据新闻奖(Data Journalism Awards,简称DJA)"全球最佳数据新闻团队奖",与财新数据新闻中心一起入围的还有《纽约时报》、BBC、Bloomberg、《卫报》、路透社等世界知名媒体。

除了数据的可视化,各大媒体也开始尝试文字新闻的可视化,尤其是对党和国家重大方针政策的解读,在编辑过程中借助图表、流程图和思维导图,可以将原本冗长的文字浓缩到相关图片上(图7–4)。比如《人民日报》客户端在党的十九大期间,充分利用图片便于传播的优势,第一时间推出思维导图《一起学习十九大报告!》,为用户理思路、划重点。

(二) 音频与视频

这里所说的音频一方面是延续新闻网站开发出的新闻音响[2],包括新闻事件中的实况音响、新闻事件中的人物访谈、新闻现场的环境音响、音响资

---

[1] 参见郑蔚雯、姜青青:《大数据时代,外媒大报如何构建可视化数据新闻团队?——〈卫报〉〈泰晤士报〉〈纽约时报〉实践操作分析》,《中国记者》2013年第11期。
[2] 彭兰:《网络新闻编辑教程》,武汉大学出版社2007年版,第182—183页。

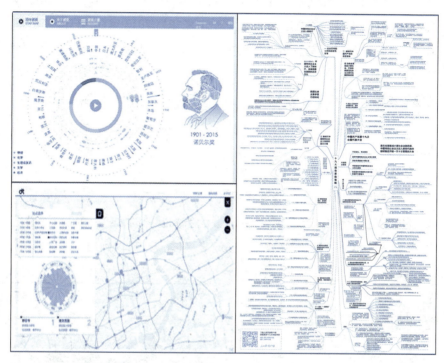

图7-4 财新数据新闻中心团队出品的《星空彩绘诺贝尔》(左上)、DT财经出品的《重新认识地铁上的上海》(左下)、《人民日报》客户端出品的《一起学习十九大报告!》(右)

料以及音乐;另一方面是指基于声音的新闻形式创新,如将新闻内容利用歌曲进行传播等。还有一些典型例子,如澎湃新闻在2017年10月联合求是网特别推出的动画RAP歌曲《砥砺奋进的中国精神》、央视微视频工作室2017年3月推出的《厉害了,我们的2016年》,它们以RAP歌曲这一流行音乐形式,搭载通俗易懂的歌词或习近平总书记的新年贺词原声来制作新闻产品。

视频信息兼有图片、影像、音频的特点,直观易懂,加上移动互联网技术的发展解决了网络传输的客观限制,视频新闻越来越受到人们的喜爱。在当前的新闻场域中,短视频新闻、动画微视频等均是受到用户欢迎的新闻产品形式。以动画微视频为例,目前它已经成为互联网媒体面对可预知重大新闻展开新闻生产的重要呈现形式。例如,新华社 2017 年在"一带一路"国际合作高峰论坛举行前夕推出的微视频《大道之行》,综合运用了图片、视频、3D 动漫等元素,让用户进入"一带一路"倡议的多彩空间;湖北长江广电新媒体集团 2016 年 7 月制作的沙画视频《不忘初心 砥柱中流》,展示了在长江中下游防汛抗洪一线的武警、消防、解放军、交警、水务等感人肺腑的典型人物形象。

(三) 基于 VR、AR 技术的沉浸式直播和互动性新闻产品

VR 技术正成为打造融媒体产品的新手段,它不仅能增强新闻的现场感,还能增强与用户的互动性,在面对重大新闻题材时,各新闻机构纷纷试水 VR 技术,为用户打造沉浸式全景新闻产品(图 7-5)。例如,《人民日报》

图 7-5 央视新闻出品《天宫一号 VR 直播》(左)、人民日报中央厨房出品《G20 小精灵 Go》(右)

在"9·3"纪念抗战胜利70周年大阅兵时制作了VR全景视频,新华社利用VR技术制作了《带你"亲临"深圳滑坡救援现场》,央视新闻在报道"天舟一号"发射任务时进行VR全景直播。在2017年全国"两会"期间,不少媒体都携带VR设备进行"两会"报道,带领用户360度全景巡游人民大会堂。

除了VR技术,AR技术也运用到新闻报道中。比如,人民日报中央厨房模仿AR畅销游戏《精灵宝可梦》,在G20杭州峰会时策划了以G20峰会的国家卡通形象为基础的互动小游戏《G20小精灵Go》。此款产品的主要特色在于它把参加此次峰会的主要国家化身为一个个卡通形象,并把它们置于杭州有代表性的自然人文场景图片中。每个小精灵在被找到后都会说一句与峰会或与自身国家相关的幽默话语,在展示不同国家特色的同时也阐释了G20四大理念。这种游戏化、场景化的设计符合移动传播轻阅读的习惯,卡通形象易于深入人心,极强的交互特性也带来了高参与度和高传播力[1]。

三、界面艺术

对网络媒体来说,首页布局、标题以及新闻摘要等要素对于用户选择阅读什么样的新闻具有重要的引导意义。而编辑的一大工作,就是对上述要素进行调配。在互联网时代,面对海量的信息,用户往往要靠编辑不停地划分、推介、索引才能找到自己想看的内容[2]。

(一)界面传播的重要性

界面指的是信息传播者和信息接收者之间关系赖以建立和维系的接触面。传统媒体时代,报纸、广播、电视等媒介的界面提供的是简单化的传受

---

[1] 参见《"人民系"揭秘G20报道新玩法》,人民网,2016年9月12日,http://media.people.com.cn/n1/2016/0921/c404465-28730724.html,最后浏览日期:2019年2月11日。

[2] 徐剑锋:《论网络新闻专题的编辑原则及创新——以四大商业网站为例》,西北大学2008年新闻学专业硕士学位论文,第8页。

关系;互联网时代互动界面的出现产生了新的传播形态——界面传播。界面传播的核心要义,就是传播主体通过数字媒介提供的互动界面所实施的传播行为[①]。

可以说,界面作为一个载体,不同的编辑会有不同的布局思路,这种思路既决定了界面的风格、个性与特点,也构建了用户与媒体的关系。需要加以说明的是,这里所说的界面传播更多考虑的是编辑对新闻信息的呈现逻辑和呈现形式,不涉及具体的美工技术,因为这不属于新闻编辑的工作范畴。

(二) 新闻界面布局的基本方法

界面传播的起点是页面布局,良好的页面布局可以提高用户体验,促进信息的有效传播,精确归类目标群体,打造品牌辨识度。一般来说,新闻页面的布局要综合考虑整体布局的一致性、功能性、逻辑性、简洁性、可理解性和互动性。

一致性主要是指页面布局要有整体风格,包括和谐统一、具有鲜明特色和高辨识度的色彩搭配、标志、字体、导航系统和浏览方式等。

功能性主要是指页面上提供的各种各样的功能。例如,要有便捷的检索功能,以便于用户查询过往新闻,一般可以通过关键词、标题、时间等方式进行检索。

逻辑性是指在整齐划一的整体风格之下,要注重处理好不同新闻之间的逻辑关系,运用对比和平衡的方式,将最重要的内容放在用户视线能一眼看到的核心位置,同时也要注意围绕同一事件的多篇报道之间的从属关系的表现。

简洁性是指,一方面,要以最简洁的组织方式呈现最丰富的内容;另一方面,也要考虑用户视线的移动速度,设置合适的正文页面宽度。既要避免因一屏的内容过多而使读者漏读,也要避免因一屏的内容太少纵向扩展太

[①] 张佰明:《以界面传播理念重新界定传受关系》,《国际新闻界》2009年第10期。

多而使用户失去持续滚动页面的兴趣。

可理解性是指页面的操作要设置得简单易懂，让用户可以自行理解并逐渐熟悉操作页面的方式，尽量避免进行额外的学习，减少认知摩擦。

互动性是指重视用户的感官交互、情感交互、思考交互和行为交互，鼓励用户在新闻界面产生信息交流行为。

（三）针对不同平台的新闻界面布局

目前互联网新闻的发布平台主要包括新闻网站、社交媒体（微博、微信）和新闻客户端，针对不同平台自身的不同特点，对界面布局要求也各不相同。

1. 新闻网站[①]

新闻网站的结构规划是以"层次树"的结构呈现的。"层次树"是指通过在主页里设立若干主要栏目，每个栏目设立子栏目，由专门的导航系统实现主页—栏目—子栏目的访问。在页面处理上，分为导读页和正文页两类，导读页包括首页和各个频道的首页，正文页则是具体呈现每一条新闻内容的页面（图7-6）。

导读页的页面布局要注意分栏处理、重点新闻的处理、新闻推荐方式和广告投放方式，处理好均衡与重点这一对关系。一方面要对网站或频道所能提供的内容和方式进行全面呈现；另一方面，也要对重点频道与栏目加以突出和强调。要注意广告的安排不要与新闻内容重叠，广告内容要与新闻页面的整体风格吻合，不要喧宾夺主甚至出现冲突。

正文页的页面布局要注意对页面长度和宽度的控制，通过对页面的分割、留白、字体、字号、颜色的控制提升阅读新闻的体验，以轻松舒适为目标，适当增加附加内容（如重点推荐的新闻、专题、博客、热帖或广告）。

2. 微博

微博的页面布局根据网页版和手机版操作有所不同（图7-7）。

[①] 参见彭兰：《网络新闻编辑教程》，武汉大学出版社2007年版，第285—314页。

互联网新闻制作

图7-6 人民网网站首页(左)与央视网首页(右)

图7-7 人民网微博网页版(左)与《人民日报》微博手机版(右)

网页版一般都是三栏式，最左边是信息栏，包括关注/粉丝/微博数量、账号信息、文章以及可以链接的微博矩阵、相册等内容；中间栏是内容栏，即微博内容集中发布的空间；最右侧是新浪微博设置的时间导航栏，可以从最新一条微博追溯到第一条微博。在网页版的相关导航栏中，用户可以点击热门文章，也可以进行内容搜索。除了微博自己设置的导航栏之外，账号主体可以添加一个导航。例如，《人民日报》微信公众号在网页版的导航栏中添加了"服务"按钮，为微博粉丝提供了"服务菜单"，使粉丝可以快速点击"热点聚焦""权威评论"和客户端等精细内容。

在手机版页面中，因受屏幕限制，内容基本以上下滚动式为主，最上方和最下方分别设置了导航栏。上方导航栏分别是主页、微博、视频、文章的类别分类，下方导航栏是显示关注状态（加关注或已关注）、私信和热门内容（可选择添加）。

3. 微信

微信的页面布局以手机移动端为主，网页版的呈现方式是手机移动端的翻版，具有便于使用的连贯性。尽管微信仅限于手机屏幕，但是账号主体可以自定义设置的空间比微博要多。

第一，微信公众号最下方的三个分栏可以通过自定义菜单的方式呈现，自定义菜单既可以发送消息，也可以跳转网页，还可以跳转小程序（图7-8）。目前，不同新闻机构采取不同的方式定义子菜单，比如《人民日报》采取以跳转小程序为主、跳转网页和发送消息为辅的方式；新华社采取跳转网页为主，将子菜单作为链接新闻客户端相关内容的入口；观察者网则在跳转网页时做到与微博账号一起联动传播。

第二，可以设置页面模板。目前，微信后台给账号提供了四种模板，分别是列表模板（用于图文、视频组成的列表页面）、综合模板（用于封面与多内容组成的页面）和两个视频模板（区别在于视频是在当前模板页播放，还是要点击进入详情页才能播放）。

第三，可以设置自定义回复。具体包括被关注回复——对关注用户的

图7-8 《人民日报》微信公众号主页面(左)与点击主页面下方自定义菜单中的"新闻"后跳转呈现的微信小程序页面(右)

第一次反馈;关键词回复——对用户内容搜索的反馈;收到消息回复。自定义回复的过程体现了账号主体对用户的引导和重视程度,编辑可以通过对重点内容和对关键词的梳理不断优化回复,并综合利用文字、图片、语音、视频等方式保持与用户的互动。尤其是在关键词回复这一操作上,要准确把握用户需求,实时分析,不断调整,保证用户黏性。

第四,可以自定义内容素材,通过对图文消息、图片、语音、视频的多类型消息的发布,以最合适的新闻样态进行传播。在编辑过程中,要重视对微信文章摘要的编辑。一般来说,文章摘要既要能对文章的重点和亮点进行凸显,也要能激发用户阅读全文的兴趣。

4. 客户端

移动新闻客户端是新闻媒体抢占智能手机新闻传播高地的重要方式，新闻客户端通过丰富的资讯资源、实时的信息推送和方便的社交互动被越来越多的用户认可。新闻客户端的页面编辑应主要关注以下四个方面。

第一，注重客户端上方和下方的导航栏设计。一般来说，上方的导航栏分类以常规的要闻、时政、国际、财经等新闻条线为主，但不同媒体之间又略有不同。例如，市场导向的新闻客户端将用户关注、本地新闻放在首位，强调用户的接近性。而下方的导航栏一般多重视对不同媒介形态的引导和用户定制信息的呈现，例如，《人民日报》、新华社、澎湃新闻、网易都在下方导航栏设置了视频、直播、现场云等频道(图7-9)。下方导航栏最右侧一般默认呈现用户信息，便于用户管理自己的订阅、关注、收藏、评论和意见反馈等。与此同时，在下方导航栏的中间位置，绝大多数媒体都进行了富有自身特色的设计。例如，《人民日报》推出的是移动新媒体聚合平台"人民号"，对优质内容进行重点推荐和分发服务；新华社推出的是资讯小助手"小新"，用户可以通过文字或语音与它互动，互动的内容包括聊新闻、查天气、查美食和AR扫描等；澎湃新闻基于时政报道特色，推出的是"问政"频

图7-9 从左至右依次是《人民日报》客户端、新华社客户端、澎湃新闻客户端、网易新闻客户端和"梨视频"客户端的界面

道,用户可以搜索到即时的权威信息、官方辟谣信息、"政在问答"信息和用户关注的政务号信息;"梨视频"作为拍客网站,突出的是"报料"频道,鼓励用户成为拍客。

第二,通过图片、文字、视频的方式进行置顶推送。置顶推送作为编辑的一种强制推荐手段,体现了不同新闻媒体的编辑思路。一般来说,置顶的新闻既包括那些具有重要性的国内、国际新闻,也包括媒体根据自身特点和对用户需求的估测而主打推荐的当日新闻。

第三,首页新闻呈现方式一般根据新闻的时新性和重要性综合排序,一般采用左图右文或左文右图的方式展现,并标注新闻来源或频道栏目。不同的是,有的新闻客户端首页以综合各方信息来源为主,比如《人民日报》新闻客户端首页、网易新闻客户端首页等;有的新闻客户端则选择在首页推送自己的原创新闻产品,比如新华社客户端首页、澎湃新闻客户端首页等。

第四,在新闻正文的呈现上,除了正文之外,各客户端还设计有频道订阅、语音播报、页面分享、浏览数据和评论发布等内容。不同的媒体根据自身的特色也会加入不同的元素。例如,澎湃新闻对每篇报道都提炼相关新闻关键字,用户可以通过关键词进一步获取更多新闻或相关话题的新闻。同时,用户转发不仅可以通过链接转发,还可以通过二维码进行分享。

第五节　国内互联网媒体新闻编辑案例

互联网新闻编辑既有普遍的原则和方法,比如坚持新闻的基本要求,促使新闻生产从单向走向多元,关注用户的分众化与个性化,推动产品形态从固态转向液态等。但是,不同媒体基于不同新闻生产理念展开的实践使相同的技术在不同媒体上呈现出不同的媒介产品样态。从彰显媒体特色而言,这考验的不是个别新闻编辑的功力,而是要求各新闻媒体基于既有的市场定位和媒体特色,在融媒体产品生产中走出自己的道路。在此,我们选取当前在业界、学界已经获得较好口碑的部分优秀媒体作为案例进行分析。

一、人民日报社新媒体中心[①]：重大主题报道的融合产品策划

人民日报社新媒体中心成立于 2015 年 10 月，目的是推进《人民日报》在媒介融合中的步伐。人民日报新媒体中心最显著的特色在于其在重大主题报道的新媒体传播方面的探索，通过包括《人民日报》微博、微信公众号以及《人民日报》客户端和英文客户端在内的"两微两端"联动协作的方式，发挥各自特色，形成主旋律宣传的影响力。迄今为止，人民日报社新媒体中心推出了多款"爆款""刷屏"产品，并总结出了一套适合重大主题报道的新媒体传播的新闻生产编辑思路。

（一）移动优先、视频优先和智能优先的编辑思路

根据互联网发展趋势，人民日报新媒体中心将移动化、视频化和智能化作为其产品开发的核心，运用丰富的互联网技术形式，对重大主题新闻报道进行创新。

例如，在庆祝中国人民解放军建军 90 周年的特殊节点上，《人民日报》客户端与腾讯合作策划推出了《快看呐！这是我的军装照》，由《人民日报》客户端编辑负责创意策划、脚本设计和资料搜集，腾讯"天天 P 图"提供核心图像处理及支持，在国内首创将人脸融合技术与实时热点的结合。腾讯云动态扩容，最高峰 1 分钟能容纳 117 万的用户量，动态部署 4 000 台腾讯云服务器，并采用智能分流、柔性策略等办法，应对海量的用户请求。最终该产品在上线 10 天内，浏览次数突破 10 亿，独立访客累计 1.55 亿，成功实现裂变传播。

又如，在十九大报道中，人民日报新媒体中心推出了微视频《中国的红色梦想》，回顾中国共产党领导人民从站起来、富起来到强起来的光辉历程，展望社会主义现代化强国的美好前景；在新一届常委见面后推出《热血

[①] 参见刘鹏飞、周文慧：《"人民"系爆款是怎样炼成的？》，《新闻战线》2018 年第 9 期；潘树琼：《出新出彩不出错　创新创意创纪录——专访人民日报社新媒体中心主任丁伟》，《网络传播》2017 年第 10 期。

MV！献给新时代的"梦之队"》，截取总书记的现场讲话片段，选取过去五年的精彩视频，配以激昂音乐，激励广大网友在以习近平总书记为核心的新一届中央领导集体带领下努力奋斗。这两个短视频均实现了突破千万的播放量。

（二）把握传播规律，释放社交潜能，严把导向意识

社交媒体时代的爆款离不开对用户参与性的激发。因此，《人民日报》一方面从技术角度扩大用户的参与度；另一方面从社会关系方面扩大用户与场景的广泛连接。比如 2018 年"两会"期间，《人民日报》"两微两端"推出原创音乐 MV《中国很赞》，同时启动"中国很赞"全民互动活动，借助青年人中流行的手指舞元素，激发青年人参与的娱乐效果，利用网上网下的互动参与和立体式传播，将"中国很赞"作为标签推广到地铁专列、主题火车票、共享单车等现实场景，营造"全民点赞"的舆论环境。

作为党中央机关报，《人民日报》的编辑方针固然要将政治意识放在首位。但是，传统的主旋律宣传刻板枯燥，无法吸引年轻人的眼球。人民日报新媒体中心通过对互联网传播规律的把握，将主旋律宣传做新、做活，这无疑为新媒体时代做好重大主题宣传提供了一个很好的思路。

二、新华网[①]："网上通讯社"的运营和融媒体新闻产品的打造

新华网作为新华社主办的中央重点新闻网站，同样也积极探索新型新闻生产和新闻发布的新模式。新华网在融媒体新闻产品的生产过程中不仅重视权威首发，强化资源共享和资源调度，还结合互联网特性，在理念、技

---

① 参见潘树琼：《国家站位新视角　权威内容融表达——专访新华网总编辑郭奔胜》，《网络传播》2017 年第 10 期；彭雪、马轶群：《融媒体产品的温度感、科技感与体验感》，《新闻战线》2018 年第 9 期；《打造科技引领的全球一流网站》，新华网，2017 年 10 月 20 日，http://www.xinhuanet.com//fortune/2017-10/20/c_129723427.htm，最后浏览日期：2019 年 2 月 13 日；《新华社推进融合发展　打造"现场新闻"新样式》，新华网，2016 年 2 月 29 日，http://www.xinhuanet.com/politics/2016-02/29/c_1118190510.htm，最后浏览日期：2019 年 2 月 13 日。

术、产品形态等多个维度进行创新,推出的多个产品均成为网络爆款。

(一)依托"现场云"的"网上通讯社"

新华社客户端在2016年上线3.0版本时,打造了一种新的"新闻样式"——"现场新闻"。依靠新华社遍布全球的采编网络,秉承移动互联网"云+端"的传播结构,集互联网、大数据、4G传输、云计算等先进技术于一体,在线生产"活"的新闻。

"现场新闻"主要具有以下五方面的特点:一是在形态上,汇集了文字、音频、图片、视频、直播流、H5等多种形式的报道;二是在制作上,实现在线式采编发,前方记者即拍即传,后方编辑边审边发,端内沟通,协同作战;三是在时态上,它采用直播态报道,将现场动态第一时间碎片化上传;四是在语态上,推崇直接式表达,把镜头更多地对准当事人和事实,减少信息的丢帧走样;五是在信源上,它主张开放式吸收,凡是经审核真实、有用的信息,都可以被纳入"现场新闻"的信息流,共同为报道服务。

2017年2月,新华社推出"现场云"新闻在线生产系统,并在2018年2月进行更新,邀请全国媒体入驻"现场云"3.0,实现了基于移动端的全媒体采编发功能。通过"现场云",采编人员可以实现即采、即拍、即传,即收、即审、即发的在线生产和行进式报道。编辑用一台普通电脑登录后台,就可以进行多路视频直播信号的导播和编辑,也可以在视频直播流播出的同时进行短视频剪辑和加工,还可以基于记者所在位置进行可视化的连线和调度。截至2018年2月12日,该平台入驻机构用户2 400多家,覆盖全国省级、地市级媒体,入驻记者、编辑12 000多人,真正实现了"网上通讯社"的新闻生产流程。

(二)注重全息化、直播态的融媒体产品制作

在"网上通讯社"的支持下,新华网的融媒体产品制作主要以全息化、直播态为特色,在报道重大主题时,能处理好搭建平台与生产拳头产品的关系,将打造融媒体拳头产品作为全网的工作重点,让"好平台"充分展示"好产品"。

例如,2017年全国"两会"期间,新华网推出融媒体产品《换个"姿势"看两会》,利用无人机航拍、AR和数据可视化等技术,提炼李克强总理作的《政府工作报告》中的各项重要数据,投射到25位"飞手"拍摄的壮阔风景上。伴随着总理工作报告的原音,一项项数据图表依次浮现,将祖国的大好河山作为展示过去一年工作成效的画布。

又如,2017年十九大期间,新华网推出的《全息全景|身临其境看报告》全息化产品通过对人民大会堂3D建模,以习近平总书记作报告的原声为背景、报告原文"划重点"为主画面,将文字、图表、音视频、VR全景、AR等多种手段和内容融为一体,让网民"走进"人民大会堂,360度身临其境地感受报告现场的同时,迅速了解报告的核心内容。在这个新闻产品中,用户能够自由旋转手机来改变视角,或直接点击按钮来观看大会堂内的各处场景。通过点击场景中具有代表性的灯塔、高铁、飞机、城市群等相应元素,用户还能观看弹出的全息内容。这种让用户在大会堂内"自由游走"的体验方式,极大地增强了产品的交互性、趣味性、动态感,充分调动了用户的好奇心与参与性。产品推出两天,点击量就突破1.3亿,在众多媒体报道中一枝独秀。

三、澎湃新闻[①]：原创严肃新闻的移动化运营

澎湃新闻客户端是上海报业集团向移动媒体转型的一次探索,从2014年7月上线伊始到数次改版,都引发了业界和学界的颇多关注。作为一个专注"时政和思想"的原创新闻客户端,成立至今,澎湃推出了不少传播广、点击量高、口碑好的融媒体产品,成为国内媒体融合转型发展的成功案例。澎湃新闻的实践与探索重在内容为王,要求全员强化互联网思维,在议题设

---

① 参见刘永钢、夏正玉、姜丽钧:《严肃新闻领域互联网爆款的黄金法则》,《新闻战线》2018年第9期;刘永钢:《坚持内容为王 坚决整体转型——澎湃新闻的实践与探索》,《传媒》2017年第15期;范洪岩:《传统媒体移动化转型的典范——澎湃新闻》,《东南传播》2014年第10期;郭泽德:《澎湃新闻的移动战略研究》,《新闻研究导刊》2014年第12期。

置和内容战线上顺应互联网传播特性，创新表达方式和报道形式，通过团队协作的方式重构采编流程，建立符合互联网传播规律的 24 小时采编发机制。

（一）重视市场调研，创立专业子栏目

澎湃新闻的采编团队以扁平化的栏目小组形式进行内容生产。在从《东方早报》向澎湃新闻转型的过程中，要求报社的每一个部门甚至每一个人都根据自己的特长和兴趣创建微信公众号，探索发展方向，最终经受住市场检验的微信公众号直接成为澎湃新闻的子栏目。通过前期的市场调研和微信公众号的内容试点，澎湃新闻发现时政思想类的新闻品牌在互联网舆论场上极度稀缺，便强势介入了这一垂直细分市场，确立了"时政和思想"的品牌特色，设立了数十个栏目组，包括聚焦中央领导人的"中南海"，专注反腐的"打虎记"，关注公共政策的"中国政库"，报道法治新闻的"一号专案"，提供思想文化交流平台的"思想市场""文化课""有戏"等栏目。

与此同时，澎湃新闻也积极探索不同的互联网新闻形式，增强新闻的互动性、可读性和表现力。2015 年，澎湃新闻上线新型问答社区"问吧"，使用户可以直面新闻当事人、各领域的名人和达人，增强了互动性与用户黏度。2017 年，澎湃新闻又推出了问政频道，运用专业媒体、原创媒体的优势，将政府发布、官方辟谣、公众意见建议进行整合，扩大权威声音的传播力度，降低谣言的传播广度，搭建政府和公众良性沟通的桥梁。2017 年 1 月，澎湃上线视频频道，设立 14 个栏目，推出了多场重磅直播和精品视频。

（二）扩展资源，探索开放的内容合作生产模式

在传统媒体时期，时政新闻给受众留下了公文化、程式化的刻板影响。若要打造严肃新闻领域的互联网产品，就必须要结合互联网的特性，突破以往的刻板印象，对用户关心的热点进行挖掘和延伸，利用互联网技术为用户提供更为个性化的内容，呈现更亲民、更轻松的风格。目前，澎湃新闻拥有一支融媒体技术团队，这支团队包括前端工程师、UI 设计师、动画设计师、漫画师、平面设计师和 3D 设计师等，专业技术人员的加入为生产形式丰富的

融媒体产品奠定了扎实的技术基础。此外,澎湃新闻还为每个栏目团队配备专职视频小组,采编人员也在工作中积极学习全媒体技能。

澎湃新闻的每一个融媒体产品都由采编人员和融媒体技术团队分工协作完成。例如,2016年9月,澎湃新闻推出了典型人物宣传报道《致敬 | 好人耀仔:一位宁德村支书的45岁人生》。在创作过程中,时事新闻中心团队、视觉中心影像团队、设计团队深入合作,漫画设计师和采编记者一起深入实地展开采访,通过亲身实践走进田间地头,并将其以插画的表现形式和动漫风格的构图融入新闻作品。

除了自己的采编团队与融媒体技术团队的合作之外,澎湃新闻积极拓展外部资源,探索开放的内容合作生产模式。比如,邀请梁文道、徐远、莱布雷西特(Norman Lebrecht)等一批知名学者、作家、思想家开设个人专栏,为澎湃新闻贡献优质、专业的内容。同时,澎湃积极尝试与政府、高校、科研院所以及企业等各类机构的合作。又比如,澎湃新闻与复旦大学新闻学院合作建立数据新闻实验室,通过产学研合作的方式,将澎湃新闻的内容和资源生成大数据,并展开大数据解读;"两会"经典作品《为祖国打CALL,要幸福就要奋斗!》邀请了专业制图机构和大型网站为产品提供技术支援;十九大期间制作的RAP歌曲《砥砺奋进的中国精神》邀请了专业的音乐制作公司对采编团队的策划和文案进行谱曲和录音制作。

四、封面新闻[①]:引领人工智能的泛内容平台

封面新闻客户端是阿里巴巴与四川日报报业集团联手成立的封面传媒旗下的新闻客户端,同时也是中国第一张都市报——《华西都市报》融合互联网思维建设的全新移动互联网平台。封面新闻客户端自2016年5月上线以来,不仅是媒体在移动互联网平台上的延伸,还抓住人工智能这一契

---

① 参见张发扬:《从都市报到智媒体——封面新闻客户端发展观察》,《传媒》2018年第19期;张华:《封面新闻的智能化创新与实践》,《传媒》2018年第19期;孟梅:《树立"开放合作"思维 打造封面新闻"联合舰队"》,《传媒》2018年第19期。

机,打造"智能＋智慧＋智库"的智媒体,通过"三智立方"用AI重构新闻生产和信息传播。

（一）强化技术驱动,打造"联合舰队"

封面新闻的版本迭代具有鲜明的技术驱动特色。从2016年5月的1.0版本到2018年5月的4.0版本,与时俱进,通过版本升级对封面新闻客户端的产品架构、用户体验、内容展现和智能技术应用进行了全方位的调整和重构。其中,1.0版本从零开始,上线了基于算法推荐兴趣阅读的基础版本,确立了以端为主的思路。2.0版本重点打造专业级直播和封面号,引入直播流推送服务,利用UGC扩充内容,建立内容审核机制和机器审核机制。3.0版本启动了AI＋新闻互动的探索,拓展AI应用产品,从素材收集、筛选、分析、成文直至最后的内容分发,从新闻线索到写作,再到事实核查,每一个环节都应用了人工智能技术。4.0版本开始探索技术驱动内容、用户、收入的智媒体闭环解决方案,布局打造"封面云"这个新闻垂直领域的人工智能开放平台,将AI技术开放给转型中的传统媒体。

在智媒体升级的道路上,封面新闻积极推进开放合作,打造"联合舰队"。比如,封面新闻2017年5月与微软全面合作,将人工智能机器人"小冰"引入封面新闻,实现与用户的互动和新闻稿件的撰写。当年七夕节,"小冰"结合图片识别,为封面新闻的情侣用户写诗;同年6月,与国内一流的大数据机构中译语通联手打造"译见"频道,快速抓取国际科技、互联网快讯以及最前沿的科技资讯,为用户提供新鲜、有趣、专业的国际互联网科技新闻;2018年8月,与百度百科合作共同打造"数说四川"项目,挖掘和分析四川各个城市在各个维度的大数据,利用直观的图表等方式,为用户呈现可视化、结构化的四川各个城市的"数据简历"。

（二）基于大数据的智能化管理推动用户增长和内容建设

根据封面新闻的介绍,该媒体的新闻生产依赖于一个名为"封巢"的智媒体系统提供的技术支撑,该系统可以提供针对媒体内容、营销、运营、管理等一体化流程重构的全套智能解决方案。从新闻编辑的角度来说,该系统推动了内容生产的智能化变革,在内容管理上实现 PC 屏、App 屏和大屏的"三屏合一"。在内容生产流程上,对线索发现、素材搜集、热点监控、稿件分发、传播效果监测等各个环节进行全流程覆盖。基于大数据的管理后台能够精准地做到一次生产、一键多发、精准分发、全网流量监控,用技术倒逼生产流程、生产态度、生产关系。可以说,封面新闻开发该系统的目标就是利用大数据的智能化管理加强新闻生产的信息资源和用户资源。

与此同时,新闻编辑可以利用大数据的管理系统清楚地"看到"用户,该系统推出的封面天眼可视化围绕用户的基础信息、产品使用、内容偏好、用户运营等建立的 170 多个自动化报表和设计的 200 多个覆盖多维度的指标,以精准的画像体系帮助新闻编辑进行产品优化以推动用户增长,加强内容建设。

参考文献

一、中文著作

[1] 陈力丹：《中国新闻职业规范蓝本》，人民日报出版社 2012 年版。

[2] 戴自更：《使命：〈新京报〉为什么行？》，中央编译出版社 2017 年版。

[3] 黄芝晓：《现代编辑学》，复旦大学出版社 2012 年版。

[4] 李良荣主编：《网络与新媒体概论》，高等教育出版社 2014 年版。

[5] 彭兰：《网络传播概论》(第二版)，中国人民大学出版社 2009 年版。

[6] 彭兰：《网络新闻编辑教程》，武汉大学出版社 2007 年版。

[7] 苏凯、赵苏砚：《VR 虚拟现实与 AR 增强现实的技术原理与商业运用》，人民邮电出版社 2017 年版。

[8] 尹韵公主编：《中国新媒体发展报告(2018)》，社会科学文献出版社 2018 年版。

[9] 唐绪军主编：《中国新媒体发展报告(2017)》，社会科学文献出版社 2017 年版。

[10] 张文霖等：《谁说菜鸟不会数据分析(入门篇)》，电子工业出版社 2013 年版。

[11] 王琼、苏宏元：《中国数据新闻发展报告(2016—2017)》，社会科学文

献出版社 2018 年版。

[12] 赵亚洲：《智能＋——AR、VR、AI、IW 正在颠覆每个行业的新商业浪潮》，北京联合出版公司 2017 年版。

二、译著

[13] [美]海伦·帕帕扬尼斯：《增强人类：技术如何塑造新的现实》，肖然、王晓雷译，机械工业出版社 2018 年版。

[14] [美]曼纽尔·卡斯特：《网络社会的崛起》，夏铸九等译，社会科学文献出版社 2003 年版。

[15] [美]邱南森：《数据之美：一本书学会可视化设计》，张伸译，中国人民大学出版社 2014 年版。

[16] [美]威廉·E.布隆代尔：《〈华尔街日报〉是如何讲故事的》，徐扬译，华夏出版社 2008 年版。

[17] [美]威廉·梅茨：《新闻写作与报道》，苏金琥、阮宁、洪天国选译，新华出版社 1983 年版。

[18] [美]仙托·艾英戈、唐纳德·R.金德：《至关重要的新闻：电视与美国民意》，刘海龙译，新华出版社 2004 年版。

[19] [美]詹姆斯·波特：《媒介素养》，李德刚译，清华大学出版社 2012 年版。

[20] [英]西蒙·罗杰斯：《数据新闻大趋势》，岳跃译，中国人民大学出版社 2015 年版。

三、中文文章

[21] 白红义、张志安：《平衡速度与深度的"钻石模型"——移动互联网时代的新闻生产策略》，《新闻实践》2010 年第 6 期。

[22] 蔡雯、邝西曦：《从"中央厨房"建设看新闻编辑业务改革》，《编辑之友》2017 年第 6 期。

[23] 蔡雯、李婧怡：《"非虚构写作"对新闻编辑业务改革的启示》，《当代传播》2018 年第 4 期。

[24] 蔡雯：《从面向"受众"到面对"用户"——试论传媒业态变化对新闻编辑的影响》，《国际新闻界》2011 年第 5 期。

[25] 常江、杨奇光：《重构叙事？虚拟现实技术对传统新闻生产的影响》，《新闻记者》2016 年第 9 期。

[26] 常江：《蒙太奇、可视化与虚拟现实：新闻生产的视觉逻辑变迁》，《新闻大学》2017 年第 1 期。

[27] 常昕、杨立桐：《数据新闻的语态沿革及其传播要素——以新华、财新、网易三家为聚焦》，《中国编辑》2018 年第 1 期。

[28] 陈国权：《中国媒体"中央厨房"发展报告》，《新闻记者》2018 年第 1 期。

[29] 陈华：《互联网站从事登载新闻业务的十年历程回顾与信息服务法治管理路径》，《北京社会科学》2011 年第 2 期。

[30] 陈静宇：《从"于欢案"看网络舆情传播路径与政府策略》，《哈尔滨学院学报》2018 年第 10 期。

[31] 陈力丹、胡杨、刘晓阳：《互联网条件下"新闻"的延展》，《新闻与写作》2016 年第 5 期。

[32] 陈力丹、曹小杰：《即刻的新闻期待：网络时代的新话题》，《新闻实践》2010 年第 8 期。

[33] 陈力丹等：《大数据与新闻报道》，《新闻记者》2015 年第 2 期。

[34] 陈子夏：《"粉丝"1000 万的背后——打造微信舆论阵地的新新"新华体"》，《中国记者》2017 年第 8 期。

[35] 丁柏铨：《数据新闻：价值与局限》，《编辑之友》2014 年第 7 期。

[36] 范洪岩：《传统媒体移动化转型的典范——澎湃新闻》，《东南传播》2014 年第 10 期。

[37] 冯炜、谢誉元：《运算转向：数据新闻生产的新路径》，《编辑之友》2016

年第9期。

[38] 高婷:《虚拟现实新闻融合发展研究》,《编辑学刊》2017年第6期。

[39] 邰书锴:《全媒体时代我国报业的数字化转型》,浙江大学2010年传播学专业博士学位论文。

[40] 葛明驷、沈阳、李祖希:《媒介融合时代中国电视VR应用多维分析》,《现代传播(中国传媒大学学报)》2017年第4期。

[41] 辜晓静:《大数据新闻的西方媒体实践》,《新闻与写作》2017年第12期。

[42] 郭泽德:《澎湃新闻的移动战略研究》,《新闻研究导刊》2014年第12期。

[43] 韩丽国:《当今媒体语言失范现象成因分析》,《新闻战线》2016年第16期。

[44] 杭敏:《融合新闻中的沉浸式体验——案例与分析》,《新闻记者》2017年第3期。

[45] 黄雅兰、仇筠茜:《信息告知还是视觉吸引?——对中外四个数据新闻栏目可视化的比较研究》,《新闻大学》2018年第1期。

[46] 黄妍:《网络新闻直播如何创新与规范》,《传媒》2017年第13期。

[47] 黄志敏、张伟:《数据新闻是如何出炉的——以财新数据可视化作品为例》,《新闻与写作》2016年第3期。

[48] 靖鸣:《短视频传播伦理失范及其对策》,《中国广播电视学刊》2018年第12期。

[49] 李金龙:《狂编滥造只为圈粉》,《人民公安》2017年16期。

[50] 李良荣、方师师:《主体性:国家治理体系中的传媒新角色》,《现代传播(中国传媒大学学报)》2014年第9期。

[51] 李良荣、袁鸣徽:《锻造中国新型主流媒体》,《新闻大学》2018年第5期。

[52] 李良荣、郑雯:《论新传播革命——"新传播革命"研究之二》,《现代传

播(中国传媒大学学报)》2012年第4期。

[53] 李萌萌：《网络直播型新闻谈话节目可行性研究——以〈凤凰直击〉节目为例》，《西部广播电视》2015年第13期。

[54] 李沁：《沉浸新闻模式：无界时空的全民狂欢》，《现代传播(中国传媒大学学报)》2017年第7期。

[55] 李天行、周婷、贾远方：《人民日报中央厨房"融媒体工作室"再探媒体融合新模式》，《中国记者》2017年第1期。

[56] 林晖：《从"新闻人"到"产品经理"，从"受众中心"到"用户驱动"：网络时代的媒体转型与"大众新闻"危机——兼谈财经新闻教育改革》，《新闻大学》2015年第2期。

[57] 刘鹏飞、周文慧：《"人民"系爆款是怎样炼成的?》，《新闻战线》2018年第9期。

[58] 刘文燕：《统计分析方法在数据新闻中的应用研究——以Five Thirty Eight网站数据新闻作品为例》，华中科技大学2016年新闻学专业硕士学位论文。

[59] 刘义昆：《重构新闻业的想象：虚拟现实新闻的创新价值与实践困境》，《南京社会科学》2018年第7期。

[60] 刘永钢、夏正玉、姜丽钧：《严肃新闻领域互联网爆款的黄金法则》，《新闻战线》2018年第9期。

[61] 刘永钢：《坚持内容为王 坚决整体转型——澎湃新闻的实践与探索》，《传媒》2017年第15期。

[62] 陆晔、周睿鸣：《"液态"的新闻业：新传播形态与新闻专业主义再思考——以澎湃新闻"东方之星"长江沉船事故报道为个案》，《新闻与传播研究》2016年第7期。

[63] 吕华：《网络新闻标题与报纸新闻标题比较》，《新闻研究导刊》2018年第9期。

[64] 马丽娟：《与跟帖共舞成就地方新闻网独家报道》，《记者摇篮》2010年

第 11 期。

[65] 孟笛：《论数据新闻编辑素养》，《中国出版》2018 年第 2 期。

[66] 孟笛：《媒介融合背景下的数据新闻编辑能力重构》，《编辑之友》2017 年第 12 期。

[67] 孟梅：《树立"开放合作"思维　打造封面新闻"联合舰队"》，《传媒》2018 年第 19 期。

[68] 牛慧清、董佳莹：《融媒时代十九大报道的创新路径及启示——以〈人民日报〉新闻客户端为例》，《新闻战线》2017 年第 20 期。

[69] 潘树琼：《出新出彩不出错　创新创意创纪录——专访人民日报社新媒体中心主任丁伟》，《网络传播》2017 年第 10 期。

[70] 潘树琼：《国家站位新视角　权威内容融表达——专访新华网总编辑郭奔胜》，《网络传播》2017 年第 10 期。

[71] 彭兰：《Web2.0 时代网络新闻奖之走向——第二十一届中国新闻奖揭晓之际的思考》，《新闻战线》2011 年第 11 期。

[72] 彭兰：《从网络媒体到网络社会——中国互联网 20 年的渐进与扩张》，《新闻记者》2014 年第 4 期。

[73] 彭雪、马轶群：《融媒体产品的温度感、科技感与体验感》，《新闻战线》2018 年第 9 期。

[74] 强月新、陈星、张明新：《我国主流媒体的传播力现状考察——基于对广东、湖北、贵州三省民众的问卷调查》，《新闻记者》2016 年第 5 期。

[75] 邱嘉秋：《财新视频：利用虚拟现实技术(VR)报道新闻的过程及可能遇到问题辨析》，《中国记者》2016 年第 4 期。

[76] 沈浩、谈和、文蕾：《"数据新闻"发展与"数据新闻"教育》，《现代传播（中国传媒大学学报）》2014 年第 11 期。

[77] 石磊、雒成：《突发事件的报微互动——以〈人民日报〉"东方之星"翻沉事件报道为例》，《新闻界》2015 年第 17 期。

[78] 苏克军：《后大众传播时代的来临——信息高速公路带来的传播革

命》,《现代传播(中国传媒大学学报)》1998年第3期。

[79] 孙愈中:《对"无跟帖不新闻"现象的学理审视——兼论传统媒体新闻报道的反馈与修正》,《新闻窗》2017年第1期。

[80] 唐瑞峰、陈浩洲:《"一只梨"如何搅动短视频格局》,《电视指南》2008年第12期。

[81] 唐铮:《从"雪崩"到"战友"——纸媒的多元化破局求存》,《新闻与写作》2014年第3期。

[82] 田勇:《全媒体运营:报业转型的选择——宁波日报报业集团的全媒体实践》,《新闻与写作》2009年第7期。

[83] 田月红:《梨视频内容生产的现状、问题与改进策略》,《传媒》2018年第10期。

[84] 汪文斌:《以短见长——国内短视频发展现状及趋势分析》,《电视研究》2017年第5期。

[85] 王强:《"总体样本"与"个体故事":数据新闻的叙述策略》,《编辑之友》2015年第9期。

[86] 王瑞奇、王四新:《"快播"案直播传播效果分析》,《现代传播(中国传媒大学学报)》2016年第8期。

[87] 王武彬:《如何用数据新闻讲一个好故事》,《新闻与写作》2014年第4期。

[88] 王忻甜:《数据新闻在〈华尔街日报〉的应用》,浙江大学2014年新闻与传播专业硕士学位论文。

[89] 网信办:《网信办〈互联网直播服务管理规定〉发布》,《中国信息化》2017年第3期。

[90] 吴飞:《新媒体革了新闻专业主义的命?——公民新闻运动与专业新闻人的责任》,《新闻记者》2013年第3期。

[91] 忻勤:《移动新闻直播如何在深水区突围——以澎湃新闻视频直播为例》,《青年记者》2018年第10期。

[92] 新华社新闻研究所课题组、刘光牛：《中国传媒全媒体发展研究报告》，《科技传播》2010年第4期。

[93] 新闻记者年度虚假新闻研究课题组：《2018年传媒伦理问题研究报告》，《新闻记者》2019年第1期。

[94] 徐剑锋：《论网络新闻专题的编辑原则及创新——以四大商业网站为例》，西北大学2008年新闻学专业硕士学位论文。

[95] 徐英瑾：《虚拟现实：比人工智能更深层次的纠结》，《人民论坛·学术前沿》2016年第24期。

[96] 姚亚楠：《社会化媒体时代虚假新闻的新特征与应对策略——以"上海姑娘逃离江西农村"事件为例》，《新闻爱好者》2016年第8期。

[97] 殷陆君、张洪波、阚敬侠、李莹、曹燕：《新舆论格局背景下新闻界的版权保护》，《中国记者》2016年第4期。

[98] 于烜、史椰森：《移动短视频的技术发展现状和市场趋势探析》，《电视研究》2018年第11期。

[99] 俞哲旻、姜日鑫、彭兰：《〈丰收的变化〉：新闻报道中虚拟现实的新运用》，《新闻界》2015年第9期。

[100] 喻国明、谌椿、王佳宁：《虚拟现实（VR）作为新媒介的新闻样态考察》，《新疆师范大学学报（哲学社会科学版）》2017年第3期。

[101] 喻国明：《报网互动：从传统报业向数字报业的转型当前中国传媒产业面临的三种转型（下）》，《中国传媒科技》2007年第4期。

[102] 战迪：《新闻可视化生产的叙事类型考察——基于对新浪网和新华网可视化报道的分析》，《新闻大学》2018年第1期。

[103] 张佰明：《以界面传播理念重新界定传受关系》，《国际新闻界》2009年第10期。

[104] 张超：《论数据新闻的实用主义客观性原则》，《中州学刊》2018年第9期。

[105] 张发扬：《从都市报到智媒体——封面新闻客户端发展观察》，《传媒》

2018年第19期。

[106] 张华：《封面新闻的智能化创新与实践》，《传媒》2018年第19期。

[107] 张华军：《标题焦虑中的传统媒体应对策略——兼谈标题党乱象及原因》，《新闻爱好者》2014年第12期。

[108] 张建中、彼得·苏丘：《增强现实正在改变读者阅读报纸的方式》，《青年记者》2018年第13期。

[109] 张建中：《将场景置于读者手中：增强现实新闻报道的创新实践》，《新闻界》2017年第1期。

[110] 张灵燕：《全球数据新闻奖对突发新闻数据报道的启示——以2016—2017年最佳突发数据使用奖作品为例》，《新闻研究导刊》2017年第9期。

[111] 张志安、吴涛：《互联网与中国新闻业的重构——以结构、生产、公共性为维度的研究》，《现代传播（中国传媒大学学报）》2016年第1期。

[112] 赵伶俐：《量化世界观与方法论——〈大数据时代〉点赞与批判》，《哲学与文化建设》2014年第6期。

[113] 赵倩：《移动新闻直播中的媒介伦理道德失范及其重构》，《文化与传播》2017年5期。

[114] 赵晓辉：《从数据新闻实践看新闻本质功能与应用趋势》，《中国报业》2015年第12期(上)。

[115] 郑蔚雯、姜青青：《大数据时代，外媒大报如何构建可视化数据新闻团队？——〈卫报〉〈泰晤士报〉〈纽约时报〉实践操作分析》，《中国记者》2013年第11期。

[116] 周均：《数据新闻演进路径、研究热点和前沿述评》，《新闻战线》2016年第9期。

[117] 周炜乐、方师师：《从新闻核查到核查新闻——事实核查的美国传统及在欧洲的嬗变》，《新闻记者》2017年第4期。

[118] 喻国明、谌椿、王佳宁：《虚拟现实(VR)作为新媒介的新闻样态考

察》,《新疆师范大学学报(哲学社会科学版)》2017年第3期。

四、报刊

[119] 刘奇葆:《改文风永远在路上》,《光明日报》2017年3月3日,第3版。

[120] 刘奇葆:《推进媒体深度融合 打造新型主流媒体》,《人民日报》2017年1月11日,第6版。

[121] 向楠、洪欣宜:《万人民调:六成受访者曾受耸人听闻式新闻误导》,《中国青年报》2012年5月29日,第7版。

[122] 张春海:《沉浸式新闻重在价值表达》,《中国社会科学报》2017年8月14日,第2版。

五、外文著作

[123] [美]M.门彻:《新闻报道与写作》,清华大学出版社2012年版。

六、外文文章

[124] João Canavilhas, "Web Journalism: From the Inverted Pyramid to the Tumbled Pyramid," *Labcom*, 2007, http://www.bocc.ubi.pt/pag/canavilhas-joao-inverted-pyramid.pdf.

[125] Bradshaw Paul, "The Inverted Pyramid of Data Journalism," 2011, http://online journalism blog.com/2011/07/07/the-inverted-pyramid-of-data-journalism/.

[126] Donggang Yu, Jesse Sheng Jin, Suhuai Luo, Wei Lai, Qingming Huang, "A Useful Visualization Technique: A Literature Review for Augmented Reality and Its Application, Limitation & Future Direction," *Visual Information Communication*, Springer, 2010.

[127] Jonathan Gray, Liliana Bounegru, Lucy Chambers, *The Data Journalism*

Handbook, 2017, http://datajournalismhandbook.org/Chinese.

[128] Katie Woods, "Harvest of Change: Oculus VR Creates Virtual Reality Farm Experience," *Farm and Dairy*, 2014, https://www.farmanddairy.com/news/harvest-change-oculus-vr-creates-virtual-reality-farm-experience/221464.html.

[129] Tong Liao, Lee Humphreys, "Layar-ed places, Using Mobile Augmented Reality to Tactically Reengage, Reproduce, and Reappropriate Public Space," *New Media & Society*, 2014.

[130] Mirko Lorenz, "Data Driven Journalism: What Is There to Learn?" Presented at IJ-7 Innovation Journalism Conference, 7 – 9 June 2010, Stanford, CA.

[131] Mae Anderson, "Remember Virtual Reality? Its Buzz Has Faded at CES 2019," *AP News*, 2019, https://www.apnews.com/d18312074e174602801a74fcac2c186c.

[132] Natalya Pomeroy, "Virtual Reality Might Be the Future of Journalism," *Study Breaks*, 2018, https://studybreaks.com/news-politics/vr-journalism/.

[133] Nonny de la Peña, P. Weil, J. Llobera, et al, "Immersive Journalism: Immersive Virtual Reality for the First-Person Experience of News," *Presence Teleoperators & Virtual Environments*, 2010, 19(4).

[134] Rick Broida, "What It Was Like to Watch the New York Times' VR Movie," *Fortune*, 2015, http://fortune.com/2015/11/09/new-york-times-virtual-reality/.

[135] T. Uskali, Kuutti, "Models and Stream of Data Journalism," *The Journal of Media Innovations*, 2015.

[136] Zillah Watson, "VR for News: The New Reality?" *Digital News Report*, 2017, http://www.digitalnewsreport.org/publications/2017/vr-news-

new-reality/#references.

[137] J. V. Pavlik, F. Bridges,"The Emergence of Augmented Reality (AR) as a Storytelling Medium in Journalism," *Journalism & Communication Monographs*, 2013,15(1).

七、中文网络文章

[138] AiChinaTech:《人工智能将成为广告行业的下一个未来》,搜狐网,2018年5月16日,http://www.sohu.com/a/231807746_179850,最后浏览日期:2019年4月18日。

[139] ARChina 编译:《ABC News 为皇室婚礼推出 AR 应用,将现场直播哈里王子婚礼》,ARChina,2018年5月15日,http://www.arinchina.com/article-8964-1.html,最后浏览日期:2019年4月24日。

[140] CNNIC:《第43次中国互联网络发展状况统计报告》,中国互联网信息中心,2019年2月28日,http://www.cnnic.net.cn/hlwfzyj/hlwxzbg/hlwtjbg/201902/P020190318523029756345.pdf,最后浏览日期:2019年4月9日。

[141] Jonathan Stray:《记者在做报道时应如何解读数据》,方可成译,方可成博客,2014年1月,http://www.fangkc.cn/2014/01/drawing-conclusion-from-data/,最后浏览日期:2019年4月8日。

[142] "OMG!":《英美网友赞中国校长带学生跳鬼步舞》,梨视频,2019年1月23日,https://www.pearvideo.com/video_1509743,最后浏览日期:2019年4月18日。

[143] Recode 中文站:《美国年轻人逃离 Facebook 改用 Instagram》,腾讯网,2017年8月22日,http://tech.qq.com/a/20170822/022172.htm,最后浏览日期:2019年4月9日。

[144]《"暖心2017"系列短视频获多家央媒转发》,SMG 融媒体中心,2017年,https://www.smg.cn/review/201801/0164279.html,最后浏览日

期：2019年4月18日。

［145］有关"数据"的定义，参见 Technopedia，2017年9月4日，https://www.techopedia.com/definition/807/data，最后浏览日期：2019年4月4日。

［146］陈浩洲、唐瑞峰：《专访新京报社"我们视频"团队：带动了报社转型》，新浪网，2018年9月20日，https://t.cj.sina.com.cn/articles/view/2368187283/8d27ab9301900gdm9，最后浏览日期：2019年4月9日。

［147］风声：《黑心！实拍拼多多热卖纸尿裤工厂》，梨视频，2018年9月15日，https://www.pearvideo.com/web/v1/video_1435628，最后浏览日期：2019年4月18日。

［148］风声：《实拍：你吃的外卖可能是这样秘制的》，梨视频，2018年11月16日，https://www.pearvideo.com/video_1476868，最后浏览日期：2019年4月18日。

［149］光明网评论员：《试看于欢案以何种方式被写入历史》，光明网，2017年5月27日，http://guancha.gmw.cn/2017-05/27/content_24620890.htm，最后浏览日期：2019年3月6日。

［150］广现场：《年二八还在公园收拾玻璃碴 这名环卫工的举动感动无数人》，腾讯视频，2019年2月23日，https://v.qq.com/x/page/s0835odcwng.html，最后浏览日期：2019年4月18日。

［151］国家互联网信息办公室：《互联网新闻信息服务单位许可信息》，中国网信网，2019年1月11日，http://www.cac.gov.cn/2019-01/11/c_1122842142.htm，最后浏览日期：2019年6月8日。

［152］黄小希、史竞南、王琦：《守正创新 有"融"乃强——党的十八大以来媒体融合发展成就综述》，人民网，2019年1月27日，http://politics.people.com.cn/n1/2019/0127/c1001-30591719.html，最后浏览日期：2019年6月8日。

[153]《检察日报》:《对腐败"零容忍"底线不容动摇 "适度腐败论"系误解》,正义网,2012年6月5日,http://www.jcrb.com/zlpd/yejiexw/201206/t20120605_876735.html,最后浏览日期：2019年3月12日。

[154]《解放日报》:《用最简单设备拍出最火视频 资深拍客分享经验》,转引自中国经济网,2012年6月5日,http://www.ce.cn/culture/gd/201206/05/t20120605_23380861.shtml,最后浏览日期：2019年4月9日。

[155] 看看新闻:《中国暂停进口加拿大肉类与孟晚舟有关？中方回应》,好看视频,2019年6月26日,https://haokan.baidu.com/v?pd=wisenatural&vid=8567598584600611851,最后浏览日期：2019年6月28日。

[156] Knews深度报道:《视频｜暖心2017｜警犬养老院：一起出生入死,当你老了有我陪你》,看看新闻,2018年1月5日,http://www.kankanews.com/a/2017-12-20/0038270541.shtml,最后浏览日期：2019年4月18日。

[157] 梨北京:《11天卖300000斤！北方人硬核囤白菜》,梨视频,2018年11月10日,https://www.pearvideo.com/video_1473680,最后浏览日期：2019年4月18日。

[158] 梨重庆:《惊险！2人被洪水冲走,众人一把拉住》,梨视频,2019年6月22日,https://www.pearvideo.com/video_1569242,最后浏览日期：2019年6月28日。

[159] 刘隽:《云上拍客：梨视频技术实践分享》,云栖社区,2018年6月28日,https://yq.aliyun.com/download/2826,最后浏览日期：2019年4月18日。

[160] 刘立耘:《我们是如何做爆款资讯短视频的？》,搜狐网,2019年2月12日,http://www.sohu.com/a/279277278_375507.2019－02－12,最后浏览日期：2019年4月18日。

[161] 南都全娱乐:《南方周末牵手灿星成立南瓜视业拍电视,这画风太酷炫了!》,南方网,2016年10月25日,http://static.nfapp.southcn.com/content/201610/25/c158331.html,最后浏览日期:2019年4月9日。

[162] 《人民日报系媒体记者编辑两会手记:说说我的融故事》,人民网,2017年3月15日,http://media.people.com.cn/n1/2017/0315/c40606-29145529.html,最后浏览日期:2019年6月8日。

[163] 《王国庆解读2005〈中国报业年度发展报告〉》,人民网,2005年8月5日,http://media.people.com.cn/GB/40710/40715/3595542.html,最后浏览日期:2019年2月8日。

[164] 《中央党校举行2010年春季学期第二批入学学员开学典礼》,人民网,2010年5月13日,http://politics.people.com.cn/GB/1024/11581998.html,最后浏览日期:2019年3月12日。

[165] 《进博会,这些感触最深刻》,人民网,2018年11月10日,http://finance.people.com.cn/n1/2018/1110/c1004-30392630.html,最后浏览日期:2019年4月14日。

[166] 山寨发布会:《拆〈甘柴劣火〉读十余篇财新,一种洗稿鉴别机制初试》,微信公众号,2019年1月15日,https://mp.weixin.qq.com/s/d7yQrXG62V8YKfHtg5XMnw,最后浏览日期:2019年4月14日。

[167] 石亚琼:《想用VR技术报道新闻?或许我们可以先看下财新这一年的经验》,36氪,2016年3月31日,https://36kr.com/p/5045324.html,最后浏览日期:2019年6月27日。

[168] 时差视频:《快来看川普立了哪些flag》,梨视频,2016年11月11日,https://www.pearvideo.com/video_1008816,最后浏览日期:2019年4月18日。

[169] 时川映画:《触摸上海补给站》,腾讯视频,2018年7月26日,https://v.qq.com/x/page/f0735hutqmb.html,最后浏览日期:2019年4月18日。

［170］《Blippar 联合传统媒体推出"增强现实报纸"》,腾讯科技,2011 年 9 月 20 日,http：//net.chinabyte.com/22/12163522.shtml,最后浏览日期：2019 年 4 月 24 日。

［171］网信办：《第 39 次中国互联网络发展状况统计报告(全文)》,中国网信网,2017 年 1 月 22 日,http：//www.cac.gov.cn/2017-01/22/c_1120352022.htm,最后浏览日期：2019 年 4 月 24 日。

［172］网信办：《国家网信办深入整治"标题党"问题》,中国网信网,2017 年 1 月 13 日,http：//www.cac.gov.cn/2017-01/13/c_1120302910.htm,最后浏览日期：2019 年 3 月 14 日。

［173］网易新闻学院：《"小精灵同款 App"——对准五环就能看奥运》,网易新闻,2016 年 8 月 8 日,http：//news.163.com/college/16/0808/10/BTUKRHIR00015AE3.html,最后浏览日期：2019 年 6 月 24 日。

［174］微辣 Video：《江浙沪终极疑问：太阳你去流浪了吗》,梨视频,2019 年 2 月 20 日 https：//www.pearvideo.com/video_1519816,最后浏览日期：2019 年 6 月 28 日。

［175］微信公众号"航空物语"：《中国 C919 直播首飞,外国网友喊波音空客学学商飞》,观察者网,2017 年 5 月 6 日,https：//www.guancha.cn/Industry/2017_05_06_406980.shtml,最后浏览日期：2019 年 4 月 14 日。

［176］吴睿：《梨视频进军下沉市场,要发展 20 万拍客做大量级》,天天快报,2018 年 10 月 12 日,http：//kuaibao.qq.com/s/20181012A03ND800,最后浏览日期：2019 年 4 月 18 日。

［177］新华国际：《外媒：伦敦奥运会将成网络直播元年》,人民网,2012 年 6 月 30 日,http：//world.people.com.cn/n/2012/0630/c157278-18414703.html,最后浏览日期：2019 年 4 月 14 日。

［178］新华社：《浏览量超 1.8 亿！新华社这条短视频在海外刷屏了》,新华网,2019 年 1 月 19 日,http：//www.xinhuanet.com//world/2019-01/

19/c_1210042112.htm，最后浏览日期：2019年6月28日。

［179］ 新华社：《新华社推首个媒体大脑》，新华网，2018年12月28日，http://www.xinhuanet.com/zgjx/2018-12/28/c_137704048.htm，最后浏览日期：2019年4月18日。

［180］《人民的殿堂》，新华网，2019年3月13日，http://www.xinhuanet.com/video/2019-03/13/c_1210080645.htm，最后浏览日期：2019年4月19日。

［181］《新京报》：《动画还原巴黎圣母院大火路径：火焰1分钟从阁楼窜上塔顶》，新京报网，2019年4月16日，http://www.bjnews.com.cn/video/2019/04/16/568439.html，最后浏览日期：2019年4月18日。

［182］ 我们视频：《实拍：宝马司机持刀追砍电动车主 刀没拿稳遭对方夺过反杀》，秒拍网，2018年8月28日，http://n.miaopai.com/media/AADsl～JW13PqS2pCGjeS3AYwZEBhymVY，最后浏览日期：2019年4月18日。

［183］《新民周刊》：《上海街头惊现"免费冰柜"，路人的反应暖哭了》，微信公众号，2018年7月26日，https://mp.weixin.qq.com/s/dmmkQ64mN389ffU2MDDc0A，最后浏览日期：2019年4月18日。

［184］ 徐雪晴：《澎湃新闻原CEO的短视频项目上线，你看好它吗？》，腾讯科技，2016年11月4日，https://tech.qq.com/a/20161104/010687.htm，最后浏览日期：2019年6月28日。

［185］ 杨熙伟编译：《玩了一年VR新闻，这是美联社的经验与心得》，百度新闻实验室，2019年1月1日，https://baijiahao.baidu.com/s?id=1568300893420931&wfr=spider&for=pc，最后浏览日期：2019年4月27日。

［186］ 云迹九州：《拥有着全球最大的拍客网络的短视频领头羊：梨视频的云上实践》，云栖社区，2018年6月22日，https://yq.aliyun.com/articles/603424，最后浏览日期：2019年4月18日。

299

[187] 运城身边事:《鬼步舞校长谈走红:累,更愿关注教学》,梨视频,2019年1月13日,https://www.pearvideo.com/video_1505187,最后浏览日期:2019年4月18日。

[188] 运城身边事:《小学生课间跳鬼步舞,校长C位领舞》,梨视频,2019年1月10日,https://www.pearvideo.com/video_1503838,最后浏览日期:2019年4月18日。

[189] 糟糠宝宝:《[拍客]八旬老人无人赡养靠乞讨为生》,优酷网,2008年1月12日,https://v.youku.com/v_show/id_XMTU5OTMwOTI=.html?spm=a2h0k.11417342.soresults.dtitle,最后浏览日期:2019年4月9日。

[190]《长江日报》:《赞!行李箱砸向老人一瞬间,小伙一把截住》,西瓜视频,2019年4月27日,http://www.365yg.com/i6684533067601674765/♯mid=4088161996,最后浏览日期:2019年4月18日。

[191] 中共中央网络安全和信息化委员会办公室:《让短视频充满正能量》,中共中央网络安全和信息化委员会办公室官方网站,2018年12月26日http://www.cac.gov.cn/2018-12/26/c_1123902790.htm,最后浏览日期:2019年4月18日。

[192]《中国日报》:《从花椒瞬时直播北京大火看手机直播时代到来》,《中国日报》中文网,2015年7月1日,http://cnews.chinadaily.com.cn/2015-07/01/content_21151793.htm,最后浏览日期:2019年4月14日。

[193] 中国网络视听节目服务协会:《网络短视频内容审核标准细则》,中国网络视听节目服务协会官方网站,2019年1月9日,http://www.cnsa.cn/index.php/infomation/dynamic_details/id/69/type/2.html,最后浏览日期:2019年4月18日。

[194] 中国网络视听节目服务协会:《网络短视频平台管理规范》,中国网络视听节目服务协会官方网站,2019年1月9日,http://www.